Nikolaus Körner

Führen beginnt im Kopf des anderen

*Wirkungsvoll kommunizieren
und überzeugen – so werden
Sie endlich verstanden!*

WILEY-VCH Verlag GmbH & Co. KGaA

1. Auflage 2011

Alle Bücher von Wiley-VCH werden sorgfältig erarbeitet. Dennoch übernehmen Autoren, Herausgeber und Verlag in keinem Fall, einschließlich des vorliegenden Werkes, für die Richtigkeit von Angaben, Hinweisen und Ratschlägen sowie für eventuelle Druckfehler irgendeine Haftung

Bibliografische Information der Deutschen Nationalbibliothek
Die Deutsche Nationalbibliothek verzeichnet diese Publikation in der Deutschen Nationalbibliografie; detaillierte bibliografische Daten sind im Internet über <http://dnb.d-nb.de> abrufbar.

Printed in the Federal Republic of Germany

Gedruckt auf säurefreiem Papier.

Satz Mitterweger und Partner, Plankstadt
Druck und Bindung:
CPI – Ebner & Spiegel, Ulm
Umschlaggestaltung Adam Design, Weinheim

ISBN: 978-3-527-50599-9

Für Carolin & Sebastian Tim

Inhalt

Führen beginnt im Kopf des anderen. Körner
Copyright ©2011 WILEY-VCH GmbH & Co. KGaA, Weinheim
ISBN: 978-3-527-50599-9

Vorwort

Man kann nicht nicht führen.

Die Fähigkeit zu führen ist zentrale Kompetenz des Menschen. Der Erfolgsfaktor, wenn es darum geht, Einfluss auszuüben, sein Umfeld zu gestalten, sich zu entwickeln und das eigene Leben erfolgreich zu führen. Und das seit Beginn der menschlichen Entwicklung. Denn der Mensch ist wie kein anderes Lebewesen darauf angewiesen zu kooperieren und von den Erfahrungen anderer zu profitieren. Das macht ihn aus, das hat ihm zu seinem Erfolg in der Evolution verholfen. Daher rührt letztlich die Notwendigkeit, Orientierung zu erhalten, Fehler zu vermeiden und Ressourcen zu schonen – kurz, von anderen zu profitieren. Es ist dieses Bedürfnis, das Führung ermöglicht. Deshalb ist Führung zusammen mit Kommunikation der Kern des menschlichen Lebens. Immer wenn Menschen zusammenkommen, lassen sie einander teilhaben. Ob mit Worten oder ohne. Und im gleichen Maße orientieren sie sich aneinander: Was kann mir der andere an Erfahrungen oder Einschätzungen liefern, die mir helfen, mein Leben sicherer, zufriedener und erfolgreicher zu gestalten. So entsteht Führung. Ganz automatisch, universell und fast überall. Daher führen wir Unternehmen, Abteilungen, Mitarbeiter, Projekte, Prozesse, Kommunikation oder Beziehungen. Man kann nicht nicht führen.

Führung ist eine der grundlegenden Fähigkeiten des Menschen und hat sich über viele Jahrtausende gebildet und verfeinert. Die Grundlagen, wie Führung funktioniert, sind in unserer Entwicklung und der biologischen Funktionsweise angelegt. Deshalb funktioniert Führung viel einfacher als viele meinen. Führung mag in unserer Gesellschaft auf den ersten Blick starke und durchsetzungsfähige Charaktere erfordern und erscheint nur kompliziert zu erreichen. Aber Führung ist weitaus universeller und entsteht fast nebenbei und von vielen gar nicht wahrgenommen. Immer dann wenn Menschen Vor-

Führen beginnt im Kopf des anderen. Körner
Copyright © 2011 WILEY-VCH GmbH & Co. KGaA, Weinheim
ISBN: 978-3-527-50599-9

bild sind und andere durch ihr Tun oder Nichttun beeinflussen. Die Systematiken dahinter wirken, weil jeder Mensch mehr oder weniger über die Fähigkeit zu führen verfügt.

Obgleich Führung eine so große Rolle spielt, sind diese Prinzipien nicht wirklich bewusst und werden selten gezielt trainiert. Dabei wenden Sie die Prinzipien in der Praxis bereits heute täglich an. Und indem Sie sich in Zukunft die Regeln bewusst machen, die Quelle erkennen und die Methodik begreifen, können Sie besser und erfolgreicher führen.

Genau diese fehlenden Regeln und Systematiken waren letztlich auch der Auslöser, dieses Buch zu schreiben. Augenfällig wird dieses Manko im Jahr 2002, bei der Umsetzung einer Roadshow für das Modelabel Betty Barclay: Der Geschäftsführer änderte kurz vor der ersten Veranstaltung den bis dato von uns mit unserer Erfahrung geplanten Zeitablauf. Obgleich wir auf der Grundlage eben dieser Erfahrung spürten, einen Fehler zu machen, fehlten uns die Systeme, um dies nachvollziehbar zu belegen. Es gelang uns einfach nicht, stichhaltige Argumente zu finden, die unser unbewusstes Erfahrungswissen ausdrückten.

Diese erste Veranstaltung floppte und wir kehrten dann mit Erfolg zu unserem Ablauf zurück. Dennoch blieb eine gewisse Hilflosigkeit. Wie können wir in Zukunft solche Situationen verhindern? Es muss doch einen Grund geben, warum wir ausgerechnet diese Strategie konzipierten, ausgerechnet diese Reihenfolge und Abläufe festlegten und nicht andere.

Vielleicht sind es mathematische Gründlichkeit und analytische Fähigkeiten, die mich in der Folge zur Hirnforschung führen – zu den grundsätzlichen Fragen, wie der Mensch Informationen verarbeitet, speichert und welche Relevanz diese bei Entscheidungen schließlich haben. Immer begleitet von den Erfahrungen der Praxis, wo Geschäftsführer und Vorstände vor Mitarbeitern oder Kunden versuchen, Begeisterung, Zuversicht oder Zustimmung zu erzielen. Manche mit Erfolg, andere nicht; manche wirkungsvoll, andere nicht.

Diese Verbindung von wissenschaftlichen Erkenntnissen aus der Hirnforschung und den Notwendigkeiten der Praxis führte mich schließlich dazu, die 5R-Prinzipien RULE, RATE, RESORT, REFLECT und ROTATE zu entwickeln, die das grundsätzliche Verhalten von Menschen besser erklären. Als Leser bieten sich Ihnen Einsichten, die theoretische und praktische Erklärungsansätze in einem neuen Licht erscheinen lassen und Verbindungen zwischen scheinbaren Widersprüchen ermöglichen. Sie werden in diesem Buch keine neuen Erkenntnisse aus der Hirnforschung finden. Auf diesem Gebiet existiert bereits ein reichhaltiger Schatz an Erkenntnissen und Untersuchungen. Aber deren Relevanz für die Praxis ist noch lange nicht vollständig geklärt. Denn auch hier sehen die Wissenschaftler nur das, worauf Sie ihr Augenmerk richten. Vielleicht muss deshalb einer von »außen« darauf schauen, um die Bedeutung von »Bewertungen« zu formulieren und das Dilemma zwischen Rationalität und Emotionalität aufzulösen.

In diesem Buch habe ich aus den 5R-Prinzipien eine Vielzahl von Erklärungsmodellen abgeleitet, die Sie in den verschiedensten Bereichen von Kommunikation, Vertrieb, Motivation oder Führung anwenden können. Das Buch gibt einen Überblick über die Möglichkeiten, die Sie haben, um Einfluss zu nehmen und Wirkung zu erzielen. Es ist ein Impuls, Ihre persönliche Fähigkeit zur Führung zu entdecken und weiter zu entwickeln.

Ich wünsche Ihnen viel Freude beim Lesen dieses Buches,

Ihr *Dr. Nikolaus Körner*

Karlsruhe, im Januar 2011

Was Sie erwartet

Beginnen möchte ich mit einem kleinen Überblick über die Fragen, die in den verschiedenen Kapiteln gestellt und beantwortet werden. Als Orientierung und damit Sie Lust auf das bekommen, was Sie erwartet.

Die Basis: Warum auch Sie einfach führen sollten
Anpassung bedeutet Erfolg – heute mehr denn je.

Justieren Sie Ihren Blick neu. In diesem Abschnitt erfahren Sie, warum es sich lohnt, vom Tun zur Wirkung zu kommen. Verlassen Sie das Hamsterrad und konzentrieren Sie sich stattdessen darauf, wie Sie Einfluss nehmen können und wo dieser Einfluss sich entfaltet: im Kopf des anderen.

Kapitel 2: RULE – Wie Sie bessere Entscheidungen treffen
Es sind die Entscheidungen, die unser Leben ausmachen.

Entscheidungen von uns und anderen Menschen bestimmen unser Leben und machen es zu dem, was es ist. Aber wie kommen Entscheidungen zustande und was können Sie tun, damit Sie und andere sich in Zukunft besser entscheiden? Indem Sie die Rolle von Alternativen, Konsequenzen und Bewertungen begreifen und erkennen, wie Sie diese beeinflussen, gewinnen Sie an Handlungsfreiheit und Einfluss.

Führen beginnt im Kopf des anderen. Körner
Copyright © 2011 WILEY-VCH GmbH & Co. KGaA, Weinheim
ISBN: 978-3-527-50599-9

Kapitel 3: RATE – Wie Sie Kopf und Bauch zusammenbringen

Logik und Emotionen spielen keine Rolle – erst Bewertungen geben allem eine Bedeutung.

Treffen Sie rationale oder emotionale Entscheidungen? Und was ist eigentlich besser? In Kapitel zwei machen Sie Ihren Blick frei und erkennen die fünf relevanten Bewertungen, die hinter den Emotionen stecken. Damit wird die Diskussion um eine mögliche Rationalität ad absurdum geführt und Sie können das beachten, worauf es wirklich ankommt.

Kapitel 4: RESORT – Wie Sie Klartext reden und verstanden werden

Nichts ist so machtvoll wie eine Schublade im Gehirn.

Die Welt entsteht im Kopf und dabei wird verfälscht und angepasst. Erfahren Sie, warum das ein ganz natürlicher Prozess ist und wie dieser immer wieder zu Missverständnissen führt. Indem Sie dies verstehen, können Sie besser und klarer kommunizieren, Irritationen vermeiden und mehr Wirkung erzielen.

Kapitel 5: REFLECT – Wie Sie erkennen, was Sie und andere ausmacht

Wirksame Führung geht nicht ohne innere Überzeugung und Authentizität.

Vor wenigen Jahren wurden im Gehirn spezielle Zellen entdeckt, die Spiegelneuronen. Doch welche Konsequenzen hat diese Entdeckung für wirkungsvolle Führung? Wie Sie die Erkenntnisse darüber nutzen können, um Ihre Ausstrahlung und Anziehung zu steigern und dass es dazu keine Alternative gibt, erfahren Sie in diesem Kapitel.

Kapitel 6: ROTATE – Wie Sie durch Perspektivwechsel Wirkung erzielen
Macht entsteht nicht aus Position, sondern aus Zustimmung – der anderen.

Vertrauen Sie auch am liebsten sich selbst, vor allem wenn etwas von besonderer Bedeutung ist? Haben Sie immer wieder das Gefühl, dass Sie engagierter und mit mehr Einsatz als andere bei der Sache sind? Warum ist das so und was hat das damit zu tun, dass Anordnungen häufig wirkungslos sind oder nur mit großem Aufwand durchgesetzt werden müssen? Hier lesen Sie, warum Sie von sich auf andere schließen sollten, innerer Antrieb bei jedem Menschen vorhanden ist und was Sie tun können, um wirkliche Macht zu erlangen.

Kapitel 7: So motivieren Sie sich und Ihre Mitarbeiter
Der Mensch will immer mehr – und das ist gut so.

Motivationsfähigkeit ist eine der Schlüsselqualifikationen für Führungskräfte. Aber wie genau geht eigentlich Motivation? Liegt es an Ihrer Führung, wenn Mitarbeiter motiviert sind oder gibt es geheimnisvolle Faktoren, die Motivation bewirken? Die bisherigen Modelle mit intrinsischen oder extrinsischen Faktoren, die für Motivation verantwortlich sein sollen, führen in die Irre. Identifizieren Sie stattdessen, wo die individuellen Hebel bei Ihnen und anderen liegen und nutzen diese für neue und andauernde Motivation.

Kapitel 8: So verkaufen Sie besser
Alle wollen nur das eine: Nutzen

Verkaufen muss heute jeder. Die einen die Produkte beim Kunden, die anderen Projekte und Leistungen innerhalb des Unternehmens. Deshalb ist es als Führungskraft wichtig zu wissen, warum die »Ja-Straße« eine Illusion ist und Verkaufen viel früher als beim Nein beginnt. Wie entsteht wirkliche Kundenorientierung und wie erkennt man den individuellen Kauf-Knopf? In diesem Kapitel erfahren Sie, wie Nutzen gebildet wird und warum Sie darauf unbedingt eingehen sollten.

Kapitel 9: So lösen Sie Krisensituationen
Kreativität erfordert das Überschreiten bestehender Grenzen. Krisen bieten dazu die beste Gelegenheit

Glauben Sie noch an das Märchen von der Krise als Chance? Viele Unternehmen erkennen zu spät, wie und wo die Bedrohung wirklich liegt, und sind überrascht, wenn sie keine schnellen Lösungen erzielen und Mitarbeiter blockieren. Aber Kreativität stellt klare Anforderungen an den Rahmen, den Sie setzen. Indem Sie diesem Umstand Rechnung tragen, können Sie nicht nur Krisen besser bewältigen, sondern vielleicht wirklich zu den Gewinnern gehören.

Kapitel 10: So machen Sie Unternehmen wandlungsfähig
Wo Veränderung zur Konstanten wird, entsteht langfristiges Wachstum.

Wandel und Veränderung werden zum Alltag von Führungskräften, deshalb ist es so wichtig zu verstehen, warum Veränderung entsteht und wie Wandel gemanagt werden kann. Veränderung ist ein natürlicher Prozess und der Mensch ist eigentlich gut darauf vorbereitet. Aber warum gibt es dabei so große Widerstände und wie führen Sie Ihre Mitarbeiter, um Wandel erfolgreich und besser zu gestalten?

Kapitel 11: So bewirken Sie dauerhaft Erfolg
Erst der verlässliche Rahmen für Mitarbeiter und Kunden macht Unternehmen zukunftsfähig.

Haben Sie als Abteilung oder als Unternehmen ein klares Profil? Geben Sie Ihren Mitarbeitern Antworten auf deren Sinnfragen? Dann gehören Sie zu den wenigen, bei denen die Corporate Identity wirklich gelebt wird. Erstaunlich, wie wenige Führungskräfte sich der Strahlkraft dieses Instrumentes bewusst sind und dieses gezielt einsetzen. In Kapitel zehn erfahren Sie, wie das geht und welche Vorteile Sie davon erwarten können.

Fazit: Nehmen Sie es in die Hand

Die Zusammenfassung zieht ein Resümee über die Erkenntnisse des Buches und verdeutlicht, dass es zum Handeln keine Alternative gibt.

Entwicklung: Warum das Potenzial des Ich im Wir liegt
Leitplanken sichern Erfolg, Grenzen verhindern ihn

Was können wir als Gesellschaft tun, um die Möglichkeiten, die wir haben, besser auszuschöpfen? Liegt es nur am Einzelnen oder muss die Gesellschaft als Ganzes einen anderen Rahmen schaffen? Und wenn ja, wie kann der Rahmen aussehen?

Kapitel 1
Die Basis: Warum auch Sie
einfach führen sollten

Anpassung bedeutet Erfolg –
heute mehr denn je.

Zuhause im Bett, Montag, 00:30 Uhr. *Müde klappe ich das Buch zu und mache das Licht aus. Aber die Gedanken kreisen weiter. Im Moment ist mein Leben richtig aufregend! Es gibt zwar Projekte, die mir schwer im Magen liegen, aber auch welche mit richtig guten Chancen. Im Job läuft's, in der Familie ja eigentlich auch. Und je mehr ich darüber nachdenke, desto mehr habe ich das Gefühl: Alle Türen stehen mir offen. Es gibt tausend Alternativen, schwierig ist nur, die richtige Wahl zu treffen! Manchmal weiß ich gar nicht mehr, wo mir der Kopf steht. E-Mail, Internet, Skype oder Facebook, jeden Tag kommen neue Möglichkeiten hinzu, aber wird das Leben dadurch wirklich leichter? Irgendwie scheint die Komplexität eher zuzunehmen. Vielleicht mache ich was falsch. Mir ist ehrlich gesagt noch nicht klar, was mich zum Ziel führt und was nicht. Wie ich ein besserer Chef werde und woran ich das überhaupt merke. Was kann ich tun, um mich weiter zu entwickeln, mehr Einfluss zu erlangen und letztlich erfolgreich zu sein?*

Viele Führungskräfte erleben ihren Alltag als Drahtseilakt. Auf der einen Seite: ein Leben voller Möglichkeiten. Auf der anderen Seite: Überforderung und die Schwierigkeit, die richtigen Prioritäten zu setzen. Prioritäten, um sich und ihr Team weiter zu entwickeln, Krisen nachhaltig zu meistern und auch in Zukunft erfolgreich zu sein. Und das bei ständig knapper werdender Zeit, denn die Welt dreht sich jeden Tag noch schneller. Wie also soll sich der Einzelne verhalten, wie kann er sich in einer Welt voller Optionen und Ansprüche orientieren und seinen individuellen Erfolg maximieren? Um hier die richtigen Entscheidungen zu treffen und sich und sein Team in eine erfolgreiche Zukunft zu leiten, ist Führungskompetenz gefordert. Doch wie genau geht das eigentlich?

Führen beginnt im Kopf des anderen. Körner
Copyright ©2011 WILEY-VCH GmbH & Co. KGaA, Weinheim
ISBN: 978-3-527-50599-9

Führen ist ein natürliches Grundprinzip und bestimmt Ihr Leben – ob Sie wollen oder nicht

Viele Menschen streben in Unternehmen nach Führungsverantwortung, eine Herausforderung, die scheinbar abseits von Fachwissen mehr Entfaltungsspielraum, Veränderungsmöglichkeiten und Einfluss erlaubt.

Tatsächlich ist die Fähigkeit zu führen eine der grundlegensten Fähigkeiten des Menschen und nicht erst seit heute gefragt. Zu allen Zeiten bestand unser Leben daraus, dass sich **Führung ist universell.** Menschen zu Gruppen zusammenschlossen und miteinander interagierten. Sich aneinander orientierten, um voneinander zu profitieren. Vorbild zu sein und seinerseits von Vorbildern zu lernen. Darauf ist unser Wahrnehmungssystem ausgerichtet und die Prozesse sind fest in unseren Abläufen angelegt. Schon in der Urzeit bestand die menschliche Überlebensstrategie darin, mit anderen in Kontakt zu treten. Ob auf der Jagd nach Wild oder das Sammeln von Beeren, wir mussten organisieren, wer Vorhut oder Nachhut bildete, wer sich um die Kinder kümmerte oder die Vorräte für den Winter anlegte. Letztlich entschied eben vor allem die Führungsqualität in einer Gruppe darüber, ob die Gruppe an einem Strang zog und gemeinsam in einer widrigen Umwelt überlebte. Eben weil der Mensch nie die Stärke eines Mammuts, die Schnelligkeit eines Geparden oder den Panzer eines Krokodils hatte, waren unsere Vorfahren immer auf Aufgabenteilung und gemeinsames Arbeiten angewiesen. Deshalb hat unsere Spezies überlebt und sich zu den Wesen entwickelt, die wir heute sind. Deshalb ist der Erwerb von Führungsqualität in uns angelegt und deshalb sind die Voraussetzungen, die Sie zum Führen brauchen, auch bei Ihnen vorhanden. Und diese können Sie gezielt entwickeln.

Schon Sandkasten, Kindergarten oder Schule sind das Trainingsgebiet für die Fähigkeit zu führen. Führungsqualifikation entsteht bisher vor allem nebenbei – durch Sozialisation. Doch spätestens an dem Tag, an dem Führungskräfte in einem Unternehmen Verantwortung übernehmen, wünschen sich viele, sie hätten diese Fähigkeiten etwas bewusster trainiert oder wüssten zumindest, was nötig ist, um gut zu führen.

Wenn Sie sich dem nähern, was Führung ausmacht, dann gibt die Studie der Akademie der Führungskräfte aus dem Jahr 2009 ein erster Hinweis. Sie zeigt, was Führungskräfte in ihrer täglichen Arbeit besonders benötigen:

Was brauchen Führungskräfte?

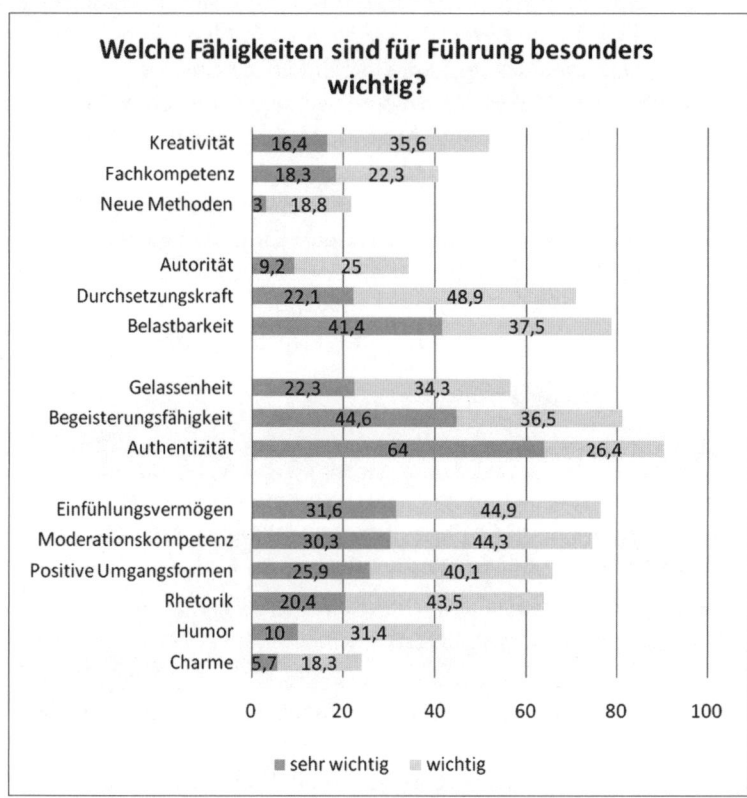

Welche Fähigkeiten sind für Führung besonders wichtig?

	sehr wichtig	wichtig
Kreativität	16,4	35,6
Fachkompetenz	18,3	22,3
Neue Methoden	3	18,8
Autorität	9,2	25
Durchsetzungskraft	22,1	48,9
Belastbarkeit	41,4	37,5
Gelassenheit	22,3	34,3
Begeisterungsfähigkeit	44,6	36,5
Authentizität	64	26,4
Einfühlungsvermögen	31,6	44,9
Moderationskompetenz	30,3	44,3
Positive Umgangsformen	25,9	40,1
Rhetorik	20,4	43,5
Humor	10	31,4
Charme	5,7	18,3

0 20 40 60 80 100

■ sehr wichtig ▨ wichtig

Vier Bereiche können unterschieden werden:
- **Bereich Fachwissen:** Fachwissen spielt die geringste Rolle! In der Praxis zeigt sich, dass es zwar eine wichtige Voraussetzung ist, um überhaupt in eine Führungsposition zu kommen. Dann aber ist es weit weniger gefragt.
- **Bereich Stärke:** Durchsetzungskraft und Belastbarkeit sind zwar im oberen Drittel angesiedelt. Aber sie werden nicht als die Erfolgsqualifikation gesehen, wie sich vielleicht vermuten lässt.

Gerade die geringe Bewertung von Autorität zeigt, dass vielen Führungskräften ihre eigene Machtlosigkeit durchaus bewusst ist.

● **Bereich Persönlichkeit:** Eine herausragende Stellung nimmt hingegen die Persönlichkeit ein. Führung funktioniert vor allem dann, wenn ich Vorbild bin. Und dafür ist Authentizität eine unabdingbare Voraussetzung. Persönlichkeit und Begeisterungsfähigkeit sind die zwei wichtigsten Bausteine einer erfolgreichen Führung. Ich werde Ihnen das im Kapitel REFLECT zeigen.

● **Bereich Teamfähigkeit:** Als weitere wichtige Fähigkeit werden Einfühlungsvermögen und Moderationskompetenz genannt. Mit Blick auf die geringe Bedeutung von Autorität zeigt das, wie Führung heute funktioniert: Nur mit Verständnis für die Situation des Unternehmens und die Mitarbeiter kann man gemeinsam die richtigen Wege beschreiten. Die Zeiten des Lone-some-Rider, des einsamen Wolfes, an der Spitze sind vorbei! Eine Erkenntnis, die offensichtlich auch in den Führungsetagen angekommen ist.

 Auf dem Merkzettel:

Die Zeit der einsamen Wölfe ist vorbei: Führung entsteht ganz wesentlich durch Vorbild und dafür ist Authentizität, Einfühlungsvermögen und Moderationskompetenz wichtig. Fachwissen ist zwar Voraussetzung, aber nicht bestimmend, ebenso wenig wie Durchsetzungskraft und Belastbarkeit.

Diese Ergebnisse sind für viele erschreckend. Da haben sie viele Jahre hart gearbeitet, um eine möglichst große Fachkompetenz aufzubauen. Und jetzt soll Fachwissen nichts mehr

Sind Sie fit für Führung? zählen? Warum häufen wir also in der Schule, während der Ausbildung oder des Studium jede Menge Fachwissen an, wenn das dann größtenteils nutzlos, veraltet, schlicht nicht anwendbar ist? Statt Einfühlungsvermögen, Moderationskompetenz oder Beharrlichkeit zu trainieren? Vielleicht weil Mathematik in Klausuren leichter prüfbar ist? Oder vielleicht weil damit auch die Anforderungen an die Lehrenden sich verändern würden. Konsequenzen, die die Gesellschaft als Ganzes betreffen würden. Aber dazu später. In jedem Fall kann es nicht überraschen, dass die

Führungskräfte die meisten ihrer benötigten Fähigkeiten »On the Job« gelernt haben.

Wie sind Sie auf Ihre Führungsrolle vorbereitet worden?

Anders	2,7
Gar nicht	4,1
Durch Lern- und Lebenserfahrung	19,7
Durch Coaching	13,3
Durch Training	20,2
„On the Job"	27,0
In der Ausbildung	4,3
Im Studium	8,7

0,0   5,0   10,0   15,0   20,0   25,0   30,0

Immerhin: Ein Drittel hat bereits begonnen, sich systematisch durch Coaching und Training weiter zu entwickeln.

Dabei ist unbestritten, wie wichtig gute Führung für den Unternehmenserfolg ist. Engagierte Mitarbeiter haben direkten Einfluss auf den Unternehmenserfolg. Zu diesem Ergebnis kommt die Managementberatung Hewitt Associates »Best Employers 2007/2008«. Demnach wirkt sich die Attraktivität eines Unternehmens als Arbeitgeber sowohl auf das Wohlbefinden der Mitarbeiter wie auch den wirtschaftlichen Erfolg aus. Gut geführte Firmen erzielen im Schnitt eine um 24 Prozent höhere Aktienrendite! Ihre Mitarbeiter-Fluktuation ist 15 Prozent geringer als bei weniger beliebten und es fallen gut 45 Prozent weniger Fehltage an. Gleichzeitig werden die Arbeitnehmer bedeutend engagierter eingeschätzt. Und das wiederum wirkt sich positiv auf die Realisierung der Unternehmensziele aus.

 Auf dem Merkzettel:

Führung ist ein direkter Erfolgstreiber für Unternehmen. Sie spart Kosten und steigert die Produktivität.

Blickwinkel Wirkung – das ist das Erfolgsrezept

Bader redet mit Engelszungen auf seine Mitarbeiter ein. Ist das denn so schwer zu kapieren? Immer wieder hat er sie daran erinnert, wie wichtig es ist, umgehend auf Kundenanfragen zu reagieren. Er hat alles versucht: gemeinsame Regeln verabschiedet, wöchentliche Erinnerungsmails – viel geholfen hat es nicht. Als er gestern zufällig ans Telefon gegangen ist, war schon wieder ein Anrufer am Apparat, der nicht schnell genug bedient wurde. Vielleicht wird es mal Zeit, andere Saiten aufzuziehen.

Wie viele Meetings haben Sie in den letzten 10 Tagen gemacht, wie viele Telefonkonferenzen geführt und wie viele E-Mails geschrieben, um Ihre Projekte voranzutreiben? Auch Bader in diesem Beispiel hat ganz sicher das Gefühl, immer alles getan zu haben. Aber was hat er erreicht? Tatsächlich nehmen viele Führungskräfte immer noch ihr Tun als Maßstab für ihr Handeln und sind dann erstaunt, warum sie so wenig Einfluss haben.

Fragen Sie sich doch stattdessen einmal, was Sie bewirkt haben! Und was genau die entscheidenden Momente waren, in denen Wirkung entstanden ist. Denn es sind diese Momente, die über Ihren Erfolg, den Erfolg Ihrer Führungsarbeit entscheiden. Machen Sie Ihren Blick frei für das Wesentliche: die Wirkung.

Maßstab Wirksamkeit.

Bader sollte nicht länger an seinen Mitarbeitern verzweifeln und nicht eine Erinnerung nach der anderen versenden. Sondern er sollte sich fragen, warum ihn seine Mitarbeiter nicht verstehen wollen oder können. Warum er keine Wirkung erzielt. Erst wenn Sie den Blick auf das richten, was Sie erreichen, umsetzen oder bewirken, befreien Sie sich aus Ihrem Hamsterrad, das Sie immer schneller drehen wollen, ohne wirklich voranzukommen. Weil der Blick für die Wirkung fehlt.

Dabei entsteht Wirksamkeit sowieso, Sie können sie nur solange nicht erkennen, wie Sie nicht darauf achten. Überall dort, wo andere Menschen an Ihrer Person oder Ihren Leistungen teilhaben, üben Sie Einfluss aus. Und um diesen Einfluss geht es, wenn Sie eine wirkungsvolle, erfolgreiche Führungskraft werden wollen. Wie genau das funktioniert, werde ich Ihnen in den folgenden Kapiteln zeigen. So viel aber schon mal vorweg: Egal was Sie tun, der entscheidende Moment ist der, wenn der Kunde seine Produktauswahl trifft. Dann zeigt sich, ob Ihre Anstrengungen erfolgreich waren. Oder auf das Beispiel bezogen: Ob Ihre Bemühungen, die Kundenorientierung zu steigern, wirksam waren, wird sich darin zeigen, ob Ihr Mitarbeiter sich entscheidet, schneller als in der Vergangenheit auf Anfragen zu reagieren oder eben nicht. Sie beeinflussen aber nicht nur die bewussten Entscheidungen der Kunden und Mitarbeiter. Ihre Wirkung – oder Wirkungslosigkeit – können Sie auch an einer Vielzahl unbewusster Entscheidungen ablesen.

So ist die geringere Zahl von Krankheitstagen, die die Studie von Hewitt Associates aufgeführt hat, nicht etwa auf ein besseres Raumklima zurückzuführen. Nein. Mitarbeiter, die sich mit **Wo Sie Wirkung erkennen.** einer Aufgabe wirklich identifizieren und Verantwortung im Team spüren, gehen bei einer leichten Erkältung noch zur Arbeit. Ganz einfach, weil es ihnen wichtig ist und nicht, weil der Chef es sagt. Oft ist es sogar so, dass der Körper die ersten Grippesymptome unterdrückt, ohne dass Sie es merken würden. Unser Gehirn hat schon entsprechend reagiert.

 Auf dem Merkzettel:

- Fragen Sie sich in Zukunft nicht mehr, was Sie tun, sondern was Sie bewirken. So machen Sie den ersten Schritt zur Erfolgsorientierung.
- Wirkung ist am Verhalten derer abzulesen, die Sie durch Führung erreichen. Das sollte Ihr Maßstab sein.

Wichtig ist zu akzeptieren, dass die Entscheidung über Ihre Wirkung immer von den anderen getroffen wird. Wenn Sie diese also beeinflussen wollen, müssen Sie den Mechanismus zur Entscheidungsfindung im Kopf der anderen entschlüsseln. Deshalb kommt den Erkenntnissen der Hirnforschung eine Schlüsselrolle zu. Führung manifestiert sich bei den Menschen, die Sie führen. In deren Köpfen werden die Entscheidungen gefällt, die über Ihren Erfolg entscheiden.

Auf dem Merkzettel:

- Wirkung entsteht durch Entscheidungen bei Kunden, Mitarbeitern oder bei mir selbst. Um zu verstehen, wie Wirkung entsteht, muss man verstehen, wie Entscheidungen durch Teilhabe beeinflusst werden können.

Aber wie entstehen nun Entscheidungen und vor allem, wie können wir darauf Einfluss nehmen? Welche Möglichkeiten hat Bader, gibt es einen Hebel, den er umlegen muss, damit seine Mitarbeiter so agieren, wie er es sich als Führungskraft vorstellt? Zentrale Fragen, wenn Sie akzeptieren, dass die Wirkung sich an den Entscheidungen der anderen festmacht.

Wirkung entsteht im Kopf.

Auf den ersten Blick lässt sich auch diese Frage leicht beantworten: Wirkung entsteht im Kopf und zwar auf der Basis der dort vorliegenden Informationen. Das ist einfach und nahezu trivial. Wenn Sie also Entscheidungen beeinflussen wollen, müssen Sie sich mit den Informationen auseinandersetzen, die im Kopf des Entscheiders vorliegen. Wie sie dort hinkommen und wie sie bestmöglich verarbeitet werden. Die Frage für Bader ist also, was in den Köpfen seiner Mitarbeiter los ist. Vielleicht sprechen konkrete Informationen einfach gegen seine Anforderungen, zum Beispiel, dass dieser Kunde einfach kein Potenzial hatte und die Abteilung mit den wichtigen Kunden schon überlastet ist. Vielleicht kommen die Informationen verfälscht an, sei es, dass die Mitarbeiter Kundenorientierung einfach anders interpretieren oder ihnen eben die Bedeutung für den Unternehmenserfolg noch nicht so klar ist. Oder die Informationen liegen so gar nicht im Kopf vor, vielleicht weil Bader seine Mitarbeiter mit einer Fülle von Regeln und gut gemeinten Tipps bombadiert und diese einfach abschalten.

Einfluss entsteht letztlich durch Kommunikation, so verändert sich die Informationslage im Kopf und damit haben Sie eine Chance, die Entscheidung zu beeinflussen. Indem Sie so kommunizieren, dass Ihre Botschaften bestmöglich verarbeitet werden, erzielen Sie optimale Wirkung. Das, was Sie beachten sollten, sowie die Gesetzmäßigkeiten und Möglichkeiten hängen stark von der Art der Verarbeitung im Gehirn ab. Je besser Sie diese berücksichtigen, umso erfolgreicher werden Sie sein. Für jene Kommunikation, die sich an diesen Wirkungsprinzipien orientiert, habe ich den Begriff der Neuro-Kommunikation geprägt. Sie basiert auf den gleichen Prinzipien wie wirkungsorientierte Führung.

 Auf dem Merkzettel:

- Neuro-Kommunikation verstehen wir als Kommunikation, die die Erkenntnisse der Hirnforschung berücksichtigt (die 5R-Prinzipien werden in den folgenden Kapiteln vorgestellt).
- Neuro-Kommunikation berücksichtigt dabei in besonderem Maße den Aspekt der Wirksamkeit, in dem die Informationen und Handlungen für die Verarbeitung im menschlichen Gehirn optimiert werden. Dabei sind die Prozesse bei Wahrnehmung, Speicherung und Entscheidung besonders wichtig.

 Diese Konsequenzen können Sie ziehen:

- Orientieren Sie sich in der Zukunft an der Wirksamkeit Ihrer Maßnahmen – so werden Sie erfolgreich.
- Wirkung entsteht durch die Entscheidung von anderen. Rücken Sie diese Erkenntnisse in Ihren Fokus.
- Die grundlegenden Prozesse im Gehirn entscheiden darüber, ob Kommunikation wirksam ist – Indem Sie diese Prozesse besser kennen und berücksichtigen, machen Sie Ihre Kommunikation effizienter und erfolgreicher.

Einfacher, leichter und erfolgreicher – die 5R-Prinzipien

Die Welt entsteht im Kopf – der anderen. Indem Sie das Wirkungsprinzip berücksichtigen, achten Sie nicht länger auf das, was Sie tun, sondern auf das, was Sie erreichen wollen. Und da ist ganz entscheidend, wie Informationen aufgenommen und verarbeitet werden, welche Rolle Intelligenz oder Emotionen spielen, wie Entscheidungen entstehen und wie Sie darauf Einfluss nehmen können. Genau darum geht es bei den 5R-Prinzipien RULE, RATE, RESORT, REFLECT und ROTATE, die ich Ihnen in den folgenden Kapiteln vorstellen werde.

RULE	– **Wie Sie bessere Entscheidungen treffen**
RATE	– **Wie Sie Kopf und Bauch zusammenbringen**
RESORT	– **Wie Sie Klartext reden und verstanden werden**
REFLECT	– **Wie Sie erkennen, was Sie und andere ausmacht**
ROTATE	– **Wie Sie durch Perspektivwechsel Wirkung erzielen**

Diese Prinzipien sind in jedem Menschen bereits angelegt und wirksam. Bei Baders Mitarbeitern genauso wie Ihren Mitarbeitern, Kunden oder Ihnen selbst. So werden Ihnen einige Prinzipien und daraus abgeleitete Methoden bekannt sein und Sie können sie sehr gut nachvollziehen. Denn sie zielen ja direkt auf die Mechanismen ab, die in unserer aller Gehirn vorhanden sind. Im Moment noch unbewusst und automatisch. Doch wenn Sie sich dieser Prinzipien bewusst werden und gezielt trainieren, können Sie Ihre Wirksamkeit steigern.

Dabei werden Sie sich von einer Reihe liebgewonnener Vorstellungen trennen müssen. Bei den 5R-Prinzipien geht es auch darum, was hinter Begriffen wie Vernunft, Verstand, Rationalität oder Emotionen steht. Begriffe, die im Laufe der letzten 2 000 Jahren entstanden sind und uns heute den Blick verstellen, wie Menschen wirklich entscheiden. Die eben auch im Sinn hatten, plausible Gründe für die Überlegenheit des Menschen als Krönung der Schöpfung zu liefern und so die jahrhundertelange Forschung und das Bild des Menschen in die falsche Richtung geführt haben. Doch wir sind heute aufgeklärt genug, um unseren Platz auf dieser Welt auch ohne diese konstruierte Sonderstellung behaupten zu können. Machen Sie Ihren Blick frei für den Menschen, wie er wirklich ist. Das heißt, die Erfordernisse der heutigen Zeit ernst zu nehmen und Führungsmethodik anzupassen. Anpassung hat schon immer Erfolg bedeutet, es wird Zeit, die Realitäten zu erkennen und so zu einer zukunftsorientierten Führungskultur kommen, die Wirkung erzielt.

Führung nach den 5R-Prinzipien liefert Ihnen allerdings Erfolg nicht frei Haus. Sie werden in Zukunft nur besser erkennen können, welche Konsequenzen Ihre Führung hat und wie Sie diese verbessern.

Auf dem Merkzettel:

- Kommunikation und Führung entsteht überall dort, wo Sie durch Teilhabe Kontakt zu anderen Menschen haben. Deshalb ist Führung eine so universelle Fertigkeit.

- Konstruktionen wie Verstand, Vernunft, Rationalität oder Emotion dienen vor allem dazu, den Unterschied zwischen dem Menschen und anderen Lebewesen zu manifestieren.

In der Friedrich AG weiß Abteilungsleiter Richter um die Bedeutung des Teamgeists für den Erfolg. Gleichzeitig bemerkt er aber, dass sich jeder Mitarbeiter aus Mangel an Alternativen selbst um sein Essen kümmert und dieses meist am eigenen Schreibtisch zu sich nimmt. Deshalb entschließt sich Richter zur Einrichtung eines großzügigen Pausenraumes und der Organisation eines gemeinsamen Mittagessens. Er verspricht sich davon, den Zusammenhalt zu stärken. Beim gemeinsamen Essen wird Geschäftliches wie Privates ausgetauscht. Der Effekt: eine stärkere Bindung zueinander und letztlich eine größere Identifikation mit der Abteilung und dem ganzen Unternehmen.

An dem Beispiel können Sie erkennen, dass aus der neuen Perspektive von Wirksamkeit ein anderes Verständnis von Kommunikation resultiert. Viele Unternehmen haben längst erkannt, wie wichtig es ist, für das Wohlbefinden der Mitarbeiter zu sorgen. Für Abteilungsleiter **Inhalte statt Effekte.** Richter geht es deshalb nicht darum, ob er seine Idee am schwarzen Brett oder durch eine Ansprache ankündigt, vielleicht mit einer Party einweiht oder völlig kommentarlos umsetzt. Eine Wirkung entsteht so oder so, ob mit oder ohne direkte Kommunikation. Bei den 5R-Prinzipien geht es darum zu erkennen, ob und für wen, um beim Beispiel zu bleiben, ein Pausenraum sinnvoll ist und wie dieser gestaltet werden könnte. Es ist eben nicht in erster Linie die Frage, welches der beste Kommunikationsweg dafür ist. Sondern die Frage, warum die Maßnahme Sinn macht und welche Wirkung sie auf die Mitarbeiter hat. Die mögliche Inszenierung der Eröffnung gehört eher zu den dramaturgischen Gesichtspunkten der Neuro-Kommunikation. Es geht nicht um eine möglichst effektvolle Verpackung der Informationen, sondern um eine grundlegend andere Kunden- und Mitarbeiterorientierung. Kommunikation ist in diesem Verständnis nicht der Transport von Botschaften, sondern vielmehr die Botschaft selbst.

Überall wo Menschen zusammenkommen, entsteht Teilhabe ganz automatisch und damit Kommunikation und Führung. Insofern lässt sich die Aussage des Philosophen Paul Watzlawick »Man kann nicht nicht kommunizieren« erweitern zu »Man kann nicht nicht führen«.

Einfluss ist nicht Manipulation. Es ist klar, dass es bei der Anwendung der 5R-Prinzipien für eine substanzielle Ausrichtung an Ihren Kunden und Mitarbeitern nicht um Manipulation geht. Mitarbeiter weiterzuentwickeln, sie für neue Perspektiven zu öffnen, bedeutet natürlich, Einfluss auszuüben. Führung bedeutet Teilhabe und so gesehen immer Einfluss. Aber damit ist nicht gemeint, andere zu etwas zu drängen, was diese nicht wollen. Wenn keine Substanz in Ihrer Alternative steckt, haben Sie nur die Möglichkeit, Ihrem Gegenüber etwas vorzugaukeln. Langfristig ein großes Risiko. Denn der Mensch ist darauf spezialisiert, Trickser und Täuscher zu erkennen!

 Diese Konsequenzen können Sie ziehen:

- Führung ist natürlich, denn ebenso wie Kommunikation und Teilhabe entsteht Führung permanent. Deshalb sollten Sie in Zukunft Ihre individuellen Führungsfähigkeiten gezielt entwickeln und ausbauen.
- Achten Sie auf das, was Sie bewirken. Indem Sie besser verstehen, wie Informationen verarbeitet und gespeichert werden, richten Sie den Fokus auf die wichtigen Dinge.

Teil I
Die 5R-Prinzipien

Führen beginnt im Kopf des anderen. Körner
Copyright © 2011 WILEY-VCH GmbH & Co. KGaA, Weinheim
ISBN: 978-3-527-50599-9

Kapitel 2
RULE – Wie Sie bessere Entscheidungen treffen

Es sind die Entscheidungen,
die unser Leben ausmachen.

6:00 Uhr morgens. *Ich stehe unter der Dusche und genieße das warme Wasser, solange es noch geht. Dabei schießen mir die Gedanken durch den Kopf: Heute ist ein weiteres Vorstellungsgespräch. Ich habe zwar schon einen Favoriten, aber ganz sicher bin ich mir noch nicht. Wie soll ich mich nur verhalten, wenn mir mein Kopf zum Einen rät, während mein Bauch etwas ganz Anderes sagt. Was tun, wenn es auf dem Papier einen klaren Favoriten für die Stelle gibt, sich aber dabei ein ungutes Gefühl im Magen bildet? Außerdem steht heute ein Teammeeting auf der Agenda. Hoffentlich hören danach die ständigen Reibereien zwischen den Mitarbeitern auf, oder muss ich hier Farbe bekennen? Dazu muss ich über das aktuelle Projekt bei meinem Chef berichten. Wir brauchen mehr Zeit, aber wie verkaufe ich das am besten? Oder mache ich in meiner Abteilung lieber mehr Dampf, um den gesetzten Termin doch noch zu schaffen?*

Kennen Sie diese oder ähnliche Gedanken, wenn Sie einen Moment mit sich alleine sind und entspannen? Wenn Ihre Neuronen wild feuern und Ihnen scheinbar unzusammenhängende Gedanken durch den Kopf schießen? So viele Entscheidungen, so viele Möglichkeiten, so viele Chancen, aber auch Risiken. Und wie gehen Sie damit um?

Dabei haben wir es doch geschafft – oder nicht? Die Entwicklung über Millionen von Jahren hat den Menschen zu dem gemacht, der er heute ist: der Homo sapiens, der vernünftige Mensch. Doch erleichtert diese Vernunft das Leben? Warum tut man sich dann in vielen Entscheidungssituationen so schwer? Wen stelle ich ein, wie motiviere ich, mache ich mehr Dampf im Projekt oder bitte ich um mehr Zeit etc.? Widerspricht das nicht auch Ihrer Vorstellung von Vernunft, wenn Entscheidungen so schwierig sind? Oder handelt es sich dabei nur um hausgemachte Probleme? Sind Vernunft und Rationalität abs-

Führen beginnt im Kopf des anderen. Körner
Copyright ©2011 WILEY-VCH GmbH & Co. KGaA, Weinheim
ISBN: 978-3-527-50599-9

trakte Begriffe und man sollte gefühlsbetont handeln und aus dem Bauch heraus entscheiden?

Warum es keine Rationalität gibt und wir auf Erfahrungen vertrauen sollten

Die Gedanken, die Ihnen morgens in der Dusche durch den Kopf gehen, spiegeln das Dilemma wider, in dem sich Führungskräfte befinden. Denn gleichgültig, für wen Sie sich bei der Besetzung der neuen Stelle entscheiden, es ist die Entscheidung, die maßgeblich beeinflussen wird, wie sich Ihre Abteilung entwickelt. Egal ob Sie sich bei der Projektsteuerung für die vielleicht motivierende Ansprache oder mehr Druck entscheiden, es ist Ihre Entscheidung, die das Klima in der Abteilung verändert oder nicht. Egal ob Sie bei Ihren Projekten mehr Dampf machen oder bei den Vorgesetzten um mehr Zeit bitten, Ihre Entscheidung beeinflusst Ihr Ansehen bei den Mitarbeitern wie Chefs und damit den weiteren Verlauf Ihrer Karriere. Es sind die Entscheidungen, auf die es ankommt! Im Unternehmen wie im Leben selbst. Wenn Sie den Schlüssel zu mehr Wirkung in der Hand halten wollen, müssen Sie erkennen, wie diese Entscheidungsprozesse ablaufen.

Die Beschränktheit von Entscheidungsmodellen

Dabei können uns bisherige Erklärungsmodelle über Entscheidungen wenig helfen. Nehmen wir das Beispiel einer relativ einfachen Entscheidungssituation:

Alternative 1: Ich schenke Ihnen sofort 1 000,- Euro.

Alternative 2: Ich schenke Ihnen in einem Monat 5 000,- Euro.

Bisher war es üblich, in einem solchen Fall eine Nutzenfunktion zu definieren, beispielsweise eine Abzinsung des jeweiligen Betrages, um so Alternative 1 und 2 vergleichbar zu machen.

Damit würde sich nach einem Monat für Alternative 1 bei einem Prozentsatz von 6 % ein Betrag von $1\,000 \times 0.06/12 = 1\,005$,- Euro ergeben. Im Vergleich dazu bietet Alternative 2 in einem Monat einen Betrag von 5 000,- Euro. Womit die Entscheidung klar sein sollte. Ein vernünftig denkender Mensch, der Homo oeconomicus, wählt Alternative zwei.

Aber warum entscheiden sich dann in meinen Vorträgen so viele Menschen für Alternative 1? Weil sie unvernünftig sind? Irrational entscheiden?

Die Wissenschaft versucht diese vermeintlichen »Fehlleistungen« zu erklären und listet Gründe auf, die zu einem solchen »beschränkt-rationalen« Verhalten führen können: Der Mensch beurteilt das »Jetzt« besser als eine Verhaltensänderung, die zum gleichen Ergebnis führen würde. Er fürchtet sich vor unbekannten Risiken, bevorzugt zeitnah zu realisierende Ziele oder betrachtet nur eine geringe Anzahl von Alternativen. Alles Situationen, die nach Ansicht der Fachleute eine Entscheidung beschränkt rational machen.

Aber verhalten Sie sich nicht auch so? Wenn Sie unter den ersten fünf Bewerbern eine befriedigende Besetzung für die offene Stelle gefunden haben, laden Sie nicht noch mehr Bewerber ein. Ist das beschränkt rational? Wenn Sie wissen, dass Ihr Projekt letztlich nur mit Zeitdruck beendet werden kann, fragen Sie erst gar nicht nach einer Fristverlängerung. Unvernünftig?

Die Wissenschaft schießt meiner Ansicht nach hier weit über das Ziel hinaus. Vergegenwärtigen Sie sich, dass das Gehirn vor allem einen Zweck hat: das Überleben. Betrachtet man die Kritikpunkte unter diesem Blickwinkel, so erscheint es doch durchaus »vernünftig« zu sein, **Was ist falsch?** dass das Individuum den Tod quasi automatisch **Mensch oder Modell?** berücksichtigt und zeitnahe Ziele bevorzugt. Auch haben wir offensichtlich ein gutes Gefühl dafür, welcher Aufwand sich lohnt und welcher nicht. Deshalb beenden Sie auch Ihre Suche nach einem neuen Bewerber, wenn Sie Ihrer Erfahrung nach einen geeigneten gefunden haben. Denn Sie wissen, die weitere Suche verschwendet unnötig Zeit und Energie im Verhältnis zur Ertragssteigerung.

Es verwundert, wenn jemand wie der Nobelpreisträger Reinhard Selten zu dem Ergebnis kommt, dass der Mensch suboptimale Entscheidungen wählt, weil er durch sogenannte emotionale / soziale Faktoren suboptimale Alternativen bevorzugt. Diese Aussage macht das ganze Dilemma deutlich, in dem wir stecken. Die Evolutionsgeschichte zeigt, dass der Mensch nur innerhalb seines sozialen Verbandes seinen Herausforderungen gerecht wurde und sich vor allem auch durch Arbeitsteilung zu dem entwickelt hat, was er heute ist. Deshalb erscheint es folgerichtig, dass soziale Bindungen für ihn von besonderer Bedeutung sind und sich dafür spezielle Präferenzsysteme ausgebildet haben. Deshalb ist es nicht unvernünftig, die Auswirkungen einer Stellenbesetzung auf den Teamgeist zu berücksichtigen, auch wenn der eine Bewerber klar die besseren Leistungsdaten hat. Das »ungute« Gefühl ist nicht irrational, sondern ein wichtiges Signal.

Es ist ganz entscheidend zu verstehen, dass der Mensch sich immer erst erschließen muss, ob und um wie viel »zwei« besser als »drei« von irgendetwas ist. Vielleicht sind bei Ihrem Projekt zwei Wochen Aufschub genau die Zeit, um es zielgerichtet zu Ende zu bringen, während Ihre Erfahrungen zeigen, dass drei Wochen zu einem Aufatmen führt, Schlendrian einkehrt und es schließlich zu Verzögerungen kommt. Zwei ist nicht per se besser als drei!

Ist der Mensch zu komplex?

Doch warum werden diese Aspekte in den Modellen nicht berücksichtigt? Werden die Modelle zu komplex und lassen sich nicht mehr abbilden? Wahrscheinlich ist das ein entscheidender Grund. Das ist für die wirtschaftliche Simulation und für entsprechende Modelle natürlich sehr schlecht. Der Schluss kann aber nicht sein, der Mensch handelt irrational.

Auf dem Merkzettel:

- Soziale / emotionale Präferenzen sind nicht weniger rational als scheinbar logische Präferenzsysteme. Beide sind zum Überleben unverzichtbar!
- Wenn Sie die Entscheidung eines anderen nicht verstehen, so liegt es nicht daran, dass er irrational handelt. Er nimmt die Wirklichkeit nur anders wahr oder leitet andere Konsequenzen mit anderen Bewertungen ab.

Wenn man sich der Frage nähert, wie der Mensch Entscheidungen trifft und wie Kommunikation aussehen muss, damit Informationen möglichst wirkungsvoll werden, helfen die auf Vorhersagbarkeit ausgerichteten Modelle wenig. Denn so arbeitet das Gehirn des Menschen nicht – und deshalb liefern diese Modelle auch keine befriedigenden Ergebnisse. Es sind weder rationale noch die in letzter

Zeit in Mode gekommenen emotionalen Entscheidungsfaktoren. Die ganze Diskussion krankt.

Sie krankt auch deshalb, weil bei der Betrachtung von Verhaltensweisen des Menschen in den letzten 2 000 Jahren immer eine ganz bestimmte Sichtweise den Blick trübte! Denn es ging dabei ganz wesentlich darum, den Mensch zu idealisieren, ihn möglichst weit von allen anderen Lebewesen abzuheben und eine

Der Mensch idealisiert sich selbst.

Rechtfertigung dafür abzuleiten, dass der Mensch sich die Welt untertan macht. Deshalb unterschied man – sehr vereinfacht gesagt – in eine niedere, emotionale Welt und eine anzustrebende, göttliche, geistige Welt. Selbst Neuromarketiers der letzten zehn Jahre haben trotz der Erkenntnisse der Hirnforschung einen scheinbar alten Teil im menschlichen Gehirn entdeckt, der für die Emotionen steht, während die eigentliche Kontrollfunktion im Frontalhirn beheimatet sein sollte.[1] Eine Sicht, die zwar eindeutig widerlegt ist, sich aber dennoch hartnäckig hält. Wahrscheinlich deshalb, weil sie so gut zu unserem Weltbild passt.

Denn mit einer solchen Sicht würde der Mensch mit dem nachweislich größten Frontalhirn automatisch zur Krönung der Schöpfung. Es wundert vor diesem Hintergrund nicht, dass Emotionen bis vor ca. 60 Jahren überhaupt nicht erforscht wurden! Und selbst danach fristeten sie noch viele Jahre ein Schattendasein. Es macht deshalb Sinn, sich dem Prinzip der Entscheidungen von der praktischen Seite zu nähern, denn dies macht einen unvoreingenommenen Zugang möglich.

Ich komme noch einmal auf das Beispiel mit den 1 000 / 5 000,- Euro zurück. Wie haben Sie sich denn entschieden? Angebot 1, die 1 000,- Euro sofort und ohne Risiko? Nun, dafür könnte ja einiges sprechen. Sie vertrauen mir nicht so recht. Außerdem ist Ihnen der »Spatz in der Hand« lieber als die »Taube auf dem Dach«. Und wenn Sie dann noch an den Gesichtsverlust im Kollegenkreis denken, wenn Sie das Geld später doch nicht erhalten. Alles nachvollziehbare Gründe für Ihre Entscheidung. Oder lieber das zweite Angebot? Das ist immerhin das Fünffache! Vielleicht leben Sie ja nach dem Motto

---

1 Vgl. u. a. Häusel 2004 und Häusel 2008

»no risk, no fun« oder Sie verfügen über so viel Geld, dass Ihnen
1 000 Euro zu wenig bedeuten.

Ändern Sie den Rahmen
Jetzt versuchen Sie doch mal, die Perspektive zu wechseln. Also: dieselbe Frage, aber eine ganz andere Entscheidungssituation.

Was wäre, wenn Sie seit einer Woche nichts gegessen hätten und am Verhungern wären? Würde das Ihre Entscheidung nicht beeinflussen? Was, wenn Sie schon einmal betrügerischen Versprechungen aufgesessen sind und sich damit in Ihrem Freundeskreis blamiert haben? Was, wenn Ihr bester Freund letzten Monat in der gleichen Situation Angebot 2 gewählt und das Geld erhalten hat? All diese Umstände hätten vermutlich Einfluss auf Ihre Entscheidung.
Was lässt sich daraus ablesen?

1. Die Entscheidung richtet sich nach Ihrer individuellen Situation (z. B. Hunger oder Wohlstand), nach Ihren Erfahrungen (z. B. besagter Freund). Vielleicht auch nach gewissen Grundüberzeugungen, wie etwa bestimmte Umstände oder Objekte zu bewerten sind (Risikofreudigkeit, Vertrauen in andere Menschen).
2. In Entscheidungsprozessen sind die Alternativen immer mit einer oder mehreren Bewertungen verbunden. Wie fühlt es sich an, weiter zu hungern, wie ist das Gefühl, triumphierend die 5 000,- Euro zu zeigen, was bedeutet Geld für Sie? Denn schon dies unterscheidet die Menschen, auch wenn wir uns das zu selten klar machen. 1 000,- oder 5 000,- fühlen sich für jeden anders an und wir verbinden etwas anderes damit. Beispielsweise durch die Freude beim Geldausgeben. Oder das gute Gefühl, bewundert zu werden, wenn man sein neues Auto vorführt, sich von anderen abhebt oder gerade dadurch endlich Teil einer »elitären Gemeinschaft« zu werden. Hingegen bewerten wir das Risiko letztlich leer auszugehen dadurch, wie oft wir es schon erlebt haben zu scheitern. »No risk, no fun« ist eben auch eine Frage der Erfahrungen.

Überlegen Sie noch mal: Die Entscheidung für das zweite Angebot ist scheinbar rational. Doch was wäre dann eine Entscheidung für die sofortige Auszahlung? Etwa irrational? Pure Emotion?

Tatsächlich sind es Ihre individuellen Erfahrungen, die in Bewertungen münden und die Basis Ihrer Entscheidung liefern. Verabschieden Sie sich von den Vorstellungen, Entscheidungen seien rein rational oder rein emotional! Die Begriffe leiten in die Irre und verstellen den Blick auf die Frage, wie Entscheidungen wirklich gefällt werden.

Auf dem Merkzettel:

- Präferenzen werden durch Erfahrungen nicht nur beeinflusst, sondern ganz wesentlich gebildet. Erst Erfahrungen machen in vielen Fällen Entscheidungen möglich.
- Die Beurteilung von Alternativen hängt wesentlich von den eigenen Bewertungen ab. Diese sind für andere nicht immer nachvollziehbar.

Die Macht im Kopf: RULE – das 5R-Prinzip der Entscheidung

Die Unterscheidung nach rationalen oder emotionalen Faktoren hilft nicht weiter, wenn Sie die Funktionsweise von Entscheidungsprozessen verstehen wollen. Wichtig ist, dass Sie die Mitspieler in diesem Prozess identifizieren. Dann können Sie die Abläufe verstehen und Entscheidungen gezielt beeinflussen.

Die Alternative: Um entscheiden zu können, muss es Alternativen geben. Und je klarer und erkennbarer Sie diese beschreiben und abgrenzen, **Entscheidungsfaktor: Alternativen** umso besser bereiten Sie Ihr Gehirn auf die Entscheidungssituation vor. In Ihrem Gehirn gibt es vereinfacht gesagt zwei Lager: Ihr Bewusstsein, auf das Sie direkten Zugriff haben und Ihr Unbewusstes, in dem viele Ihrer Erfahrungen abgespeichert sind. Hier können Sie nicht direkt zugreifen, sehr wohl versorgt es sie aber mit gemachten Erfahrungen. Und aus diesen unbewussten Erfahrungen kommt auch das ungute Gefühl, wenn Sie sich vorstellen, den Bewerber mit den glänzenden Zeugnissen auszuwählen. Weil Ihnen Ihre Erfahrung sagt, dass im Team Probleme auftauchen. Deshalb sollten Sie sich die Mühe machen, Ihre Alternativen sorgfältig zu beschreiben. Damit erleichtern Sie Ihrem Bewusstsein die Arbeit und schaffen darüber hinaus die Anknüpfungspunkte für Ihr Unterbewusstsein.

Listen Sie also die Fakten auf, die Ihre Alternativen beschreiben, etwa wie im folgenden Beispiel:

	Auto A	Auto B
Preis:	27 000,- Euro	27 000,- Euro
Hersteller:	Mercedes-Benz	Mercedes-Benz
Kofferraumvolumen:	320 Liter	370 Liter
Verbrauch:	7.0 l/100km	7.0 l/100km
Leistung:	130 PS	130 PS

Fakten sind überprüfbar und nachvollziehbar und so ist es auch meist, wenn Sie über Alternativen sprechen. Das ist wichtig, um Positionen zu beschreiben und abzugrenzen. Eben das herauszuarbeiten, was den Unterschied ausmacht. In unserem Beispiel ist es das Kofferraumvolumen.

Eines sollten Sie beachten: Es besteht immer auch die Alternative, nichts zu ändern. Viele Menschen denken, sie seien entscheidungsschwach, weil sie nichts verändern. Das ist jedoch eher Mutlosigkeit als Entscheidungsschwäche. Deshalb notieren Sie immer auch die Fakten für die Alternative, nichts zu ändern. Also Ihr bisheriges Auto zu behalten oder den Job nicht zu wechseln.

Viele schlechte Entscheidungen werden deshalb getroffen, weil es an Alternativen fehlt. Es ist ein kreativer Prozess, neue Möglichkeiten zu finden. Deshalb lassen Sie sich Zeit und setzen Sie sich nicht unter Druck. Denn in Drucksituationen kreist Ihr Bewusstsein immer nur in den gleichen Bahnen. Vielleicht haben Sie schon einmal eine Stelle mit einem Bewerber besetzt, ohne in Ruhe auszuwählen. Vielleicht hätten Sie sich anders entschieden, wenn Sie mehr Zeit zur Reflektion gehabt hätten. Oder Sie hätten weitere Bewerber eingeladen. Indem Sie sich also bewusst Freiräume schaffen, um unabhängig von den Konsequenzen über Alternativen nachzudenken, geben Sie sich die Möglichkeit, die schwachen Signale zu erkennen, die Ihr Unbewusstes aussendet. Oft sind es Krisensituationen, in denen wir nicht ausreichend über Alternativen nachdenken. Befreien Sie sich vom Druck und nutzen Sie Ihre Kreativität!

Unter der Lupe: Kreativität

Mit dem Begriff der Kreativität wird im weitesten Sinn die Fähigkeit des menschlichen Gehirns bezeichnet, die Lücke zwischen nicht sinnvoll miteinander verbundenen oder logisch aufeinander bezogenen Gegebenheiten durch Schaffung von Sinnbezügen mittels freier Assoziation mit bereits Bekanntem und spielerischer Theoriebildung (Fantasie) auszufüllen. Das Spiel – auch als Gedankenspiel – gehört als wesentliches Element zur Kreativität. Da die kreativen Denkprozesse weitgehend unbewusst ablaufen, werden kreative Einfälle, wie schon das Wort nahelegt, oft als Eingebung einer überpersönlichen Intelligenz oder Wesenheit oder als ein mystisches »Geführt werden« erlebt.

Die Konsequenzen: Aus den Alternativen ergeben sich Konsequenzen: Wie ändert sich das Betriebsklima mit dem neuen Mitarbeiter oder welche Transportmöglichkeiten habe ich mit dem neuen Auto? Aber um zu wissen, wie nützlich 50 Liter mehr an Stauraum sind, müssen wir dies entweder mal erfahren haben – denken Sie an die letzte Fahrt mit Ihrer Familie –, jemand hat uns davon überzeugt oder wir können einfach gut kalkulieren und gehen davon aus, dass es besser ist. Diese Erlebnisse, Erzählungen oder Vorstellungen sind es, die Ihre Einschätzung beeinflussen, was ein größerer Kofferraum an Vorteilen bringt. Vorstellbar wäre aber genauso gut, dass Ihren Erfahrungen nach ein großer Kofferraum Nachteile hat. Weil Sie ständig gebeten wurden, Sachen für andere zu transportieren. Oder es blieben einfach Dinge wild im Kofferraum liegen. Wenn Sie solche Situationen erlebt hätten, würden Sie vermutlich eine ganz andere Konsequenz bezüglich des Kofferraums ziehen.

Entscheidungsfaktor: Konsequenzen

Konsequenzen beziehen sich also immer auf Vorteile oder Nachteile aus den Alternativen. Es sind Verbindungen, die irgendwann einmal in den Kopf gelangt sein müssen (Erfahrungen) oder durch Nachdenken entstanden sind. Aber Sie können nicht sicher sein, dass auch andere die entsprechenden Konsequenzen kennen und die gleichen Erfahrungen bezüglich der Alternativen gemacht haben wie Sie.

Deshalb, wenn Sie wirkungsvoll führen wollen, machen Sie für Ihren Mitarbeiter oder Kunden diese Konsequenzen deutlich! Ansonsten überlassen Sie seiner Fantasie, Kreativität oder Intelligenz, was dabei herauskommt. Und das kann sich erheblich von dem unterscheiden, was Sie denken.

Auf dem Merkzettel:

- Entscheidungen finden immer zwischen Alternativen statt. Diese werden durch Fakten beschrieben.
- Konsequenzen sind Ableitungen der Alternativen und bilden Vorteile oder Nachteile im Vergleich zwischen den Alternativen.
- Durch Intelligenz, Kreativität und Verstand können neue Alternativen erdacht und Konsequenzen abgeleitet werden. Sie liefern damit einen wichtigen Beitrag, reichen aber zur Entscheidungsfindung alleine nicht aus.

Die Bewertung. Alle logischen Ableitungen und kreativen Einfälle könnten nicht für Entscheidungen berücksichtigt werden, wenn diesen nicht ein bestimmter Wert, eine Bedeutung zugeordnet wird. Das Beispiel der angebotenen Geldsummen hat Ihnen gezeigt, wie wichtig ererbtes Wissen oder Erfahrungen sind. Selbst, um einfache Probleme zu lösen. Es ist entscheidend, wie Sie die Option des sofortigen Erhalts von 1 000 Euro bewerten und was das Geld in der jetzigen Situation für Sie bedeutet. Nehmen Sie noch mal das Autobeispiel: Sie haben schon x-mal über die Beladung des Kofferraums mit Ihrer Familie diskutiert. Ihre Präferenzen bezüglich der Kofferraumgröße haben sich überhaupt erst durch solche Erlebnisse gebildet. Diese Bewertungen werden ganz wesentlich Ihre Entscheidungen bestimmen. Denn Sie setzen dadurch eine abstrakte Umwelt, nämlich den Kofferraum, in Bezug zu Ihrer ganz eigenen Erfahrungswelt.

Tatsächlich können die Bewertungen für den Kofferraum höchst unterschiedlich ausfallen. Den Kindern mehr Platz für ihre Spielsachen einzuräumen, zeugt von mitfühlendem Familiensinn. Eine imposantere Optik des Wagens könnte aber genauso gut Ihren Status

Entscheidungsfaktor: Bewertungen

unterstreichen und damit Selbstbewusstsein ausdrücken. Ein besserer Aufprallschutz durch einen größeren Kofferraum würde dem Sicherheitsstreben gerecht werden. Schließlich könnte ein schnittigeres und damit schnelleres Auto eine Wettbewerbs-Bewertung zeigen. Sie sehen, wie unterschiedlich die Bewertungen aussehen können. Sicher können Sie nachvollziehen, wie wichtig es für den Verkäufer eines neuen Autos wäre, die richtigen Bewertungen zu kennen und anzusprechen. Genau die richtige Bewertung zu treffen, den richtigen Nutzen anzusprechen, wäre ein klarer Vorteil im Verkaufsgespräch.

Damit verfügen Sie jetzt über die dritte Ebene in der Entscheidungsfindung, die sogenannte »Nutzenebene«. Egal ob Sie in der Entscheidungssituation abwägen oder Ihre Entscheidung im Nachhinein »verkaufen« müssen, Sie müssen sich klarmachen, worin für Sie und Ihre Mitarbeiter die Vorzüge der gewählten Alternativen liegen. Sie werden im Verlauf des Buches noch erkennen, warum Ihr Gegenüber dies oft selbst nicht erkennt oder missdeutet. Deshalb ist es wichtig, dass Sie dies klar und deutlich machen und nicht von einer Selbstverständlichkeit ausgehen.

Wenn Sie wirkungsvoll entscheiden wollen, dann verknüpfen Sie Fakten, Vorteile und Nutzen miteinander und suchen nach den Alternativen und Konsequenzen, die die richtigen Bewertungen haben. Das ist die Basis einer jeden Entscheidung, dies sind die einzigen relevanten Faktoren.

Diesen Sachverhalt halten wir als erstes Prinzip der Neuro-Kommunikation fest:

 Auf dem Merkzettel:
Das 5R-RULE-Prinzip der Neuro-Kommunikation

Entscheidungen werden im menschlichen Gehirn in einem permanenten Prozess und weitgehend unbewusst getroffen. Alternativen, Konsequenzen und Bewertungen sind dabei die einzigen Bestandteile.

Verdeutlicht werden kann der Prozess der Entscheidung durch das folgende Schaubild:	**Entscheidungsprozess im Überblick**

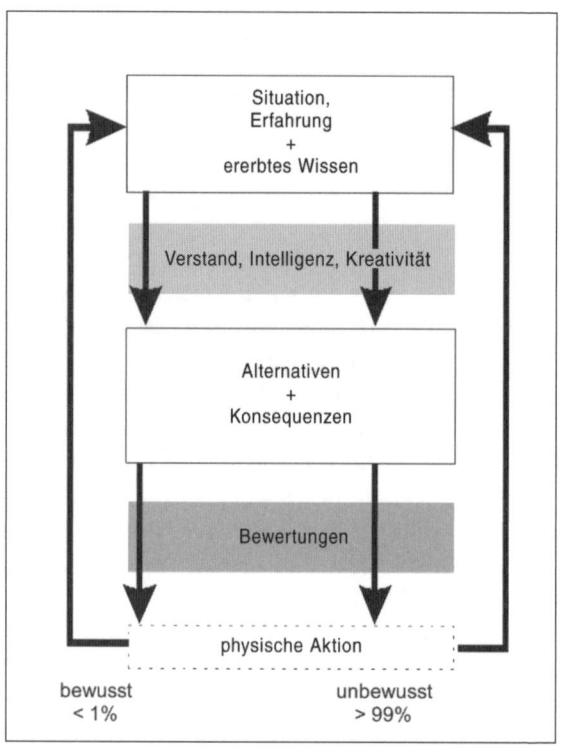

Auch wenn das Schaubild ein »nacheinander abarbeiten« des Entscheidungsprozesses zeigt, darf dieser Eindruck nicht falsch verstanden werden. Es entspricht zwar unserem Bedürf-

Das Henne-Ei-Problem

nis, für alles eine Rangordnung anzulegen. In diesem Fall führt das allerdings in die Irre. Bewertungen beeinflussen in gleichem Maße das Entscheidungsproblem wie dies Alternativen oder Konsequenzen tun. Bewertungen sind daher nicht mehr oder weniger bedeutend für den Entscheidungsprozess wie das bisherige Wissen und die angelegten Prozesse, die zusammen die Basis für Intelligenz, Verstand und Kreativität bilden.

Auf dem Merkzettel:

- Die Bewertung erlaubt dem Individuum, Alternativen und Konsequenzen zu vergleichen. Ohne Bewertungen ist eine Entscheidung nicht möglich.
- Entscheidungen werden in einem permanenten Prozess und weitgehend unbewusst getroffen, damit das Gehirn schnell und angemessen reagieren kann.
- Es gibt keinen Herrscher im Gehirn. Alternativen und Konsequenzen sind genauso wichtig für den Entscheidungsprozess wie Bewertungen. Verstand, Logik und Kreativität genauso wie bewusstes und unbewusstes Wissen, das im Gehirn gespeichert ist.

Es sind ja nicht nur die wenigen bewussten Entscheidungen zu treffen, sondern in jedem Moment werden eine Vielzahl von Entscheidungen über Reizwahrnehmung, Speicherung und Auswahl von Alternativen gefällt. Angesichts dieser Fülle von Entscheidungen ist von einem permanenten Entscheidungsstrom auszugehen. Die Frage, wie das Gehirn dies bewerkstelligt und welche Rückschlüsse daraus zu ziehen sind, wirft interessante Schlüsse auf, die unsere Möglichkeiten als Individuum wie als Gesellschaft und wie wir miteinander umgehen, betreffen. Da dies jedoch nicht direkt mit dem Führungsalltag verbunden ist, beziehe ich dazu im Ausblick am Ende des Buches Stellung.

 Diese Konsequenzen können Sie ziehen:

- Alternativen und Konsequenzen werden durch Intelligenz, Kreativität und Verstand gebildet.
- Bewertungen müssen durch eine vererbte oder erfahrene Zuordnung gebildet werden und machen Alternativen vergleichbar. Indem Sie danach suchen, entdecken Sie die wahren Beweggründe für Entscheidungen.

- Entscheidungen basieren auf allen drei Faktoren. Wenn Sie Menschen führen wollen, sollten Sie Fakten, Vorteile und Nutzen ansprechen, um erfolgreich zu sein.
- Die Prozesse bei Entscheidungen laufen weitgehend unbewusst ab. Wenn Ihnen jemand nicht erklären kann, warum er eine Alternative bevorzugt, heißt das nicht, dass er leichtfertig oder gar irrational handelt. Sie sollten deshalb nicht vorschnell urteilen.
- Die Beispiele zeigen, dass Erfahrungen wesentliche Schlüssel sind, um Entscheidungen zu verstehen oder zu verändern. Führung ist deshalb direkt mit Menschenkenntnis verbunden.

So nutzen Sie bewusste und unbewusste Entscheidungen besser für Ihren Erfolg

Müller hatte als alter Hase gleich ein ungutes Gefühl. Die Zahlen sahen einfach zu schön aus. Ihn überzeugte die neue Werbekampagne überhaupt nicht. Doch was sollte er machen? Die Marktuntersuchung sprach scheinbar eine eindeutige Sprache. Deshalb wurde die neue Kampagne auch einstimmig beschlossen. Erst Monate später zeigte sich, dass Müller recht behalten sollte. Die Kampagne war wirkungslos und die Marktstudie schlampig durchgeführt.

Sicher kennen Sie solche Situationen. Ihr Gefühl sagt das eine,

Unbewusstes Wissen

scheinbar nachvollziehbare Fakten etwas ganz anderes. Worauf würden Sie mehr vertrauen? Entscheiden Sie nach offensichtlich bewussten Kriterien oder nach unbewussten Erfahrungen, die sich durch Gefühle äußern?

Nicht nur Führungskräfte kennen dieses Dilemma. Das Beispiel verdeutlicht ein generelles Problem, wenn Prozesse im Gehirn analysiert werden: Es gibt scheinbar widerstreitende Bereiche. Das Bewusstsein ist in einem Abwägungsprozess hin und her gerissen. Doch es gibt eine Möglichkeit, dieses Dilemma zu lösen. Sie können sogar die Stärken beider Seiten nutzen.

Regel 1: Nehmen Sie Ihre Gefühle ernst! Nur der kleinste Anteil aller Prozesse im Gehirn ist uns überhaupt bewusst. Der Großteil findet unbewusst statt. Was nicht heißt, dass wir nicht doch unbewusst merken, was geschieht. **Bauchentscheidung** Häufig handeln wir sogar auf der Grundlage dieses Spürens, da diese Informationen in anderen Gedächtnissystemen gespeichert sind. Wir bezeichnen das unbewusste Abrufen solcher Gedächtnisinhalte mit Intuition. Ist beispielsweise das episodische Gedächtnis nicht an einem Vorgang beteiligt, verschwindet dieser Vorgang aus dem Bewusstsein. Eine bewusste Erinnerung ist nicht möglich. Seine impliziten Auswirkungen auf Verhalten und Überzeugungen bleiben aber erhalten. Der Volksmund spricht dann von Bauchgefühl oder auch Bauchentscheidung. Damit drückt er aus, dass sich die Entscheidung körperlich äußert. Aber Vorsicht, dieser Begriff führt in die Irre, wenn man meint, dass diese Entscheidung im Bauch getroffen wird. Sie ist nur nicht bewusst nachvollziehbar, sondern manifestiert sich durch das Gefühl, das im Bauch spürbar wird. Wenn also Müller während der Präsentation ein leichtes Krampfen bemerkt, dann sollte er dieses in Zukunft ernst nehmen und die Vorschläge nicht leichtfertig durchwinken.

 Unter der Lupe: Intuition

Intuition ist die Fähigkeit zu Einsichten in Sachverhalte, Sichtweisen, Gesetzmäßigkeiten oder die subjektive Stimmigkeit von Entscheidungen ohne den bewussten Gebrauch des Verstandes. Man spricht auch von Intuition, wenn auf der Basis eines großen Erfahrungsschatzes blitzschnell die richtige Entscheidung gefällt werden kann.

 Auf dem Merkzettel:

- Eine Vielzahl von Informationen ist nur unbewusst gespeichert. Sie werden aber bei Bewertungen und Entscheidungen trotzdem genutzt und bilden einen wichtigen Erfahrungsschatz.

- Auch Bauchentscheidungen werden im Kopf getroffen. Sie werden uns nur über den Umweg bewusst, den die Bewertungen im Bauch in Form von Gefühlen auslösen.

Lange Zeit war es verpönt, Gefühle als Signale ernst zu nehmen. Doch anstatt sich die Gründe zu vergegenwärtigen, schlägt das Pendel derzeit in die entgegengesetzte Richtung. Viele Bücher räumen leider nicht mit falschen Vorstellungen auf. Sie sind auch nicht an einem praktikablen System interessiert, sondern stellen Intuition als etwas Besonderes dar. Das ist sie aber nicht. Ihr unbewusstes Wissen sollte genauso eine Rolle spielen wie das, woran Sie sich bewusst erinnern. Denn es handelt sich in beiden Fällen um Erfahrungen. Deshalb sollten Sie sich Methoden aneignen, mit denen Sie beide Erfahrungen optimal nutzen. Gerade das unbewusste Wissen ist ein riesiger Speicher für Ihre individuellen Erfahrungen. Und das macht Sie ganz wesentlich aus.

Wenn Sie also bei der einen Alternative ein besseres Gefühl als bei der anderen haben: Nehmen Sie es ernst! Zieht sich Ihr Magen zusammen, wenn Sie sich die Konsequenzen vorstellen? Dann suchen Sie nach den Gründen! Aber handeln Sie keinesfalls übereilt.

Regel 2: Bereiten Sie Entscheidung bewusst vor. Im Alltag wird oft schnell entschieden, mit der Folge, dass Alternativen und Konsequenzen zu wenig bedacht wurden. Verständlich, aber unnötig, denn jeder Mensch verfügt über ein schnelles System zur Entscheidungsfindung: Das Bewusstsein ist ein kraftvolles Instrument. Setzen Sie es ein. Denn so entfalten sich die vollen Möglichkeiten Ihrer Intelligenz und Kreativität. So erarbeiten Sie bessere Alternativen und Konsequenzen. Entscheidend ist die richtige Dosierung. Zu viel Bewusstsein raubt Ihnen Zeit, zu wenig verschenkt die Möglichkeiten, über die Sie verfügen.

Unter der Lupe: Bewusstsein

Wir verwenden den Begriff des Bewusstseins in zweierlei Beziehung:

1. *Bewusstsein als phänomenales Bewusstsein*: Ein Lebewesen, das phänomenales Bewusstsein besitzt, nimmt nicht nur Reize auf, sondern erlebt sie auch. In diesem Sinne hat man phänomenales Bewusstsein, wenn man etwa Schmerzen hat, sich freut, Farben wahrnimmt oder friert.
2. *Bewusstsein als gedankliches Bewusstsein*: Ein Lebewesen, das denkt, sich erinnert, etwas plant oder erwartet, hat ein solches Bewusstsein.

Behelfen Sie sich in Zukunft mit einer kleinen Übersicht, in die sie die verschiedenen Alternativen mit Ihren Konsequenzen eintragen. Für das Beispiel könnte die Tabelle etwa so aussehen:

Alternative	Konsequenzen
Kampagne annehmen	+ Diskussionen vermeiden, Teil des Teams, Schnelligkeit − Fehlinvestitionen, Wirkungslosigkeit, Verlust von Marktanteilen
Kampagne zurückstellen, Marktstudie überprüfen	+ Absicherung − geringer Zeitverlust, etwas höhere Kosten, Außenseiter
Kampagne ablehnen	+ Sicherheit − Absatzproblem, Zeitverlust, als Blockierer dastehen, Kosten

So schaffen Sie Ordnung in Ihrem Gehirn und aktivieren die richtigen Nervenzellen! Sie werden sehen, weitere Möglichkeiten oder Konsequenzen ergeben sich wie von selbst. Ihr Gehirn greift das auf und beackert es quasi automatisch.

Auch um die schwachen Signale zu deuten, ist dieses Verfahren gut geeignet. Denn durch das Aufschreiben setzen Sie dafür in Ihrem Gehirn einen wichtigen Marker. So aktivieren Sie Ihre verborgenen Wissensvorräte besser. Wenn Sie sich also im obigen Beispiel die Marktstudie genauer ansehen, fallen Ihnen vielleicht die geringen

Fallzahlen oder die einseitige Auswahl der Befragten auf. Oder Sie hören genauer hin, wenn ein Kollege im Marketing-Club von seiner Unzufriedenheit mit dem Institut erzählt. Indem Sie Ihre Gefühle ernst nehmen und sie sich bewusst machen, werden Sie ein aktives Managen der Risiken einleiten. Und das hilft Ihnen, bessere Entscheidungen zu treffen.

Regel 3: Weniger ist mehr. Beschränken Sie sich bei der Beschreibung der Alternativen und Konsequenzen auf wenige, hervorstechende Informationen. Mehr Informationen stiften eher Verwirrung in Ihrem Kopf, als dass sie zusätzliche Erkenntnis bringen. So liefert langes Überlegen und das bewusste Herausarbeiten einer Vielzahl von Alternativen nicht immer bessere Entscheidungen.

Beschränkung der Komplexität

Das zeigen mehrere wissenschaftliche Experimente[2]: So durften sich zwei Gruppen von Frauen eines von fünf Postern mit unterschiedlichen Motiven als Geschenk auswählen. Die erste Gruppe konnte wählen, ohne eine Begründung abzugeben, während die zweite Gruppe detaillierte Gründe angeben sollte, warum genau das eine Poster gewählt wurde. Schon in der Wahl der Motive unterschieden sich die beiden Gruppen signifikant. Noch deutlicher zeigte sich der Unterschied, als die Frauen vier Wochen nach ihrer Wahl befragt wurden. Dabei zeigte sich nämlich, dass die Gruppe der Frauen zufriedener mit ihrer Wahl waren, die das Poster ohne Begründung gewählt hatten.

Müller sollte sich also nicht haarklein alle Konsequenzen ausmalen, die eine Ablehnung der Studie zur Folge haben könnte. Die wichtigsten genügen: Zeitverzögerung, Kosten des verspäteten Markteintritts, Kosten für bereits bezahlte Leistungen versus Gesichtsverlust, Scheitern des Projektes, Mehrkosten für erhöhte Werbung. Klare griffige Aussagen, die den Kern der Entscheidungen abbilden. Ansonsten ist die Gefahr groß, dass Müller sich der Mehrheitsmeinung anschließt und die Entscheidung durchwinkt. Sein Gehirn ist einfach überfordert. Achten Sie darauf, sich auf die wirklich wichtigen Eigenschaften bei Alternativen zu beschränken. So werden Sie viel einfacher Entscheidungen treffen.

---

2 Wilson, T. D.; Schooler, J. W. 1991

Auf dem Merkzettel:

- Das Bewusstsein ist ein kraftvolles Instrument, um Entscheidungen vorzubereiten, Alternativen zu erdenken und Konsequenzen abzuleiten. Der Intuition zu vertrauen, heißt deshalb nicht, das Bewusstsein auszuschalten. Setzen Sie es gezielt ein!
- Ihr Bewusstsein kann maximal fünf bis sieben Informationen parallel verarbeiten. Tests zeigen, dass Probleme mit weniger Informationen besser gelöst werden. Vereinfachen Sie Ihre Probleme!

Regel 4: Lassen Sie sich Zeit! Geben Sie Ihrem Unterbewusstsein die Möglichkeit, aktiv zu werden. Ihr Bewusstsein können Sie dabei ruhig ablenken oder einfach ausschalten. So zapfen Sie Ihr Unterbewusstsein an, in dem weit mehr Informationen liegen, als Sie vielleicht denken. Der sogenannte Iowa-Gambling-Versuch zeigt das anschaulich[3]:

In einem Kartenexperiment gibt es vier Stapel mit Karten: Zwei Stapel mit blauen Karten, die hohe Gewinne, aber auch hohe Verluste bescheren, und zwei Stapel grüner Karten mit mittleren Gewinnen und geringen Verlusten. Die Versuchsteilnehmer an dem Experiment konnten nach etwa 50 x Ziehen sagen, welcher Stapel mehr gute und welche Stapel mehr schlechte Karten enthält. Allerdings zeigte die Schweißbildung an den Handflächen und das veränderte Verhalten, dass sie bereits nach 10 x Ziehen implizit wussten, dass die blauen Karten die schlechtere Wahl waren.

Unsere bewusste Aufnahmefähigkeit ist im Vergleich zu den Prozessen, die im Hintergrund arbeiten, beschränkt. Während die Teilnehmer noch rätselten, was die beste Wahl sei, lagen die Ergebnisse der impliziten Beobachtungen schon vor. Die Grenzen des Bewusstseins treten vor allem dann zu Tage, wenn die Komplexität der Probleme

---

3   siehe dazu z. B. Damasio 2004

zunimmt. Unterschätzen Sie daher nicht die Leistung des Unbewussten in Entscheidungssituationen. Insbesondere bei komplexen Entscheidungen, bei denen Ihr bewusstes Gedächtnis schnell an seine Grenzen stößt.

Fazit: Wenn Müller seine Fakten zusammengetragen und die Übersicht erstellt hat, sollte er alles wieder wegräumen und sich entspannen. Ein Spaziergang an der frischen Luft oder Erholung im Schlaf und wesentliche Aspekte der Entscheidung werden ganz automatisch nach vorne gespült. Gerade im Schlaf ist das Gehirn keinesfalls inaktiv. Im Gegenteil: Es speichert die zuvor erlebten Eindrücke in anderen Regionen ab. Häufig passiert es dabei, dass andere Informationen aktiviert werden und diese am Morgen als plötzliche Einfälle oder Bedenken zur Verfügung stehen.

Regel 5: Suchen Sie nach versteckten Fallen! Wenn Sie mit Ihrer bewussten Wahl nicht zufrieden sind, dann suchen Sie nach Gründen, die zu ihrer Ablehnung führen könnten. Beleuchten Sie das Problem noch einmal von allen Seiten.

Unbewusste Warnungen

Guten Entscheidungen liegt häufig ein iterativer Prozess zu Grunde, bei dem erst im Laufe der Entscheidungsfindung die tatsächlich relevanten Kategorien zu Tage treten. Lassen Sie diese Schleifen zu. So durchleuchten Sie das Problem viel intensiver. Oft entstehen dabei sogar neue Perspektiven, die auch außerhalb des eigentlichen Entscheidungsprozesses helfen können.

Vielleicht ruft Müller einmal eines der Unternehmen an, die auf der Website des Unternehmens als Referenz genannt werden, und erhält hier Informationen, die die Vertrauenswürdigkeit stärken oder schwächen. In jedem Fall sichert er seine Entscheidung ab und bereitet ein stabiles Fundament für die zukünftige Zusammenarbeit.

 Auf dem Merkzettel:

- Intuition greift auf unbewusstes Wissen zurück. Dies geht umso besser, je weniger man grübelt. Deshalb kommen oft Geistesblitze, wenn man gar nicht daran gedacht hat. Lassen Sie sich Zeit!

> - Unbewusstes Wissen kann nur schwer ins Bewusstsein gebracht werden, manifestiert sich aber durch die Bewertungen und die daraus entstehenden Gefühle. Das sollten Sie ernst nehmen.

Wenn Sie sich also das nächste Mal ein neues Auto kaufen, den Partner fürs Leben suchen oder einen neuen Job annehmen wollen: Bewerten Sie die hervorstechenden Eigenschaften bewusst. Und am besten helfen Sie sich mit einer tabellarischen Übersicht. Beschränken Sie sich dabei aber auf die wichtigsten fünf bis sieben Kriterien. Und beurteilen Sie das, was Ihnen wichtig ist! Haben Sie einen Favoriten gefunden? Jetzt stellen Sie sich intensiv vor, wie es nach der Entscheidung wäre. Und dann schlafen Sie darüber. Im Schlaf arbeitet Ihr Gehirn weiter. Vor allem entfaltet sich Ihr Unbewusstes hier am besten. Finden Sie Ihre Entscheidung am nächsten Tag immer noch gut? Wenn Sie ein ungutes Gefühl beschleicht, beginnen Sie von vorne. Ändern Sie Ihre bewussten Kriterien und beurteilen Sie die Alternativen erneut. Wenn Sie allerdings nach mehrfachen Iterationen nicht zu einem guten Ergebnis kommen, sollten Sie sich noch einmal auf die Suche nach anderen Alternativen machen. Und bedenken Sie: Auch nichts zu tun, ist immer eine Möglichkeit!

 Diese Konsequenzen können Sie ziehen:

- Unbewusstes Wissen und unbewusste Bewertungen sind wesentliche Elemente der Prozesse im Gehirn und nicht weniger bedeutend, nur weil sie nicht über das Arbeitsgedächtnis ablaufen. Deshalb sollten Sie diesen Bewertungen nachgehen, um die wirklichen Probleme in Entscheidungen zu finden.
- Menschen treffen Entscheidungen weder rational noch aus dem Bauch. Indem Sie Alternativen, Konsequenzen oder Bewertungen erkennen, können Sie Einfluss darauf nehmen.

- Menschen können häufig nicht begründen, warum sie sich so oder so entscheiden. Indem Sie um die unbewussten Prozesse wissen, haben Sie die Möglichkeit, bei sich und anderen genauer hinzuschauen und die besseren Entscheidungen zu treffen.
- Nutzen Sie Ihr Bewusstsein als starken und zielführenden Leuchtturm. Intuition ernst zu nehmen heißt nicht, Bewusstsein auszuschalten.
- Indem Sie diese unbewussten Prozesse beachten, nutzen Sie die zur Verfügung stehenden Informationen besser. Entscheidungen passen so besser zu Ihnen und Sie werden glücklicher.

Kapitel 3
RATE – Wie Sie Kopf und Bauch zusammenbringen

> Logik und Emotionen spielen keine Rolle –
> erst Bewertungen geben allem eine
> Bedeutung.

Am Frühstückstisch, Montag 7:00 Uhr. *Beim Frühstück blättere ich die Zeitung durch und trinke noch schnell einen Schluck Kaffee. Die Welt steht kopf und viele Entscheidungen kann ich nicht nachvollziehen. Die Maßstäbe scheinen nicht für alle die gleichen zu sein oder erkenne ich nur die Situation nicht richtig? Wieder gab es eine riesige Demonstration gegen ein Bauprojekt, das eigentlich schon genehmigt war. Ich kann die Demonstranten nicht verstehen. Es geht doch um Zukunftsfähigkeit des ganzen Landes. Und wenn wir die Fördermittel nicht nehmen, dann macht es eben ein anderer. Meine Frau ist da ganz anderer Ansicht. Hätte ich das Thema lieber nicht zur Sprache gebracht. Denn die Diskussion am Frühstückstisch hat mir fast meine gute Laune verdorben. Natürlich ist Umweltschutz wichtig und dass es bei einem solchen Projekt gewisse Risiken gibt, ist ja wohl auch klar. Aber wo würden wir denn heute stehen, wenn wir immer und vor allem Angst gehabt hätten. Vermutlich würden wir noch in Höhlen wohnen. Komisch, dass Menschen so unterschiedliche Ansichten haben und Situationen so unterschiedlich beurteilen. In der Firma begegnen mir solche Situationen auch immer wieder. Habe ich dabei immer eine klare Linie? Gibt es sowas wie grundlegende Maßstäbe für die Bewertung von Alternativen bei Entscheidungen, die mir helfen können, mich richtig zu entscheiden?*

Kennen Sie das auch? Menschen, ob Kunden, Mitarbeiter oder in der Familie beurteilen Situationen manchmal völlig anders als man selbst. Oder Sie führen Diskussionen, in denen Sie sich fragen, nach welchen Kriterien der andere urteilt. Aus Ihrer Sicht völlig irrational. Aber stimmt das? Und woran liegt das eigentlich, wenn Menschen Entscheidungen treffen, die für einen selbst nicht nachvollziehbar sind? Wenn Alternativen und Konsequenzen für alle klar sind, bleiben nur noch die Bewertungen, oder?

Führen beginnt im Kopf des anderen. Körner
Copyright ©2011 WILEY-VCH GmbH & Co. KGaA, Weinheim
ISBN: 978-3-527-50599-9

Sicher fragen Sie sich zu Recht, woher diese Bewertungen kommen und wie Sie diese in der Kommunikation beachten können. Schließlich sind nach dem RULE-Prinzip Bewertungen neben Alternativen und Konsequenzen einer der Grundpfeiler von Entscheidungen. Und trotzdem tauchen die Bewertungen weder in der Literatur noch in der Ausbildung auf. Damit vernachlässigen wir aber wesentliche Wirkungsprinzipien und nutzen zur Verfügung stehendes Potenzial nicht aus. Mit großen Folgen: Anordnungen werden nicht beachtet, Veränderungen kommen nicht in Gang oder in Krisen dauert es zu lange, bis alle an einem Strang ziehen. Doch warum sind Bewertungen bisher nicht im Fokus, wo sie doch eine so wichtige Rolle einnehmen? Gibt es grundlegende Bewertungskategorien, die bei allen Menschen gleich sind und die man beachten kann, um Führung und Kommunikation wirkungsvoller zu machen?

Die Fehlinterpretation von Emotionen — so machen Sie sich frei

Wann immer Sie eine Entscheidung treffen wollen, müssen Sie Informationen bewerten. Erst die Interpretation ordnet ihnen einen entsprechenden Wert zu. Denken Sie noch mal an das Beispiel mit dem Kofferraum. Oder die Beurteilung des Bauprojektes. Für Sie ist es Fortschritt, für Ihre Frau überwiegen die Risiken.

Bewertungen sind in den unterschiedlichsten Phasen der Informationsverarbeitung notwendig. Etwa um Reize auszuwählen. Um zu beeinflussen, wie stark der Reiz abgespeichert

Grundbaustein Bewertung

wird. Wie später die Information in bewussten oder unbewussten Entscheidungen berücksichtigt wird. Es gibt keine Entscheidung, die ohne Bewertungen erfolgen kann. Das mag Ihnen nicht immer bewusst sein. Denn die Interpretationen sind längst zu Gewohnheiten geworden. Um sie zu erkennen, müssen Sie erst nach ihnen suchen.

Auf dem Merkzettel:

Keine Entscheidung kann ohne Bewertung erfolgen. In dem Maße, in dem Sie die Bewertungen der anderen erkennen, können Sie deren Entscheidungen verstehen und Alternativen und Konsequenzen kommunizieren, die Wirkung erzielen.

Bewertungen in der Forschung

Die Bedeutung der Bewertungen ist so wichtig, dass ich Sie zu einem kleinen Exkurs in die Welt der Neurobiologie einladen möchte. Keine Angst, es erwarten Sie keine Fachbegriffe und unverständlichen Fremdwörter. Im Gegenteil, Sie werden sehen, dass die meisten Überlegungen direkt nachvollziehbar sind.

Bisher tauchen in der wissenschaftlichen Literatur Bewertungen allenfalls als Randbemerkung auf. Überall dort, wo es um die Untersuchung jener Bereiche des Gehirns geht, in denen auch Emotionen gebildet werden. Doch selbst dort, wo Emotionen untersucht werden, spielt die Entscheidungsbildung bisher kaum eine Rolle. Es geht hier in erster Linie um den Versuch, neurologische Krankheiten wie Parkinson und Alzheimer oder Phänomene wie Autismus zu erklären. Aber diese Forschungsergebnisse liefern wertvolle Erkenntnisse, um Entscheidungen besser zu verstehen:

Feststellung 1: Bewertungen werden in den gleichen Bereichen gebildet wie Emotionen.

Eine Vielzahl von wissenschaftlichen Studien zeigt, dass die Schädigung von Emotionszentren bei Patienten zu fehlerhaften Entscheidungen führt. Fehlerhafte Entscheidungen, die auf den Mangel an Bewertungen zurückzuführen sind. So kommt Antonio Damasio[1], Professor für Neurologie und Psychologie an der University of Southern California, zu dem Ergebnis, dass der Mensch ohne Bewertungen bei Schädigung der entsprechenden Emotionszentren nicht

---

1 Vgl. dazu u. a. Damasio 2003, Damasio 2006

mehr fähig ist, »vernünftige« Entscheidungen zu treffen. Damasio führt die Verbindung zwischen Gefühlsarmut und Entscheidungsunfähigkeit darauf zurück, dass der Mangel an Gefühlen die betroffenen Personen daran hindert, verschiedenen Handlungsalternativen emotionale Werte beizumessen, die bei der Entscheidungsfindung helfen. Auch Experimente ähnlich dem schon beschriebenen Kartenversuch zeigen, dass körperliche Reaktionen wie Schweißbildung an den Händen ausblieben, wenn bestimmte Emotionszentren geschädigt waren. Offensichtlich bewerteten die Teilnehmer mit geschädigtem Angstzentrum (der Amygdala) die Verluste nicht mehr.

Feststellung 2: Emotionen bewerten Situationen, Objekte etc. und ordnen so Bedeutungen zu.

Eine Vielzahl unterschiedlicher Experten ist mittlerweile zu der Auffassung gekommen, dass Emotionen die Aufgabe haben, Alternativen zu bewerten. Prof. Dr. Mark Solms[2] sagt

Emotionen = Bewertungen?

»*Basisemotionen als biologisches Erbe repräsentieren das fundamentale Bewertungssystem unserer Spezies (und aller Säuger)*«. Und an anderer Stelle: »*Jeder Mensch muss seine individuelle Klassifizierung von guten und schlechten Objekten entwickeln, so ergibt sich durch die komplexe Interaktion von Genen (Vorbestimmtheit) und Umwelt eine unverwechselbare persönliche Welt – eine innere Welt – die unser Eigen ist.*«

Der Neurobiologe Prof. Dr. med. John J. Ratey[3] ist der Auffassung: »*Das wichtigste Signal für die Verteilung der Aufmerksamkeit stammt von der Amygdala. Sie gibt eine grobe emotionale Wertung des einkommenden Reizes. Diese Wertung aktiviert den Körper und das übrige Gehirn, je nachdem, wie überlebenswichtig sie den Reiz einstuft.*« Und Prof. Dr .Dr. Gerhard Roth[4], Direktor am Institut für Hirnforschung der Universität Bremen, fasst zusammen: »*Gefühle (ob bewusst oder unbewusst) sind Ratgeber, entweder auf der Basis ererbter Affekte oder gemachter Erfahrungen. Entschieden wird über (durch das Gefühl) bewertete Alternativen.*«

2 Vgl. Solms M., Turnbull O. 2004
3 Ratey J. J.2003
4 Roth G. 2001

Unser Gehirn hat ein genial einfaches Konzept, um alle Arten von Entscheidungen schnell und sicher zu entscheiden. Es ordnet den verschiedenen Alternativen und Konsequenzen das zu, was diese für das Individuum bedeuten. Damit machen erst die Bewertungen für uns alle einen Bezug zur Welt möglich.

Das Problem ist nur: Diese Bewertungen dürfte es eigentlich gar nicht geben. Sie werden in jenen Bereichen gebildet, die für die Emotionen vorgesehen sind. Und Emotionen gelten immer als etwas Starkes. Als etwas, das mit einer körperlichen Reaktion einhergeht. Denken Sie an eine Flucht oder an einen Kampf. Bewertungen hingegen müssen nicht stark sein. Im Gegenteil: Die meisten Bewertungen sind so schwach, dass Sie sich ihrer gar nicht bewusst sind. Aber die Erkenntnisse der verschiedenen Forscher legen nahe, die Bewertung als schwache Reaktion des Emotionszentrums zu definieren. Auch wenn dafür noch kein Begriff existiert: Es gibt sie.

Damit kann es nur eine logische Schlussfolgerung geben: Bewertungen sind die Voraussetzung für Emotionen. Sie sind der eigentliche Grundbaustein der Prozesse im Gehirn – nicht

Grundbaustein Bewertung

die Emotion. Dies folgt auch daraus, dass im menschlichen Gehirn permanent Entscheidungen getroffen werden. Entscheidungen, die zu unwichtig sind, als dass eine starke Emotion erforderlich wäre.

 Auf dem Merkzettel:

- Bewertungen werden ererbt und vor allem durch Erfahrungen gebildet und sind deshalb sehr individuell. Schließen Sie nicht von sich auf andere.
- Intelligenz und Kreativität sind wichtig, doch nur durch Bewertungen werden Entscheidungen möglich. Lernen Sie, Bewertungen besser zu erkennen.
- Bewertungen werden in den Emotionszentren gebildet und arbeiten weitgehend unbewusst. Deshalb sind sie bisher wenig beachtet worden, das sollten Sie ändern.

Zum Überleben geboren:
Welche Bewertungen Ihnen helfen

Wenn die Bewertungen die Grundlage von Emotionen bilden und ganz offensichtlich in den gleichen Bereichen gebildet werden, so kann die Emotionsforschung Auskunft geben, welche Bewertungskategorien im menschlichen Gehirn vorhanden sind. Erst vor wenigen Jahren haben sich Forscher darangemacht, mittels neurologischer Beobachtungen Emotionen zu erforschen. Lange Zeit war zudem umstritten, wie Emotionen zu klassifizieren sind. So hat sich eine Vielzahl unterschiedlicher Ansätze entwickelt. Dem Psychologen und Neurowissenschaftler Jaak Panksepp[5] ist es als erstem Forscher gelungen, sieben grundlegende Emotionszentren im Gehirn von Säugetieren tatsächlich nachzuweisen. Nach Ansicht von Experten wie den bereits zitierten Solms und Turnbull kann damit die unterschiedliche, vielfach individuelle Definition des Begriffs Emotion beendet werden und ein allgemeingültiges, wissenschaftliches Modell etabliert werden. Obgleich sich die Erkenntnisse im praktischen Einsatz seit Jahren bewährt haben, ist die Diskussion unter den Wissenschaftlern über das, was Emotionen sind und welche es gibt, nicht beendet. Dennoch bieten diese sieben Emotionszentren eine Basis für die Definition von Bewertungen.

Im Rausch des Unerwarteten: Seek-Bewertungen

Nervös tippelt Müller mit den Fingern. Ihm dauert das hier alles zu lange. Die endlosen Details langweilen ihn. Sollen doch die anderen machen, was sie wollen. Er will endlich wieder an den PC, um seine Ideen umzusetzen und das Projekt weiter voranzutreiben.

Seek-System

Für das Modell der Neuro-Kommunikation entspricht die Bewertungsinstanz Seek dem Emotionssystem Seeking von Panksepp.

---

5 Vgl. Panksepp J. 1998

Unter der Lupe: Das Seeking-System nach Panksepp

Das Seeking-System nach Panksepp bewertet Reize positiv, wenn sie unbekannt sind, entgegen den Gewohnheiten stehen oder Abwechslung bieten. Sie werden negativ bewertet, wenn sie zur Langeweile führen.

Das System ist in der Evolution entstanden, da es für die Lebewesen Vorteile brachte, die Umgebung zu erkunden, neue Nahrungsquellen aufzutun und sich neue Fertigkeiten anzueignen.

Die Stimulationen des Seeking-Systems erzeugen Neugier und Interesse, leiten die Erforschung der Umwelt ein und führen zu einer Erwartungshaltung. Der wichtigste Neurotransmitter ist das Dopamin, während das Serotonin das Seeking-System hemmt.

Hohe Seek-Werte äußern sich in starker Neugier und dem stetigen Wechsel von Gewohnheiten. Routinearbeiten führen schnell zu Demotivation und Unterforderung. Daraus kann ein für die Umwelt nervender Tatendrang resultieren. Hohe Seek-Werte finden sich eher bei Forschertypen als bei Verwaltern. Doch selbst Internet- oder TV-Junkies können hohe Seek-Werte aufweisen. Bei Kunden äußern sie sich oft durch den Wunsch nach neuester Technik oder die Begeisterung für komplizierte Geräte. Sie lieben Unvorhersehbares mehr als alles andere. Menschen mit geringen Seek-Werten bietet Neues noch lange keinen Kick. Sie müssen deshalb aber nicht antriebsarm sein. Wichtig ist nur, dass sie über hohe Werte in anderen Bewertungssystemen verfügen.

Alles unter Kontrolle: Stability-Bewertungen

Maier ahnt nichts Gutes. Der neue Vorstand kündigt Innovationen an. Doch Maier weiß, dass dies immer mit ungeheuren Risiken verbunden ist. Er wird jedoch nicht ruhen, bevor er nicht alles genau durchgerechnet hat. Getreu seinem Motto: Für jede Eventualität habe ich einen Plan B! Auf ihn kann man sich wenigstens verlassen.

Stability entspricht in der Neuro-Kommunikation dem Fear-System von Jaak Panksepp. Um wirkungsvoll zu

Stability-System

kommunizieren, sollten Sie jedoch nicht primär darum bemüht sein, Ängste zu vermeiden. Vielmehr sollen Sie Menschen mit leicht erregbarem Fear-System Sicherheit vermitteln.

 Unter der Lupe: Das Fear-System nach Panksepp

Das Fear-System empfindet und antizipiert Gefahr, was einen wichtigen Vorteil für das Überleben in der Evolution bedeutet. Dabei kann das System in der realen Welt nur dann effizient genutzt werden, wenn das Fear-System lernt, die Gefahr in der individuellen Umwelt zu erkennen. Das Fear-System bewertet Reize positiv, die uns Sicherheit geben, unsere Gewohnheiten bestärken und unseren Energiehaushalt nicht beanspruchen. Negativ werden Reize bewertet, die unsere Stabilität stören oder Gefahr bedeuten.

Menschen mit hohen Stability-Werten benötigen Vertrauen. Denn zunächst sehen sie in Neuem oder Unbekanntem die Risiken statt Chancen. In solchen Fällen ist ein stabiles Umfeld sehr wichtig, in dem vorhersehbar ist, was als Nächstes passiert. Hohe Stability-Werte machen Mitarbeiter zu verlässlichen Menschen. Sie werden alles tun, um ihre Aufgabe perfekt zu erfüllen. Veränderungen sind allerdings nur in einem beherrschbaren Umfang und mit entsprechender Absicherung möglich. Also Vorsicht! Hohe Stability-Werte können in bedrohlichen Situationen zu einer Art Angststarre führen. Mit ernsthaften Konsequenzen für das Projekt.

Kunden mit hohen Stability-Werten bevorzugen Produkte, bei denen Sicherheitsaspekte im Vordergrund stehen. Bei denen auf Qualität und Service Verlass ist. Sie schätzen Unternehmen mit Tradition und solche, die als Marktführer anerkannt werden. »One face to the customer« ist in solchen Situationen von besonderer Wichtigkeit. Hier liegen Vertrautheit und Vertrauen eng beieinander.

Aus dem Weg: Domination-Bewertungen

»Jetzt reicht es«, ruft Schmidt entnervt in die Runde. Hier kommt doch keiner auf den Punkt! Zeit, dass er eine Entscheidung fällt, nach der sich alle zu richten haben. Wenn er nicht vorangeht, wer sonst?

Unter der Lupe: Das Rage-System nach Panksepp

Panksepp sieht die Aufgabe des Rage-Systems in der Beibehaltung der Aktionsfreiheit und dem ungehinderten Zugang zu Ressourcen, aber es ist seiner Ansicht nach nicht das System des Beutemachens oder des Kampfes um Sexualpartner.

Das Rage-System bewertet Reize positiv, die unsere Stärke und Freiheit ermöglichen, während Reize negativ bewertet werden, wenn sie unseren Aktionsradius hemmen und uns einschränken.

Hohe Domination-Bewertungen führen dazu, dass Freiheit und Ungebundenheit bevorzugt, zeitliche oder räumliche Blockaden hingegen vermieden werden. Bei Mitarbeitern sind sie für den Wunsch nach Aufstieg, Macht und **Domination-System** Führungsanspruch verantwortlich. Doch auch hier ist Vorsicht geboten: Ohne ausreichende Cooperation-Bewertungen kann dies schnell zu großen Problemen führen. Häufig stehen Statussymbole wie ein Büro mit exklusiver Einrichtung oder die Marke des Firmenwagens im Fokus. Ebenso wird der Zugang zur nächsten Hierarchieebene genau beobachtet. Wenn Sie diese Mitarbeiter bei Beförderungen übergehen, dürfen Sie mit offenem Kampf oder Mobbing rechnen.

Kunden mit hohen Domination-Bewertungen bevorzugen Produkte, die Macht und Status symbolisieren – eben Marktführer. Diese Kunden dulden keinen Widerspruch bei ihrer Kaufentscheidung. Sie wissen schon alles. Und brauchen bloß keine Beratung! Wenn Sie mit solchen Kunden sprechen, beschränken Sie sich auf das Wesentliche. Und seien Sie auf keinen Fall penetrant.

Manege frei: Play-Bewertungen

Schneider fühlt sich wohl. Hoffentlich merkt jeder am Tisch, was für ein toller Kerl er ist. Er hat aber auch zu jeder Frage eine passende Antwort. Selbstzufrieden lächelnd lehnt er sich zurück.

 Unter der Lupe: Das Play-System nach Panksepp

Das Play-System führt dazu, dass körperliche wie geistige Fähigkeiten im Wettstreit getestet und geübt werden. Dies steigert sowohl beim Individuum wie der Gesellschaft als Ganzes die Fähigkeiten und erlaubt eine effiziente Einordnung in die soziale Struktur und das Erlernen von ehrenvollen Niederlagen.
Es ist in allen Altersgruppen auch bei Rudeltieren wie Wölfen, Bären und Hunden aktiv und ist für eine erfolgreiche Sozialisation unverzichtbar.
In vielen anderen Modellen sind Aspekte des Play-Systems und des Seeking-Systems in der gleichen Rubrik zusammengefasst werden. Dies ist aus neurobiologischer Sicht jedoch nicht haltbar.

Hohe Play-Bewertungen führen dazu, dass Menschen Interesse für Wettbewerbe aller Art zeigen. Ob dahinter ein Siegesgedanke (Domination) steht oder ein Gemeinschaftsgefühl (Cooperation) wird von anderen Instanzen bestimmt. Der schon erwähnte Forscher Panksepp bezeichnet die Konsequenz dieser Bewertung als »Rough and tumble play« – es geht um eine Auseinandersetzung, bei der ein Sieg nicht zwingend angestrebt wird. Tiere lassen auch gern mal ihre Kontrahenten gewinnen, um nicht dem unterlegenen die Freude am Spiel zu nehmen. Play-Bewertungen machen es also möglich, ehrenvolle Niederlagen zu akzeptieren, sofern dem nicht hohe Domination-Bewertungen entgegenstehen.

Play-Bewertungen

Auch der Wettkampf mit sich selbst, nehmen Sie das Beispiel Freeclimbing, kann Ergebnis hoher Play-Bewertungen sein. Dabei zählt nicht so sehr der Erfolg am Ende. Der Weg ist das Ziel.

Mitarbeiter mit hohen Play-Werten begegnen Ihnen häufig im Vertrieb. Dort sind sie auch am besten aufgehoben. In anderen Abteilungen ist es wichtig, dass Sie diese Menschen eng führen. Und geben Sie ihnen erreichbare Herausforderungen im Sinne des Unternehmenszieles. In ihrem Arbeitsumfeld könnten sie sonst leicht gegen andere Mitarbeiter in den Wettbewerb treten. Doch das empfinden Mitarbeiter mit hohen Stability-Werten ganz sicher als störend. Menschen mit hohen Domination-Bewertungen empfinden die Play-Typen hingegen schnell als Angreifer. Play-Bewertungen können aber wertvolle Hilfen in Krisensituationen sein. Wenn Sie es schaffen, diese zu aktivieren, können Ihre Ziele als positive Herausforderung angesehen werden. Die Play-Typen werden es Ihnen danken, indem sie vollen Einsatz zeigen.

Kunden mit hohen Play-Bewertungen verhandeln gern. Das sind die typischen Schnäppchenjäger. Selten geht es dabei wirklich um den Preis. Fast immer um das Spiel zwischen Käufer und Verkäufer. Um die Rabattschlacht. Diese Bewertungen führen auch zum Kauf von Produkten, die sich aus der Masse herausheben. Sorgen Sie dafür, dass der Einkauf für diese Kunden zum Erlebnis wird.

Unterstützung immer und überall: Cooperation-Bewertungen

Fleischer stöhnt und verzieht das Gesicht. Er fühlt sich zunehmend unwohl, das Hin und Her macht ihm zu schaffen. Er ist ja gerne bereit, den Löwenanteil der Arbeit zu übernehmen und die anderen auch sonst zu unterstützen. Wenn nur endlich wieder alle an einem Strang ziehen und diese nervige Diskussion beendet wäre. Er würde sich schon viel besser fühlen.

Unter der Lupe: Das Panic-System nach Panksepp

Es wertet Reize positiv, die Vertrauen und Zugehörigkeitsgefühl zu Gruppen stärken. Reize, die die Gruppe bedrohen oder der Verlust von Gruppenmitgliedern, werden als negativ bewertet. Es ist eines der größten Mysterien der Psychologie und besteht in dem »Etwas«, das uns soziale Präsenz vermittelt, etwas das wir meistens erst dann spüren, wenn wir es verloren haben. Dieses Gefühl, betont Panksepp, wird im Alltag als selbstverständlich hingenommen, ohne es zu beachten. Es wird immer erst dann bemerkt, wenn wir von einem Geliebten verlassen werden oder uns der Tod eines Vertrauten trifft.

Hohe Cooperation-Bewertungen führen dazu, dass Menschen die Gemeinschaft besonders wichtig ist. Sie suchen die Geselligkeit und begreifen sich als Teil ihres Umfeldes. Mitarbeiter mit hohen Cooperation-Werten tun gerne etwas für ihre Kollegen. Ihnen ist es wichtig, dass es möglichst allen gut geht. Sie engagieren sich in Gewerkschaften, organisieren Ausflüge und gemeinsame Veranstaltungen, liefern Beiträge für die Firmenzeitung – kurz: Sie machen alles, damit das Gemeinschaftsgefühl des Unternehmens gestärkt wird. Für diese Mitarbeiter sind »Unternehmens-Goodies« wie schöne Pausenräume, großzügige Kantinen oder Ähnliches wichtig. Sie kommen nicht in erster Linie wegen der Arbeit. Sie arbeiten, um andere zu treffen, um dazuzugehören.

Cooperation-Bewertungen

Als Kunden tendieren Menschen mit hohen Cooperation-Werten zu Produkten, die sie als Teil einer Gemeinschaft kenntlich machen. Sie tun alles, um gesellschaftliche Normen und Regeln zu erfüllen. Nur nicht aus der Menge fallen. Wichtig ist diesen Typen ein enger Kontakt zum Unternehmen, bei dem sie kaufen. Intensive Betreuung zahlt sich hier ebenso aus wie Kundenbindungsmaßnahmen. So können Kundenclubs ihnen jenes Gemeinschaftsgefühl geben, nach dem sie suchen.

Neben dem Panic-System existiert ein zweites soziales Bewertungssystem. Care-Bewertungen bevorzugen Situationen und Produkte, in denen Fürsorge eine besondere Bedeutung hat. In seinen Auswirkungen unterscheidet sich das Care-System nicht wesentlich von dem Cooperation-System. Deshalb integrieren wir es zu den Cooperation-Bewertungen.

Sex als weiteres Emotionszentrum, das auf dem von Jaak Panksepp nachgewiesenen Lust-System beruht, berücksichtigen wir in der Neuro-Kommunikation nur als dramaturgisches Mittel. Denn diese Bewertungen können bei Kunden oder Mitarbeitern nur in Ausnahmefällen als Leistungsversprechen angesprochen werden.

Das macht Menschen:
RATE – das 5R-Prinzip der Bewertungen

Mit den fünf Bewertungszentren Seek, Domination, Stability, Play und Cooperation stehen nun Kategorien zur Verfügung, um Entscheidungen besser zu verstehen und Alternativen und Konsequenzen besser einzuschätzen. Weil diese fünf Zentren so wichtig sind, fassen wir diese zu dem 5R-RATE-Prinzip zusammen.

Auf dem Merkzettel:
Das 5R-RATE-Prinzip der Neuro-Kommunikation

Jeder Mensch verfügt über ein Bewertungssystem, das empfangene Reize und Informationen ebenso bewertet wie die daraus abgeleiteten Alternativen und Konsequenzen. Erst so sind Entscheidungen überhaupt möglich. Die für die Neuro-Kommunikation besonders relevanten Bewertungssysteme Seek, Stability, Domination, Play und Cooperation haben wir im Neuro Code zusammengefasst.

Erinnern Sie sich an das Beispiel mit dem Kofferraum: Der Kofferraum (und seine Größe) kann Bewertungen in verschiedenen Dimensionen auslösen und zum Kauf führen: die wuchtige Form unterstützen (Domination), die Flexibilität steigern (Seek), windschnittig für mehr Speed sorgen (Play), zusätzliche Knautschzone (Stability) oder mehr Raum, um anderen zu helfen (Cooperation).

Bei allen Menschen sind alle Bewertungssysteme vorhanden und prinzipiell ansprechbar. Aber je nach dem welches der Systeme durch das Erbe und die Erfahrungen stärker ausgebildet

Der Neuro Code

wurde, dominieren Bereiche situationsabhängig über andere und sind für Entscheidungen maßgebend. Eben deshalb kommt es immer wieder zu so unterschiedlichen Einschätzungen und daraus resultierenden Entscheidungen. Deshalb ist für Sie das Bauprojekt wichtig, weil es die Stärke des Landes (Domination) sichert, während Ihre Frau eher die Risiken für die Umwelt (Stability) oder die aggressiven Auseinandersetzungen (Cooperation) fürchtet.

 Auf dem Merkzettel:

- Jeder Mensch hat je nach Situation seine individuelle Kombination aus den fünf Bewertungsfaktoren, die maßgeblich seine Entscheidungen bestimmen.
- Bewertungen sind festgelegt! Aber nur bei der Geburt. Durch neue Erfahrungen oder ein entsprechendes Vorbild können Sie bei sich und anderen gezielt Bewertungen verändern.

Ein weiteres Beispiel, das immer wieder in Unternehmen anzutreffen ist, soll diesen wichtigen Aspekt verdeutlichen.

Ein Raunen geht durch die Reihen der Mitarbeiter, als der neue Vorstand die Bühne verlässt. Sicher, nicht alles wird auf den Kopf gestellt, aber der neue Wind war deutlich spürbar. Es wird Einschnitte und massive Veränderungen geben. Handelt er so knallhart, weil er jünger ist? Oder weil er den Laden auf Vordermann bringen will? Die Meinungen sind geteilt. Während die einen darin eine Chance auf mehr Erfolg und den Ausbau der Marktanteile sehen, machen sich die anderen Sorgen über soziale Kälte und wachsenden Druck. Manche würden einfach gern so weitermachen wie bisher.

Wie oft erleben Sie eine solche Situation als Führungskraft? Dass Ihre Kommunikation auf ein geteiltes Echo trifft, obgleich Sie doch klar und deutlich ausgesprochen haben, um was es geht. Obgleich Ihnen bewusst war, wie wichtig es ist, wirklich alle mitzunehmen. Aber das zeigt dieses Beispiel, jeder bewertet eben Situationen anders. Indem Sie in Zukunft die fünf Bewertungskriterien berücksichtigen, können Sie besser verstehen, warum Menschen ganz unterschiedlich auf Ihre Aussagen reagieren und was Sie beachten können, um wirkungsvoller zu kommunizieren. Betrachten wir das Beispiel unter dem Blickwinkel der jeweiligen Kategorie:

Menschen mit hohen Stability-Bewertungen bewerten Unsicherheit, Neues oder Veränderung als persönliche Bedrohung. Deshalb ist es wichtig, frühzeitig Vertrauen zu schaffen und diesem gerecht zu werden. Nehmen Sie die Bedenken dieser Menschen ernst und sprechen Sie diese an. Indem Sie beispielsweise auf bereits erfolgreiche geleistete Veränderungen in der Vergangenheit verweisen, können Sie Zuversicht geben. In jedem Fall ist Ihre persönliche Ausstrahlung und Integrität sehr wichtig. Sprechen Sie ruhig und langsam. Dokumentieren Sie die einzelnen Schritte und die Maßnahmen im Veränderungsprozess, die Sie eingeleitet haben, um den Erfolg abzusichern. So berücksichtigen Sie das Bedürfnis nach Sicherheit. Binden Sie für ihn vertraute Personen wie beispielsweise den Betriebsrat in die Kommunikation ein, das gibt ihm Sicherheit.

Wenn Sie Veränderungen gegenüber Menschen mit hohen Seek-Bewertungen kommunizieren, sehen diese in Veränderungen weniger Probleme als vielmehr Chancen. Dennoch ist es wichtig, die Vorzüge Ihrer Maßnahmen deutlich darzustellen. Wo gibt es Entwicklungsmöglichkeiten, wo Neues zu entdecken? Überlassen Sie nicht dem Einzelnen, seine eigenen Schlüsse zu ziehen, sonst riskieren Sie Irritationen und wichtige Ressourcen werden vielleicht unnötig blockiert. Räumen Sie deshalb mögliche Missverständnisse durch eine aktive Kommunikation von Anfang an aus.

Menschen mit hohen Domination-Bewertungen sind an Veränderungen interessiert, die Ansehen und Macht steigern. Ihnen ist ihre Position im Unternehmen wichtig. Einschnitte in diesen Bereichen können Sie nicht nebenbei kommunizieren. Das wird bei diesen Menschen zu offener Konfrontation führen. Deshalb ist es in Krisensituationen, die mit Einschnitten verbunden sind, von großer Bedeutung, schnell reinen Tisch zu machen. Wenn sie Mitarbeiter zurückstufen müssen, sollten Sie das schnell machen. Unklarheiten lähmen Ihr Unternehmen, auch bei anderen Bewertungsprofilen, denn in Zeiten der Veränderung schaut jeder nur auf sich. So verhindern Sie Aufbruchstimmung, wertvolle Zeit geht verloren und der benötigte Schwung bleibt aus. Sorgen Sie also dafür, dass die Einschnitte vor der Aufbruchsrede abgeschlossen sind.

Indem Sie die Herausforderung klar ansprechen und transparent machen, wecken Sie bei Menschen mit hohen Play-Bewertungen eine Wettkampfsituation, in der diese alles einsetzen werden, um Erfolg zu haben. Bei diesen Menschen können Sie die Krise beruhigt in den schillerndsten Farben darstellen, solange Sie einen Weg aufzeigen, wie die Situation zu lösen ist. Je größer die Aufgabe, umso größer die Begeisterung. Deshalb können Sie deren Zuversicht, Einsatz und Wille als Tempomacher fürs ganze Team nutzen. Achten Sie nur darauf, auch kleine Erfolge permanent zu kommunizieren, sonst werden Sie diese Menschen genauso schnell wieder verlieren.

Cooperation-Bewertungen können zu einem ernsten Problem bei Veränderungen werden. Denn diese führen dazu, dass schon kleine Verschlechterungen schnell dramatisiert werden. Menschen mit Cooperation-Bewertungen erwarten, dass Veränderungen für alle Mitarbeiter gleichermaßen Vorteile bringen. Ein Umstand, der in der Praxis fast nie möglich ist. Deshalb ist eine aktive Kommunikation auch für diese Art von Bewertungen sehr wichtig. Sie zeigen so, dass keiner vergessen oder an den Rand gedrängt wird, und indem Sie eine insgesamt positive Stimmung erzeugen, wird diese durch die Cooperation Bewertungen noch verstärkt. Sehr gut geeignet sind hierbei Kick-off-Veranstaltungen, da hier die Cooperation-Bewertungen sich gegenseitig verstärken. Allerdings erst nachdem alle notwendigen Einschnitte erfolgt sind!

Das Beispiel macht deutlich, wie unterschiedlich die Sicht auf ein an sich klares und deutliches Problem sein kann. Deshalb sollten Sie sich vorbereiten und in allen relevanten Bewertungskategorien ausreichend Argumente zur Verfügung haben. Argumente, die aus der Sicht der jeweiligen Bewertungskategorie wirken. Warum ist das Unternehmen nach den Maßnahmen besser aufgestellt als vorher und die Arbeitsplätze sicherer? Warum wird der Einfluss auf Stadt und Land größer? Warum bieten sich neue Entwicklungsmöglichkeiten? Klare Aussagen in den richtigen Kategorien, die wirken. Nutzen Sie Seek, Play, Domination, Stability und Cooperation, um Argumente zu sammeln und sich so für eine schlüssige und für den Einzelnen nachvollziehbare Kommunikation zu wappnen. Je besser die Nutzen zu Ihrem Ansprechpartner passen, umso eher wird Ihnen dieser folgen.

Aber wie erkennen Sie hervorstechende Bewertungen bei Menschen?

Menschen mit hohen Stability-Bewertungen erscheinen oft unsicher und misstrauisch. Sie empfinden Neues oder Veränderung als persönliche Bedrohung. Und igeln sich bei vermeintlicher Gefahr leicht ein. Sie wirken auf Ihre Umwelt vielfach penibel oder gar stur. Da sie Risiken nie ohne Absicherung eingehen, erscheinen sie nach außen umständlich und behäbig.

Seek-Bewertungen erkennen Sie daran, dass diese Menschen innovativ, engagiert, mutig und dynamisch sind. Solche Menschen suchen Freiräume und sind gerne unabhängig von anderen. Wenn Sie diesen Menschen die Freiräume nicht zugestehen, sind sie im Extremfall ruhelos, von ihrer Idee besessen und auch guten Argumenten nicht zugänglich. Darüber hinaus neigen sie dazu sich abzukapseln und leben in ihrer eigenen Welt, vor allem wenn sie sich unverstanden fühlen.

Wenn Menschen energisch auftreten, schnell entscheiden und handeln und das auch von anderen erwarten, sind das Hinweise auf hohe Domination-Bewertungen. Sie sind sehr zielorientiert und anspruchsvoll. Im Extremfall sind diese Menschen kompromisslos und wirken durch ihre Ansprüche und ihr Tempo überfordernd. Sie sind beherrschend und genießen ihre Macht, was andere als arrogant empfinden können.

Hohe Play-Bewertungen können Sie daran erkennen, dass diese Menschen ideenreich und schnell zu begeistern sind, sich aber genauso schnell anderen Herausforderungen zuwenden, wenn der Reiz nachlässt. Sie werden deshalb oft als voreilig und sprunghaft empfunden. Hohe Play-Bewertungen können zur Theatralik führen. Sie sind sehr kontaktfreudig und verstehen es, andere zu beeinflussen. Nicht selten sind solche Menschen geschickte Beeinflusser oder gar Manipulatoren.

Wenn Menschen für die Mitglieder ihrer Gruppe alles tun, weist das auf hohe Cooperation-Bewertungen hin. Sie sind sehr loyal und geduldig, nichts ist ihnen zu viel. Im Extremfall führen diese Bewertungen zu unflexiblem Verhalten oder extremer Abhängigkeit von anderen. Menschen mit hohen Cooperation-Bewertungen verfügen gelegentlich über geringen eigenen Antrieb und ordnen sich gerne unter.

Üben Sie gezielt, diese Bewertungen zu erkennen und welche Situationen die Bewertungen bevorzugen, denn dies gehört zu den Grundvoraussetzungen wirkungsvoller Kommunikation. Probieren Sie es einfach mal aus: Ordnen Sie den Menschen in Ihrer Umgebung ihre Bewertung zu und schauen Sie, ob diese sich tatsächlich auch entsprechend verhalten. Sie werden sehen, wie schnell Sie sich verbessern und wie viel Spaß es macht, die verschiedenen Typen zu erkennen. Allerdings sind die Bewertungen situationsbedingt und die meisten Menschen verfügen über eine Kombination aus zwei oder drei starken Bewertungskategorien. Wundern Sie sich deshalb nicht, wenn Ihre Vorhersagen mal nicht zutreffen oder Sie Facetten erkennen, die bisher von Ihnen nicht bemerkt wurden. Wichtig ist, dass Sie Ihre Wahrnehmung trainieren und Ihren Blick schärfen.

 Diese Konsequenzen können Sie ziehen:

- Sie sollten Ihre Zeit und Energie nicht länger verschwenden, um sich mit situativen Modellen zu beschäftigen. Die Wissenschaft hat sieben Bewertungssysteme eindeutig nachgewiesen, die sich im Verlauf der Evolution ausgebildet haben. Damit sind die RATE-Bewertungen das einzige Modell, das auf den biologischen Gegebenheiten basiert. Alle anderen Modelle können auch erklären, müssen aber letztlich auf das RATE-Prinzip zurückführbar sein.
- Bewertungen ermöglichen ein angepasstes Leben in der Umwelt und bieten dadurch klare Überlebensvorteile. Deshalb spielen Bewertungen eine so wichtige Rolle bei Entscheidungen und sind ein kraftvolles Instrument für Sie. Beachten Sie diese, wenn Sie Ihr Verhalten und das anderer verstehen und beeinflussen wollen.

- Für die Führung von Mitarbeitern und die Kommunikation mit Kunden sind die fünf Bewertungszentren Seek, Stability, Domination, Play und Cooperation entscheidend. SEX wird außer in Ausnahmefällen nur als dramaturgisches Element eingesetzt. Stellen Sie fest, was Ihrem Gegenüber wichtig ist.
- Jeder Mensch verfügt über alle Bewertungszentren. Wie stark diese ausgeprägt sind und welche Reize mit welchen Bewertungen verknüpft sind, ist individuell. Deshalb sollten Sie nie von sich auf andere schließen.

Kapitel 4
RESORT – Wie Sie Klartext reden und verstanden werden

Nichts ist so machtvoll wie
eine Schublade im Gehirn.

Im Büro, Montag, 9:00 Uhr: *Wer hätte gedacht, dass die Betriebsversammlung vom Freitag solche Wellen schlägt! Jetzt war schon der dritte Mitarbeiter aus der Abteilung hier und hat nachgefragt, ob er sich bald einen neuen Job suchen müsse. Einige machen sich wohl ernsthaft Gedanken um die Sicherheit ihres Arbeitsplatzes. Das spüre ich.*

Dabei waren die Aussagen des Vorstands doch eindeutig und unmissverständlich. Ich habe ja selbst die Folien dazu erstellt. Es müsste wohl jeder verstanden haben, dass es bei der leistungsgerechteren Prämienregelung darum geht, das Unternehmen weiter nach vorne zu bringen. Und dass in der heutigen Zeit die Herausforderungen zunehmen, sollte eigentlich jeder wissen, der in die Zeitung schaut. Aber ganz sicher sind keine Entlassungen geplant! Das hat der Vorstand sogar ausdrücklich betont. Im Gegenteil, er hat mehrmals hervorgehoben, dass er zuversichtlich ist, Umsatz und Ertrag in diesem Jahr weiter zu steigern. Da kann sich doch jeder denken, dass er insgesamt zufrieden ist.

Merkwürdig, dass sich trotzdem so viele Mitarbeiter Sorgen machen. Zumal bei den Führungskräften dieser Eindruck offenbar gar nicht wahrgenommen wurde. Zumindest ist da eher Aufbruchstimmung zu spüren.

Hm. Waren die Aussagen vielleicht doch zweideutig? Fast habe ich den Eindruck, jeder versteht gerade das, was aus seiner Sicht am besten passt. So geht's mir ja oft. Ich werde missverstanden, obwohl ich eigentlich klar zum Ausdruck gebracht habe, was ich meine und erwarte. Ist es tatsächlich so, dass jeder etwas anderes versteht, wenn einer was sagt? Und woran mag das liegen? Was ist der Grund für solche Missverständnisse? Liegt es an mir? Sind meine Mitarbeiter schlicht zu einfach gestrickt? Finde ich vielleicht ohne es zu merken nicht die richtigen Worte? Oder machen die das mit Absicht, um meine Autorität zu untergraben? Ich komme nicht dahinter. Kann ich etwas ändern?

Führen beginnt im Kopf des anderen. Körner
Copyright ©2011 WILEY-VCH GmbH & Co. KGaA, Weinheim
ISBN: 978-3-527-50599-9

Wir alle kennen das. Missverständnisse sind an der Tagesordnung. Trotz klarer Ansagen. Trotz lang andauernder Gespräche. Trotz der Tatsache, dass sich alle größte Mühe geben. Die Leute scheinen es einfach nicht zu kapieren. Sie wissen genau, dass Sie das Richtige gesagt haben. Aber es kommt anders an.

Zweifeln Sie jetzt nur nicht an der Intelligenz Ihrer Mitarbeiter! Und unterstellen Sie ihnen auf keinen Fall eine böse Absicht. Das wäre vorschnell. Genauso vorschnell wie die Schlüsse, die die Zuhörer ziehen, bevor der Sprecher seine Argumentation vollenden konnte. Vorschnelle Schlüsse – genau hier liegt der Hase im Pfeffer.

Die Hirnforschung zeigt[1]: Vorschnelle Schlüsse und daraus resultierende Missverständnisse sind in die Abläufe unseres Gehirns quasi eingebaut. Es scheint, als ob unser Gehirn nur so darauf brennt, so schnell wie möglich eine Schublade aufzumachen, in die ein Mensch, eine Aussage, ein Sachverhalt gestopft werden können. Klappe zu. Urteil gefällt! – In vielen Fällen ein Fehlurteil.

Deshalb ist es wichtig zu verstehen, wie es zu diesen Fehlschlüssen und den daraus resultierenden Missverständnissen kommt. Es geht darum, die Systematik dahinter zu durchschauen. Denn wer erkannt hat, wozu das Schubladendenken im Gehirn gut ist und wie es funktioniert, der hat viel bessere Karten, künftig richtig verstanden zu werden. Auch umgekehrt werden Sie die anderen besser verstehen. Und darüber hinaus bietet sich für Sie durch diese Einblicke die Möglichkeit, sich selbst quasi automatisch auf die eigenen Ziele zu programmieren und diese so leichter zu erreichen.

Wozu Vorurteile gut sind

Warum lösen Begriffe wie »leistungsgerechte Bezahlung« oder »Herausforderungen« unterschiedliche Reaktionen und Interpretationen aus? Die Begriffe scheinen doch klar und eindeutig zu sein. Ja, das sind sie auch – in der Gedankenwelt des Sprechers. In dem eingangs geschilderten Beispiel kommt die Botschaft bei den Führungskräften noch an, bei vielen Mitarbeitern erreicht sie jedoch genau das Gegenteil. Wie kann das sein?

1   Vgl. Förster J., 2008

Schuld daran ist eine Systematik im menschlichen Gehirn, die permanent eine Zuordnung der einkommenden Reize vornimmt und dabei völlig autark weitere weitreichende Funktionen in Gang setzt: das Schubladendenken.

Die Forschungsergebnisse[2] machen deutlich, wie weitreichend Erwartungen und Vorurteile in Form von bestehendem Wissen und Erfahrungen im Gehirn benutzt werden, um wahrgenommene Reize so zu speichern, dass sie **Warum Vorurteile** in ein bereits bestehendes System eingeordnet **wichtig sind.** werden. Das Schubladendenken ist ganz offensichtlich ein grundlegendes Prinzip. Erwartungen und Vorurteile sind keine Fehlfunktion, sondern physiologisch. Aber wozu sollten sie gut sein?

 Unter der Lupe:

Permanent sind die Sinneszellen des Menschen aktiv. Allein 40 Millionen befinden sich auf der Haut und im Körper, weitere vier Millionen auf der Netzhaut der Augen, 40 000 in den Ohren und weitere 10 000 in der Nase. Alle sind wichtig, denn die Anzahl der Sinneszellen bestimmt wesentlich mit, wie genau und differenziert Reize wahrnehmbar sind. So wird es uns überhaupt erst möglich, uns in unserer Umwelt zu bewegen. Um mit dieser Informationsflut fertig zu werden, hat das Gehirn einen genialen Mechanismus entwickelt. Das Gehirn bildet permanent Hypothesen über einströmende Reize und aktiviert die entsprechenden Nervenzellen schon einmal vorsorglich: quasi ein aktiver Ruhezustand. Solange die Reize zu den schon erregten Nervenzellen passen, ist alles in Ordnung. Die Wahrnehmung erfolgt innerhalb kürzester Verarbeitungszeit und die eigentliche, riesige Datenmenge wird dabei je nach Bedeutung überhaupt nicht an das Arbeitsgedächtnis weitergeleitet.

Um das zu verstehen, ist es hilfreich, die Entstehung des Mechanismus nachzuvollziehen. Der Prozess des Schubladendenkens hat sich in einer stabilen Umwelt gebildet. Das Leben in der fernen Ver-

---

2 Vgl. Hawkins J., 2006, oder Gigerenzer G., 2006

gangenheit unserer Spezies war eben auch durch einen beschränkten Aktionsradius bestimmt. Wer hier schnelle Schlüsse auf der Basis der persönlichen Vergangenheit zog, war klar im Vorteil. Denn die Wahrscheinlichkeit, dass gemachte Erfahrungen sich wiederholen, dass die Welt in den immer wieder gleichen Mustern abläuft, war damals sehr groß, Neues hingegen, insbesondere mit zunehmender Lebenserfahrung, unwahrscheinlich. Und so arbeitet dieser Mechanismus heute: Solange Sie relativ stabile Verhältnisse garantieren können, werden Sie mit dem Schubladendenken wenig Probleme haben.

Doch das ist heute weit entfernt von der Realität. Deshalb sollte es Sie nicht wundern, wenn Ihre Mitarbeiter beim Thema »Herausforderung« eher an Krise als an Chance denken. Dies gilt nämlich dann, wenn die Mitarbeiter die Erfahrung gemacht haben, dass sie Herausforderungen nicht oder nur kaum bewältigen können. Es ist auch einsichtig, warum Führungskräfte den Begriff »Herausforderung« mit anderen Assoziationen verbinden als der »normale« Mitarbeiter. Denn eine Führungskraft hat häufiger die Erfahrung gemacht, dass sie Anforderungen meistern kann. So hat sie es schließlich überhaupt erst zur Führungskraft geschafft. Es denkt also nicht jeder, was er will, sondern setzt die Informationen in seinen spezifischen Erfahrungsrahmen – der aber eben höchst unterschiedlich ist.

Die Energiespar-funktion im Gehirn

Doch das ist noch nicht alles. Eine Art Energiesparprogramm des Gehirns ist der zweite Faktor, der zur Bildung von Vorurteilen beiträgt. Diese Energiesparfunktion führt dazu, dass einkommende Reize lieber an bestehende Strukturen angepasst werden, als neue Verbindungen zu knüpfen. Nicht Bequemlichkeit ist dafür der Grund. Neue Verbindungen zu knüpfen bedeutet für das Gehirn einen viel größeren Energieaufwand als bestehende Verbindungen zu stärken.

In der Geschichte der Evolution war Energie immer wertvoll, denn das Sammeln von Essbarem oder die Jagd nach Nahrung setzte die Menschen erheblichen Risiken aus. Unbekanntes Territorium zu durchstreifen oder sich oft ohne Schutz auf die Jagd zu begeben, war immer verknüpft mit einer nicht geringen Wahrscheinlichkeit, selbst verletzt zu werden oder zu sterben. Da kam es für die Menschen vor allem darauf an, mit der erbeuteten Nahrung möglichst lange auszukommen und keine Energie zu verschwenden. Auch wenn es heute zumindest in der westlichen Welt für den Einzelnen eher zu viel Energie in der Nahrung gibt – unser Gehirn taktet noch im Evolutionsmodus und versucht noch immer, Energie zu sparen. Und Energiesparen kann der Mensch vor allem im Gehirn, denn es ist das Organ mit dem höchsten Energieverbrauch.

Mag Energiesparen durch Vorurteile in der Vergangenheit sinnvoll gewesen sein, so führt das für Sie jedoch zu ernsten Problemen im Alltag, wenn Ihre Mitarbeiter eben »Entlassung« statt »Krise« verstehen, weil in ihrem Kopf diese Begriffe miteinander verknüpft sind. Der Hirnforscher Gerhard Roth bringt dieses Phänomen auf den Punkt: »Kriterien werden opportunistisch angewendet, das heißt, das Gehirn nimmt das, was gerade am besten passt.«

Doch noch eine andere Eigenschaft der Umwelt hat das Gehirn zu einem Spezialisten auf dem Gebiet des Vorurteils gemacht: die Menge an einströmenden Reizen.

Müller kommt nach Hause und ist geschafft. Er hatte mal wieder einen Termin nach dem anderen und sein E-Mail-Postfach quillt auch über. Jetzt erst mal einen kühlen Drink und die Füße hochlegen. Er begrüßt seine Frau, die bereits das Abendbrot richtet, mit einem Kuss auf die Wange. Sie lächelt ihn erwartungsfroh an.

Er holt sich ein Bier aus dem Kühlschrank und knallt sich in den Sessel. »Puuh, erst mal entspannen.« Da kommt aus der Küche auch schon mit beißender Stimme die Aufforderung: »Bringst du mal den Müll raus und deckst den Tisch!«

Müller dreht sich um und sieht seine Frau in der Tür stehen. Das Lächeln ist verschwunden. Im Flur begegnet er seiner Tochter und fragt sie, was mit Mama denn los sei. Sie weiß Bescheid: »Mama war beim Friseur, ist dir mal wieder nicht aufgefallen, oder?«

»Mist«, denkt Müller, »das habe ich glatt übersehen.«

Machen Sie sich das klar: Die Welt entsteht im Kopf. Sie können nicht alles bewusst wahrnehmen, was Ihre Sinneszellen Ihnen an Informationen parallel anliefern. Sie müssen eine Auswahl treffen, sogar eine sehr, sehr fokussierte Auswahl – also gezielt den größten Teil der Informationen ausblenden. Die Entscheidung, was Sie wahrnehmen und was Sie ausblenden, treffen Sie unbe-

Wahrnehmung ist konstruktiv

wusst. Das Problem dabei – Sie können sich dagegen praktisch nicht wehren. Jetzt, wo es die Tochter sagt, kann Müller sofort bestätigen, dass die Frisur seiner Frau anders ist. Natürlich hat er es gesehen. Aber er hatte es ausgeblendet, ohne diese Entscheidung bewusst und absichtlich zu fällen.

Das Sehen ist, wie alle anderen Reize, ein im höchsten Maße konstruktiver Prozess. Der anatomische Aufbau des menschlichen Auges lässt ein Bild, wie es im Gehirn entsteht, überhaupt nicht zu. Wenn Sie das Bild direkt sehen könnten, das Ihre Netzhaut liefert, wären große Bereiche grau, verschwommen und nur an einer kleinen Stelle scharf. Außerdem haben Sie auf der Netzhaut mitten drin einen schwarzen Fleck. Die Abbildung veranschaulicht das.

Abbildung 1: Was wir sehen würden, wenn wir wirklich 1:1 sehen würden, was unsere Sinneszellen an Informationen liefern.

Im Auge sind nur in einem sehr kleinen Bereich eine ausreichende Anzahl von speziellen Sehzellen, die so genannten Zapfen, vorhanden. Nur die Zapfen ermöglichen scharfes und farbiges Sehen. Der Rest der Netzhaut wird von den Stäbchen dominiert, die nicht ausreichend dicht angeordnet sind und nur Grauwerte liefern. Und zu allem Überfluss läuft der Sehnerv mitten durch die Netzhaut, mit der Folge, dass an dieser Stelle durch das Fehlen von Zapfen und Stäbchen der schwarze Fleck entsteht.

Vergegenwärtigen Sie sich, dass der farbige, scharfe Bereich nur etwa 0,02 Prozent der Netzhautfläche beträgt. Damit wird deutlich, wie groß der konstruierte Anteil des Bildes ist, den das Gehirn dazu liefert. Sie glauben, dass wirklich da ist, was Sie sehen. Aber das ist nur Ihre Interpretation aus einer übergroßen Fülle von Informationen. Die Art und Weise, wie Sie das Bild automatisch fertigbauen, hat mit Ihren Vorurteilen über Ihre Umwelt zu tun. Und das hat Folgen.

Schauen Sie sich doch einmal das folgende Bild genau an:

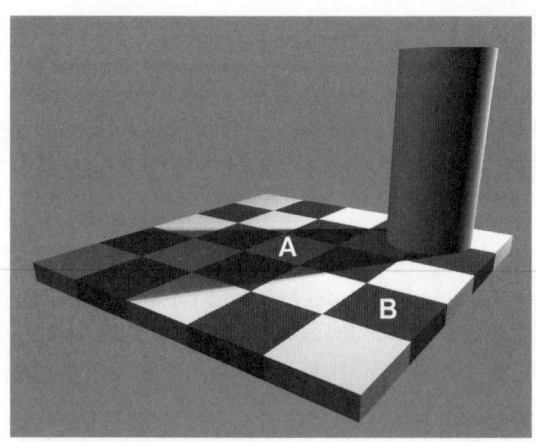

Abbildung 2: Edward H. Adelson

Welches Feld ist heller? Feld A oder Feld B?
Und, was sagt Ihr Gehirn?

Praktisch alle Teilnehmer in meinen Vorträgen sagen, dass Feld B heller ist. Das ist das, was ihr Gehirn sagt. Aber auf der Netzhaut werden Feld A und Feld B mit den gleichen Grauwerten abgebildet, denn sie sind identisch. Ihr Gehirn macht alles richtig, indem es Ihnen sagt, dass Feld B heller ist – ein Widerspruch? Nein! Denn Ihr Gehirn packt zusätzliche Informationen in das Bild: Es handelt sich um ein Schachbrett, dessen wesentliche Eigenschaften weiße und schwarze Felder sind – das macht es überhaupt erst zu einem Schachbrett. Feld B ist ein weißes Feld (hell) und Feld A ein schwarzes (dunkel). Genau diese Information arbeitet das Gehirn mit ein und bestätigt so die Informationen, die es schon gelernt hat. Das ist effizient – beim Schachbrett.

Handlungsfähig bleiben

Indem es seine existierende Ordnung soweit als möglich aufrecht erhält, bleibt das Gehirn arbeitsfähig und erstickt nicht in einer Flut an Informationen. Ohne ordnende Schubladen würde es nämlich zu einem Durcheinander an Sinneswahrnehmungen kommen und andere wichtige Aufgaben des Gehirns wären blockiert. Mit fatalen Folgen für das Überleben.

Im Falle der Betriebsversammlung in Ihrem Unternehmen macht es deshalb wenig Sinn, mit Ihrem Mitarbeiter darüber zu diskutieren, ob der Vorstand von Entlassungen gesprochen hat oder nicht. Wenn der Mitarbeiter »Herausforderungen« durch seine Erfahrungen mit »Scheitern« verbindet, sollten Sie an einer anderen Stelle ansetzen. Ihm nur immer wieder zu erklären, dass mit »Herausforderung« »Chance« gemeint ist, bringt Sie beide nicht weiter, denn es werden in seinem und Ihrem Kopf verschiedene Bedeutungen aufgerufen. Wundern Sie sich nicht, wenn der Mitarbeiter einzelne Sätze in Erinnerung hat, die so nicht gemeint waren oder nicht einmal gesagt wurden. Schuld sind das Schubladendenken und unsere Wahrnehmung, die sich auf bruchstückhafte Fragmente beschränken und im Gehirn zu dem vervollständigt werden, was auf der Basis der Erwartungen angenommen werden kann.

Ein Beispiel dafür schildert J. Hawkins in seinem bemerkenswerten Buch *Über die Zukunft der Intelligenz* (2006):

»Direkt nachdem die Stadtverwaltung von New York City alle oberirdischen Züge unter die Erde verbannte, riefen die Anwohner der bisherigen

Strecke mitten in der Nacht an und erklärten, etwas hätte sie aufgeweckt.
Die Anrufe erfolgten just zu der Zeit, zu der vormals die Züge vorbeifuhren.«

Sie können dieses Phänomen jederzeit an sich selbst beobachten: Wenn Sie konzentriert arbeiten oder in ein Gespräch vertieft sind, hören Sie weder die Geräuschkulisse der Straße noch spüren Sie den Stoff der Kleidung auf der Haut. Schalten Sie doch einfach mal um und machen sich die Reize bewusst. Sie werden feststellen, dass diese Ihnen immer vorliegen. Erst wenn der Reiz nicht den Erwartungen entspricht, wird reagiert, wenn beispielsweise ein Krankenwagen mit schrillen Tönen vorbeifährt. Dies dauert dann länger und wird vom Gehirn wegen den anfallenden Energiekosten nur ungern ausgeführt.

Auf dem Merkzettel:
Das 5R-RESORT-Prinzip der Neuro-Kommunikation

- Das Gehirn aktiviert Denkmuster, es verknüpft Sachverhalte und Emotionen, von denen die Erfahrung gezeigt hat, dass sie gemeinsam auftreten. Das kann bei unterschiedlichen Personen zu unterschiedlichen Interpretationen führen.
- Das Gehirn speichert Reize, die so ähnlich sind wie erwartete Reize, so ab, dass sie den Erwartungen entsprechen. So bildet es individuelle Realitäten.
- Das Gehirn stärkt durch neue Informationen automatisch bereits bestehende Erfahrungen, wenn nicht aktiv gegengesteuert wird.

Alle diese Erkenntnisse führen letztlich dazu, dass der Neurobiologe Ratey dem Gehirn eine absichtlich verfremdende Verarbeitung bescheinigt: »Die Eindrücke (...) der Außenwelt werden in Kate-

Das Gehirn verfremdet Informationen.

gorien oder Konstrukte eingeordnet, die wir erlernt haben. Wir passen die Welt unseren Erwartungen an und machen sie damit zu der, als die wir sie wahrnehmen[3].«

Dass diese Schubladen sogar die Verhaltensweisen von Menschen beeinflussen, zeigte John Bargh[4] von der Universität Yale in

3 Vgl. Ratey J. J., 2003
4 Bargh, J. A.; Chen M.; Burrows, L., 1996

einem Laborversuch. Er legte seinen Testpersonen Begriffe wie Florida, alt, einsam, grau, eigensinnig vor und verwickelte sie in ein Worträtsel. Nachdem das Experiment scheinbar beendet war, liefen die Studenten wieder den Gang vom Labor zurück. Dort wurde die Zeit gestoppt, die sie für den Weg benötigten. Diese Zeiten wurden mit den Zeiten einer Kontrollgruppe verglichen, die neutrale Wörter vorgelegt bekam. Und tatsächlich benötigte die Gruppe, die durch die Worte aus dem Umfeld »alter Mensch« beeinflusst wurde, über 10 Prozent länger, um den Weg zurückzulegen.

Vorurteile verändern unbewusstes Verhalten.

Machen Sie sich deutlich, wie sehr Erwartungen und Vorurteile den Zugang zu Ihrer Realität – und der Ihrer Mitarbeiter – beeinflussen: Reize werden ausgesiebt, verfälscht und angepasst und bei der Abspeicherung bevorzugt bestehenden Kategorien zugeordnet. All dies sind Faktoren, die Sie beachten sollten, wenn Ihre Kommunikation Wirkung erzielen soll.

 Diese Konsequenzen können Sie ziehen:

- Missverständnisse müssen nicht aus Ignoranz oder Mangel an Intelligenz entstehen, sondern sind Teil der grundlegenden Prozesse im Gehirn. Bleiben Sie offen.
- Jeder Mensch hat immer und überall Erwartungen und Vorurteile, die seine Welt in seinem Kopf bestimmen. Nehmen Sie Ihr Gegenüber deshalb immer ernst.
- Jede Welt ist plausibel, deshalb bringt es Sie nicht weiter, auf Einsicht zu hoffen, wo keine Möglichkeit dazu besteht, weil die Erfahrungen zu unterschiedlich sind. Appellieren Sie nicht an die Vernunft – jeder hat seine eigene.
- Missverständnisse können aus der fehlerhaften Zuordnung von Reizen resultieren. Während ein anderer sich sicher ist, dass etwas genau so gesagt worden ist, können Sie sich wiederum sicher sein, dass es genau so *nicht* gesagt worden ist. Prüfen Sie, ob Sie durch andere Informationen die Fehler beseitigen können.

- Der Vorgang geschieht automatisch und unbewusst. Jeder ist sich sicher, dass seine Welt die richtige ist. Aber Sie haben die Möglichkeit, in Zukunft aktiv Missverständnisse zu vermeiden und den Automatismus des Schubladendenkens für Ihren Erfolg einzusetzen.

Schubladen beachten – So schalten Sie Missverständnisse aus

Baumann hatte schon vor dem Gespräch mit Förster kein gutes Gefühl. Schließlich wusste er, dass Förster gerne in seiner Abteilung war und auch bei den Mitarbeitern sehr beliebt ist. Försters Teamgeist und Fleiß waren beispielhaft. Aber die Einschnitte bei den Ausgaben mussten einfach sein, um die Firma als Ganzes nicht zu gefährden. Deshalb hatte der Vorstand gemeinsam mit Baumann beschlossen, bei den Lieferanten die Daumenschrauben anzusetzen. Einsparungen von fünf bis zehn Prozent sollten da möglich sein. Außerdem denken sie über eine Gehaltskürzung bei Besserverdienenden von 150,- Euro für die nächsten sechs Monate nach, um den Ernst der Lage zu verdeutlichen.

Förster kommt ins Zimmer.

Baumann: »*Herr Förster, Sie haben ja sicher die Meldungen der letzten Wochen mitbekommen. Unser Auftragseingang ist schwach und die Kosten zu hoch. Wir müssen deshalb deutliche Einschnitte vornehmen. Wir denken darüber nach, ab nächsten Monat das Gehalt pauschal um 150,- Euro zu kürzen. Außerdem müssen die Kosten in allen Bereichen runter.*«

Försters Gesicht zeigt keine Regung.

Baumann: »*Wir haben vor, die Ausgaben bei den Lieferanten um fünf bis zehn Prozent zu drücken. Das sollte doch möglich sein – oder was meinen Sie?*«

Förster: »*Äh, wenn Sie das sagen.*«

Baumann: »*Ja, da bin ich mir ganz sicher, dass das klappen kann. Bei unserer Position im Markt haben wir doch ausreichend Druckmittel. Die Lieferanten müssen sich halt auch mal ein bisschen bewegen. Jeder muss schließlich zusehen, wo er bleibt. Ich kann mich also darauf verlassen, dass Sie da mitziehen.*«

Förster: »*Meinen Sie, das ist wirklich nötig?*«

Baumann: »Wenn wir jetzt nichts machen, dann kann es bald zu spät sein. Also, Sie sind dabei!«
Förster: »Ja.«

Baumann hatte sein Gefühl nicht getrogen, das Gespräch war eine einzige Katastrophe. Ein halbherziges »Ja« wird kaum den nötigen Rückenwind für die erforderlichen Maßnahmen bringen. Und das von einem seiner wichtigsten Männer und Multiplikatoren. Sicher hätten Sie sich auch an Baumanns Stelle mehr erwartet. Vielleicht hat Baumann Försters Gesichtsausdruck und die einsilbigen Antworten bemerkt. Dann wird er sich fragen, was schief gelaufen ist und wie er es hätte besser machen können.

So vermeiden Sie Missverständnisse

Damit Sie künftig Missverständnisse vermeiden und sicherstellen, dass Ihre Botschaften wirkungsvoll sind, sollten Sie in sechs Schritten vorgehen. Erstens akzeptieren Sie, dass Missverständnisse Teil des Prozesses sind und weder Dummheit noch böser Wille Ihres Gegenübers. Als Zweites sollten Sie Ihr eigenes Schubladensystem für die Implikationen der Anderen öffnen. Drittens müssen Sie Ihre Adressaten kennen und wissen, wo deren Schubladen liegen. Viertens sollten Sie sich bewusst machen, dass Sie Ihre eigenen Wahrnehmungen trügen können. Fünftens vermeiden Sie das Öffnen unnötiger Schubladen und sechstens schließen Sie eventuell offene Schubladen, die ablenken. Und das geht genau so:

Schritt 1: Missverständnisse sind programmiert!

Sie sollten akzeptieren, dass Missverständnisse nicht zuallererst auf mangelnde Intelligenz oder bösen Willen zurückzuführen sind. Durch die Ausführungen im letzten Abschnitt ist Ihnen klar geworden, dass Missverständnisse Teil der Kommunikation sind. Indem Sie es ab sofort als Führungsaufgabe begreifen, Missverständnisse durch wirkungsvolle Kommunikation zu vermeiden, können Sie sich besser dem Problem stellen und Schritt 2 bis 6 beachten. Das wird Sie Zeit und Energie kosten. Deshalb: Ohne Ihre Bereitschaft, etwas zu investieren, werden Sie sich bald im Trott des Alltags wiederfinden.

Schritt 2: Schubladen auf!

Machen Sie sich klar, welche Implikationen Ihre Informationen aus einem anderen Blickwinkel haben können. Nutzen Sie Ihre Intelligenz und Kreativität. Die Hirnforschung hat, wie im Kapitel zum RATE-Prinzip ausführlich beschrieben, Bewertungszentren nachgewiesen. Deren Aufgabe ist es, den zur Verfügung stehenden Alternativen und Konsequenzen Bewertungen zuzuordnen. Diese Bewertungen sind individuell und basieren auf ererbten Anlagen und gemachten Erfahrungen. Und sie sind es, die dem Individuum Auswahl und Entscheidung möglich machen. Damit können diese Zentren wertvolle Hinweise geben, welche Implikationen Wörter wie »Einschnitt« für den Einzelnen haben könnten:

- Unter *Stability*-Aspekten kann »Einschnitt« als Bedrohung für Sicherheit und Stabilität interpretiert werden: Raten fürs Haus oder Miete können nicht weiter bezahlt werden, die Absicherung bei Krankheit oder im Alter wird geringer, genauso die Sparrate, langfristige Planung ist Makulatur, ...
- Unter *Seek*-Aspekten kann »Einschnitt« als Einschränkung der eigenen Freiräume angesehen werden: weniger Fortbildungen, weniger Geräte oder Software, weniger Zeit für Hobbys und eigene Erfahrungen, ...
- Unter *Domination*-Aspekten kann »Einschnitt« mit mangelndem Respekt verbunden werden: Geringschätzung der Arbeitsleistung, ungerechte Behandlung, fallender Status außerhalb des Unternehmens, ...
- Unter *Play*-Aspekten kann »Einschnitt« als mangelnde Anerkennung ausgelegt werden: Leistung hat sich nicht ausgezahlt, Frustration, Ungerechtigkeit, ...
- Unter *Cooperation*-Aspekten kann »Einschnitt« eine Bedrohung für das soziale Klima bedeuten: die Ellenbogenmentalität verstärkt sich, Kommunikation wird eingeschränkt, der Druck erhöht sich, jeder achtet auf sich, ...

Indem Sie sich mögliche Kategorien Ihrer Empfänger vor Augen führen, öffnen Sie sich selbst für die entsprechenden Informationen. Indem Sie in Ihrem Kopf diese Schubladen öffnen, verlassen Sie Ihre eigenen eingefahrenen Denkbahnen. Weil Sie die Gedankenmuster dieser Begriffe aktivieren, werden auch die Nervenzellen für verwandte Begriffe in Erregung versetzt und können so unter den einkommenden Reize besser erkannt werden.

 Auf dem Merkzettel:

- Akzeptieren Sie das Schubladendenken als Herausforderung und Teil Ihrer Führungsaufgabe, um die entsprechenden Ressourcen bereitzustellen.
- Denken Sie vor, indem Sie mit Hilfe der fünf Bewertungskategorien (Stability, Seek, Domination, Play, Cooperation, siehe vorheriges Kapitel) Implikationen ableiten und sich damit für Ihr Gegenüber öffnen. So erkennen Sie die Quelle für mögliche Missverständnisse und können gegensteuern.

Schritt 3: Die Welt entsteht im Kopf – Ihres Gegenübers!

Suchen Sie gezielt nach den Aspekten, die für Ihr Gegenüber relevant sind. Nachdem Sie sich die möglichen Bedeutungen vor Augen geführt haben, müssen Sie nun erkennen, welche davon für Ihr Gegenüber besonders wichtig sind. Baumann kann sich seine Einlassungen zum Thema Einkauf sparen, wenn Förster soziale Kälte bedrückt. So kann es auch Ihnen gehen. Wenn Sie nicht zielgerichtet kommunizieren, verlieren Sie Ihr Gegenüber. Doch wie können Sie das ändern? Wie erkennen Sie das, was für Ihren Adressaten wichtig ist?

Sie müssen Ihr Gegenüber kennen. Zusammen mit Ihren sensibilisierten Schubladen und dem REFLECT-Prinzip der Spiegelneuronen (siehe nächstes Kapitel), haben Sie alle Voraussetzungen. Mit etwas Übung werden Sie im Alltag an Verhaltensweisen oder Kommunikationsmustern erkennen, was für Ihren Ansprechpartner von Bedeutung ist. Vielleicht hat Ihnen beim letzten Mittagessen einer Ihrer Mitarbeiter erzählt, dass er sich sorgt, weil alles teurer wird, das spricht für Stability-Bewertungen. Oder er klagt über die schwächere Beteiligung am letzten Betriebsausflug, was auf höhere Cooperation-Bewertungen hindeutet. Baumann hätte wissen können, dass Förster vor allem an andere denkt. 150,- Euro mögen für Baumann und Förster nicht von Bedeutung sein, aber für andere, die weniger verdienen, sind sie es. Deshalb kreisen die Gedanken von Förster auch um den Einschnitt beim Gehalt und er hört nicht weiter zu. Sie finden im letzten Kapitel eine Reihe von weiteren Verhaltensweisen, mit deren Hilfe Sie die Präferenzen besser erkennen. So erhalten Sie Hinweise darauf, welche Aspekte für Ihr Gegenüber wichtig sind. Nutzen Sie diese konsequent. Aber diese Hinweise helfen Ihnen nur, wenn Sie nahe bei den Menschen sind, die Sie führen wollen. Große Führer waren immer nah an ihrem Volk und sprachen meist die Sprache des Volkes, nur so ist Verständnis möglich.

Sie haben dazu keine Zeit, Ihr Unternehmen oder Ihre Abteilung ist zu groß? Dann können Sie sich Informationen aus zweiter Hand besorgen, indem Sie Betriebsrat oder Abteilungsvertreter zu dem Thema befragen. Aber Sie sollten beachten, dass deren Eindrücke immer gefärbt sein können, durch deren eigene Vorstellungen und Ziele. Ganz automatisch, auch hier ist das Schubladendenken aktiv.

Schritt 4: Sie sind nicht anders!

Nehmen Sie sich deshalb vor Ihren eigenen Schubladen in Acht. Denn die können Sie sehr leicht täuschen. Das prägnanteste Beispiel dafür ist vielleicht die Aussage »Wir reden hier eigentlich von Peanuts« von Hilmar Kopper. Am 21. April 1994 fielen die denkwürdigen Worte. Der damalige Vorstandssprecher der Deutschen Bank meinte damit offene Handwerkerrechnungen in Höhe von 50 Millionen D-Mark. Tatsächlich stellte für sein Haus die Begleichung solcher Rechnungen aus der Milliardenpleite des Immobilienunternehmers Jürgen Schneider kein Problem dar. Und in Koppers Gehirn, das täglich mit Milliardenbeträgen jonglieren musste und sich an ein Millionengehalt gewöhnt hatte, stellte dies eine vergleichsweise kleine Summe dar. Aber eben nicht bei den »normalen« Menschen. Kopper hatte den Fehler gemacht, dass er seine Schubladen als Grundlage für die Beurteilung genommen hat. Das Missverständnis war groß und kostete die Deutsche Bank eine Menge Ansehen – bis heute. Deshalb:

Unterschätzen Sie die Macht Ihrer Schubladen nicht, sonst werden die Probleme zunehmen.

Je erfolgreicher Sie werden, je länger Sie schon im Geschäft sind, desto stärker werden Ihre Schubladen und desto größer die Anstrengungen, sich für neue Informationen oder andere Blickwinkel zu öffnen. Trainieren Sie das, indem Sie bewusst wie in Schritt zwei die möglichen Implikationen erarbeiten und dann gezielt in Gesprächen überprüfen. Öffnen Sie sich für die anderen, sonst sind die Missverständnisse schon programmiert, noch bevor Sie mit der Kommunikation überhaupt beginnen.

Unter der Lupe:

Mit zunehmender Erfahrung steigt die Anzahl der Schubladen wie auch die Stärke der Verbindungen. Dies führt dazu, dass immer weniger Reize als neu erkannt werden und scheinbar immer mehr Informationen in das bestehende System einsortiert werden können. Je häufiger dieser Prozess erfolgreich vorgenommen wurde, umso geringer wird die Neigung des Gehirns, neue Reize als solche zu identifizieren. Dieser Kreislauf, einmal etabliert, verstärkt sich immer weiter und ist nur mit großen Anstrengungen zu durchbrechen.

Wissenschaftler sind heute der Ansicht, dass sich das Gehirn ähnlich verhält wie ein Muskel. Wird er trainiert, so ist er kraftvoll und kann seine Arbeit tun, wird er wenig benutzt, strengt alles mehr an. Deshalb ist es so wichtig, das Lernen von neuen Informationen fest in sein Gehirnprogramm einzubauen und aus den bestehenden Schubladen bewusst auszubrechen.

Auf dem Merkzettel:

- Sammeln Sie systematisch Informationen und notieren Sie sich diese. Je besser Sie Ihre Mitarbeiter kennen, desto einfacher können Sie wirkungsvoll kommunizieren.
- Um die besonderen Befindlichkeiten der Menschen zu erkennen, die Sie führen wollen, müssen Sie nah an den Menschen

dran sein. Nähe kostet Zeit und Energie, aber es geht nicht
ohne.

- Beachten Sie Ihr eigenes Schubladensystem. Je überzeugter Sie
sind, desto größer die Gefahr von Fehlannahmen, die in Missverständnissen münden.

Schritt 5: Konzentration!

Öffnen Sie keine unnötigen Schubladen, beschränken Sie sich
auf das, was Sie erreichen wollen. Baumanns Gesprächsziel war es,
eine gemeinsame Anstrengung zur Kostensenkung zu erreichen. Das
hätte er konkret ansprechen sollen. Ohne Umschweife und Ausflüge.
Er sollte Themen vermeiden, die im Moment noch nicht relevant sind
und die für den anderen von viel größerer Bedeutung sind als für ihn
selbst. Indem Baumann die gemeinsame Anstrengung und das Miteinander anspricht, die Kosten bei den Lieferanten zu senken, hätte
er sich auf Försters Unterstützung voll verlassen können. Stattdessen kreisen Försters Gedanken um mögliche Gehaltskürzungen für
seine Kollegen und deren Auswirkungen. Es ist zweifelhaft, ob Förster
überhaupt verstanden hat, dass die Einschnitte beim Gehalt noch gar
nicht beschlossen wurden. Wenn die Bewertungen bei Förster groß
genug sind, dann blendet sein Gehirn alles andere aus. In jedem Fall
hört er an den für Baumann entscheidenden Stellen gar nicht mehr
zu. Obgleich Baumann sagt, was er will, und Förster ein stets loya-
ler Mitarbeiter ist, wird Baumann nicht Försters volles Engagement
bekommen. So bleibt er als Führungskraft wirkungslos. Sie können
das verhindern, indem Sie sich auf die entscheidenden Botschaften
konzentrieren.

Schritt 6: Schalten Sie die Bedrohungen aus!

Schließen Sie zuerst alle offenen Schubladen. So können Sie den
Fokus auf das lenken, was Sie wirkungsvoll macht. Wenn Förster
von den Gehaltseinschnitten weiß, muss Baumann das Thema auf
jeden Fall ansprechen. Nur: Er muss vor allem deutlich machen, wen

das Thema überhaupt betrifft und wen nicht. Er muss Förster überzeugen, dass dies auch nach dessen Bewertungskriterien der richtige Schritt ist.

So könnte das Gespräch dann aussehen:

Baumann: »*Hallo Herr Förster, schön, dass es mit dem Termin so kurzfristig klappt. Ich hatte ja gestern ein Gespräch mit dem Vorstand und es ist sehr wichtig für unsere Abteilung, dass wir da zusammen eine gute Lösung finden.*«

Förster: »*Da bin ich ja gespannt, man hört ja schon so einiges ...*«

Baumann: »*Genau, deshalb ist es mir wichtig, dass wir direkt miteinander sprechen. Wir sind der Meinung, dass wir als Firma noch enger zusammenrücken müssen. Die Zeiten sind ja schwierig und es ist mir wie dem Vorstand sehr wichtig, dass wir niemanden entlassen. Deshalb meinen wir, es wäre ein gutes Signal, wenn Führungskräfte und zweite Ebene für die nächsten sechs Monate auf 150,- Euro im Monat verzichten würden. Uns geht es da nicht wirklich um die Einsparungen, wir denken, es ist ein symbolischer Akt. Was meinen Sie?*«

Förster: »*Ich denke auch, wir kommen da nur gemeinsam raus. Von daher finde ich es gut, wenn wir ein Signal setzen.*«

Baumann: »*Es freut mich, dass Sie das auch so sehen. Der aus meiner Sicht viel wichtigere Punkt ist, dass wir unsere Einsparpotenziale bei unseren Lieferanten noch konsequenter nutzen. Vielleicht müssen wir da in diesen Zeiten unsere Marktposition ausspielen und etwas Druck machen. Wir dachten so an fünf bis zehn Prozent, wenn wir konsequent vergleichen und auch die Zahlungsmodalitäten optimieren. Wie schätzen Sie das ein?*«

Förster: »*Potenzial ist da sicher vorhanden. Ich finde das einen guten Ansatz.*«

Baumann.« *Prima, dann wäre es wichtig, dass Sie Ihre Leute entsprechend informieren und wir schauen, dass wir möglichst schnell erste Ergebnisse haben.*«

Wie Sie ein solches Gespräch genau planen, um angesichts der Bewertungen Ihres Gegenübers wirkungsvoll zu sein, wird detailliert noch zu einem späteren Zeitpunkt im Laufe dieses Buches erklärt. Sollte es Baumann jedoch nicht gelingen, Förster zu überzeugen, empfiehlt es sich, das Gespräch zu beenden und zu einem anderen Termin fortzusetzen. Sie sollten sich darüber klar sein, dass Sie ohne die richtigen Alternativen nur schwer Wirkung erzielen werden.

Wenn Sie schlechte Nachrichten haben, dann können Sie daraus keine guten machen. Neuro-Kommunikation ist keine Zauberei. Kommunizieren Sie deshalb »Aufbruch« erst nach den »Einschnitten«. Nicht zusammen und schon gar nicht davor. Wenn Sie Mitarbeiter entlassen, Gehalt kürzen oder Vergünstigungen streichen, dann machen Sie das schnell und nicht schleichend. Die offenen Schubladen blockieren sonst. Ihre Mitarbeiter werden dann mögliche Chancen nicht nutzen, weil sie diese gar nicht mehr wahrnehmen.

 Auf dem Merkzettel:

- Öffnen Sie keine Schubladen, die nichts mit Ihrem Anliegen zu tun haben. Konzentrieren Sie sich ausschließlich auf das Wesentliche.
- Übergehen Sie nicht offene Themen, die für die Adressaten hohe Bewertungen haben. Wenn Sie diese nicht auflösen können, sollten Sie einen anderen Zeitpunkt für Ihre Kommunikation wählen.

Wenn Sie die Schritte nachvollzogen haben, die Sie zu einer effizienteren Kommunikation bringen, möchte ich Ihnen noch einen starken Impuls geben, diese wirklich anzuwenden. Vielleicht glauben Sie ja noch, dass es nur guten Willens auf beiden Seiten bedarf, um einander zu verstehen? Dann lesen Sie sich doch mal die ersten Zeilen aus dem Hit »Laura non ce« des Künstlers NEK aus dem Jahr 2009 durch und achten dabei besonders auf die Zeilen fünf und neun.

Zeile 1: Laura non c'è è andata via
Zeile 2: laura non è più cosa mia
Zeile 3: e te che sei qua e mi chiedi perché
Zeile 4: l'amo se niente più mi dà
Zeile 5: mi manca da spezzare il fiato
Zeile 6: fa male e non lo sà
Zeile 7: che non mi è mai passata

Zeile 8: Laura non c'è capisco che
Zeile 9: è stupido cercarla in te

Ist Ihnen etwas aufgefallen? Nein?

Können Sie sich vorstellen, dass Ihr Gehirn aus Zeile 5 die Information «Niemand kann das bezahlen" und aus Zeile 9 «Hast Du die deutsche Karla entdeckt" zieht und zwar irreversibel?

Wenn Sie genau hinschauen, können Sie tatsächlich ähnliche Phoneme entdecken. Für »Niemand kann das bezahlen« in Zeile 5 wäre das

miman ca das pezzare

Wenn Ihr Gehirn jetzt auch noch das »Niemand« vor Augen hat, dann erkennt es eben statt einem »miman« das »Niemand«. Die entsprechenden Neuronen sind ja bereits durch das Lesen aktiviert.

Sie finden diesen Verhörhammer und weitere Beispiele auf der Website zum Buch unter www.neuro-communication.de.

 Diese Konsequenzen können Sie ziehen:

- Denken Sie vor, indem Sie sich durch Ihre Intelligenz und Kreativität mögliche Schubladen Ihrer Mitarbeiter systematisch erschließen.
- Beachten Sie die Sprache und Wortbedeutungen für Ihr Gegenüber, basierend auf dessen Erfahrungen.
- Nehmen Sie sich vor eigenen Fehlinterpretationen in Acht und halten Sie engen Kontakt zu den Menschen, die Sie führen wollen.
- Grenzen Sie sich deutlich von bestehenden Schubladen ab und beachten Sie die möglichen Missdeutungen, die bei Informationen entstehen können.
- Schließen Sie offene Schubladen im Kopf Ihres Gegenübers, indem Sie diese klar und deutlich ansprechen, um Missinterpretationen zu verhindern.

So legen Sie Erfolgsschubladen an und nutzen diese zielgerichtet

Glaube versetzt Berge! Das werden Ihnen die meisten Menschen sagen, die große Ziele erreicht haben: Der starke Wille und die innere Überzeugung war Voraussetzung für ihren Erfolg. Und egal, ob Sie sich die Geschichte von Otto Lilienthal, die der Gebrüder Karl und Theo Albrecht oder die von Bill Gates anschauen, es war immer schon früh eine klare innere Ausrichtung, vielleicht sogar Besessenheit, bei den meisten dieser erfolgreichen Menschen vorhanden.

Glaube versetzt Berge.

Kann Erfolg so einfach planbar sein?

Sicher müssen viele Umstände zusammen kommen, um ein Imperium wie das von Aldi oder Microsoft zu schaffen, aber mit dem 5R-Prinzip RESORT – oder kurz: Schubladendenken – halten Sie auf jeden Fall ein wichtiges Instrument in der Hand, Ihre Ziele besser und mit etwas Übung sogar leichter zu erreichen.

 Unter der Lupe:

Mit dem Schubladendenken ist auch in Ihrem Gehirn ein permanenter Prozess im Gange, der einkommende Informationen verändert und anpasst. Dies geschieht auf der Basis der bestehenden Erfahrungen. Wenn es Ihnen gelingt, eine starke Schublade bewusst zu implementieren, in der Ihr neues Verhalten, Ihr individueller Erfolgsweg angelegt ist, werden alle einkommenden Reize auf dieses Verhalten hin geprüft oder gar angepasst. Anstelle eines negativen Veränderungsprozesses können Sie so eine stabile und langandauernde positive Veränderung einstellen, die die Schublade systematisch stärkt. So wird quasi automatisch dieses gewünschte Verhalten etabliert.

Machen Sie sich klar, dass es heute schon eine Vielzahl von Schubladen in Ihrem Kopf gibt, die sehr gezielt angelegt wurden. Stellen Sie sich ein geschwungenes gelbes M auf rotem Grund vor oder summen Sie einmal die Textzeilen

Come on over, have some fun
dancing in the morning sun
look into the bright blue sky
come on let your spirit fly.

Geht bei Ihnen dabei auch eine Bilderwelt im Kopf auf? In den Seminaren erkennen die Zuhörer den Bacardi-Jingle auch, wenn er nur eine halbe Sekunde lang angespielt wird. Es handelt sich dabei um nichts anderes als um eine starke Schublade, die bei Ihnen wie bei den meisten anderen Menschen mit viel Geld durch Werbung angelegt wurde und das McDonalds-M oder die Bacardi-Musik fest in Ihrem Gehirn installiert hat. Das können Sie auch für sich nutzen, indem Sie selbst entscheiden, was Sie mit Ihrem Gehirn machen. Mit Hilfe der nachfolgenden acht Schritte können Sie in Zukunft Ihre Schubladen selbst anlegen und systematisch für Ihren Erfolg ausbauen.

Nehmen wir einmal an, Sie möchten Ihre Wirkung auf andere Menschen verbessern. Sei es, um im Vertrieb oder als Führungskraft mehr Erfolg zu haben. Dabei haben Sie erkannt, dass Sie in Gesprächen manchmal fahrig sind, sich von Ihrer Tagesform beeinflussen lassen und deshalb nicht richtig zuhören und nicht sensibel genug für die Bedürfnisse des anderen sind. Alles echte Misserfolgsfaktoren, die Sie ändern können. Und so geht's:

Schritt eins: Markieren Sie Ihre Erfolgsschubladen!

Um Ziele zu erreichen, müssen Sie diese überhaupt einmal festlegen. Nur so können Sie eine Schublade in Ihrem Kopf etablieren. Doch schon hier scheitern viele. Weil sie ihre Ziele als abstrakte Gedanken vor sich her schieben. Sie sehen sich in ihrer Fantasie als erfolgreicher Manager, einflussreicher Führer oder einfach mit mehr Statusgütern. Aber das ist zu abstrakt. So träumen sie lieber, als dass sie ihre Ziele wirklich angehen. Den Fehler machen Sie nicht! Schreiben Sie deshalb konkret auf, was Sie erreichen wollen:

- *aktiv zuhören,*
- *in Kleinigkeiten nicht widersprechen,*
- *ausreden lassen.*

Wichtig ist, bei der Festlegung der Ziele realistisch zu sein. Denn die Basis, also Ihre jetzigen Schubladen, bestimmt wesentlich, was möglich ist. Deshalb funktionieren zwei Schritte auf einmal oder ein Sprung nur selten. Gestehen Sie sich zu, dass auch Sie abhängig von Ihren Fähigkeiten und Ihrem Umfeld sind. Je größer die Veränderung ist, die Sie anstreben, umso stärker wird auch die Veränderung Ihrer Umwelt sein. Sind Sie dazu bereit? Also schreiben Sie konkret auf, was Sie erreichen wollen und was Sie dafür tun müssen:

Ziel:	*Gespräche wirkungsvoller führen*
Weg:	*– Blickkontakt halten*
	– Interesse empfinden
	– nicht unterbrechen
	– eigenen Redeanteil klein halten

Vielleicht sind das für Sie Lappalien, tatsächlich könnten sich die meisten Führungskräfte durch genau diese Maßnahmen noch verbessern. Visualisieren Sie Ihre Ziele und das, was Sie verbessern wollen. Vervielfältigen Sie den Zettel und hängen ihn an markanten Punkten auf. So entfaltet er die größte Wirkung auf Ihre Schubladen. Denn je öfter Sie daran denken, umso stärker wird Ihre Schublade im Gehirn werden.

Schritt zwei: Pflegen und stärken Sie Ihre Schublade!

Ob Sie das perfekte Gespräch tatsächlich führen oder sich dieses nur vorstellen, macht für Ihr Gehirn wenig Unterschied. Sportler nutzen diese Erkenntnis, um sich bestimmte Bewegungen (z. B. Speerwerfen, Skispringen, Hochsprung) oder Strecken (z. B. Bobfahren, Skifahren, Rallye) im Geist vorzustellen, um die Abläufe so zu vertiefen. Das Gleiche können Sie tun, indem Sie sich Ihr neues Verhalten oder Ihr Ziel intensiv vorstellen: Wie sieht mein optimales Gespräch mit meinem Kunden oder meinem Mitarbeiter in Zukunft aus? Wie leuchten seine Augen, wenn ich optimal kommuniziere? Wie fühle ich mich nach einem Abschluss? Dabei gilt das Grundprinzip, dass sich Verbindungen umso stärker etablieren, je häufiger und intensiver die Neuronen angesprochen werden. Ein kurzer Gedanke reicht für eine gut ausgebaute Schublade nicht. Dazu sollten Sie mehr tun. Lassen Sie sich in die unterschiedlichen Situationen gedanklich fallen. Je intensiver Sie sich die einzelnen Aspekte ausmalen, umso mehr kräftigen Sie die Verbindungen. Das klingt für Sie ein bisschen nach Kindergarten? Ja genau, so einfach ist es, Schubladen zu stärken. Nutzen Sie gezielt Zeiten, in denen Sie für sich sind: im Bad, beim Autofahrten etc.

 Auf dem Merkzettel:

- Setzen Sie sich konkrete Ziele und schreiben diese auf!
- Was müssen Sie zur Erreichung dieser Ziele tun? Je konkreter Sie sind, umso leichter werden Sie Ihre Ziele erreichen.
- Seien Sie realistisch, was Ihre Ziele angeht. Ihre bisherige Basis bestimmt Sie immer und überall mit.
- Visualisieren Sie den Endzustand. Verinnerlichen Sie, wie sich das perfekte Ergebnis anfühlt.

Schritt drei: Kurz und intensiv ist besser.

Machen Sie kleine Schritte. Ihre Schublade ist insbesondere zu Beginn wie eine zarte Pflanze in Ihrem Gehirn. Gehen sie sehr pfleglich damit um. Achten Sie vor allem am Anfang darauf, dass Sie sich Situationen aussuchen, die Sie auch bewältigen können. Fordern Sie sich

Nicht überfordern

selbst, aber überfordern Sie sich nicht. Führen Sie also erst mal kurze Gespräche mit Personen, bei denen keine Probleme zu erwarten sind oder trainieren Sie mit Kollegen oder Bekannten gezielt einzelne Aspekte. Hitzige Diskussionen über Themen, die Sie persönlich betroffen machen, sind am Anfang zu vermeiden. Wenn Sie den Bogen überspannen und wieder in die alten Muster zurückfallen, machen Sie Rückschritte statt Ihrem Ziel näher zu kommen. Stellen Sie sich einen Trainingsplan auf, bei dem Sie sich gezielt und bewusst auf einzelne Aspekte Ihrer neuen Handlungsweise beschränken.

So können Sie vielleicht in Zukunft gezielt Zeit einplanen, in der Sie sich mit Themen Ihrer Mitarbeiter beschäftigen. Damit werden

Sie leichter Interesse am Gespräch haben und verbessern gleichzeitig Ihre Fähigkeit, Missverständnisse zu vermeiden.

Schritt vier: Setzen Sie gezielt Ihr Bewusstsein ein!

Die Informationsverarbeitung, das Schubladensystem und das daraus resultierende Verhalten sind weitestgehend unbewusste Prozesse. Doch im Trainingsmodus können und sollten Sie das ändern.

Bewusster Trainigsmodus

Unter der Lupe:

Ihr Bewusstsein ist wie ein kraftvoller Scheinwerfer, der einzelne Aspekte anstrahlt und Ihnen die Möglichkeit gibt, mehr Aufmerksamkeit und Energie gezielt auf diese einzelnen Aspekte zu verwenden. Das macht den Prozess langsam, aufwendig und durch den hohen Energiebedarf empfinden sie es als anstrengend. Aber es ist wichtig, das neue Verhalten kontrolliert einzuüben, bis es auch im unbewussten Modus zuverlässig läuft. Und das tut es, wenn die entsprechenden Neuronen-Verbindungen angelegt und gut ausgebaut sind. Sie werden sehen, dass dann auch die neuen Verhaltensweisen gleichsam wieder intuitiv und unbewusst stattfinden können.

Im Kapitel RULE haben Sie gelernt, Ihr unbewusstes Wissen für Ihre Entscheidungen zu nutzen. Nun können Sie lernen, Ihr Bewusstsein gezielter einzusetzen. Denn den wenigsten Menschen ist klar, wie stark diese Kraft sein kann. Die wissenschaftlichen Erkenntnisse[5] zeigen, dass Sie Ihr Gehirn genauso gezielt trainieren können wie einen Muskel. Und für Ihre Muskeln akzeptieren Sie ja auch Trainingszeiten und bestimmte Übungen. Nichts anderes können Sie mit Ihren gedanklichen Fähigkeiten machen – einfache Wiederholungen, die sich stetig steigern und schließlich zu einem komplexen Verhal-

5   Vgl. Hargrave & Haan (1999)

ten verbinden. Nehmen Sie sich also einfache Situationen, in denen Sie bewusst dieses Verhalten üben. Sie werden sehen, wie schnell das geübte Verhalten von einer bewussten schwierigen Handlung zu einer unbewussten einfachen Handlung wird.

Schritt fünf: Verankern Sie Ihre Vision typgerecht!

In den Bewertungszentren haben sich Ihre individuellen Grundmuster durch Geburt oder durch Erfahrungen gebildet und manifestiert. Hier liegen die individuellen Stärken und Schwächen. Betrachten Sie deshalb Ihren Veränderungsprozess aus dem richtigen Blickwinkel und konfigurieren Sie Ihre Schublade so, dass diese an bereits vorhandene Erfolgs-Bewertungen ankoppelt. Damit erleichtern Sie sich das Erreichen Ihres Zieles. Konkret:

Individuelle Verstärker nutzen

- Sind Sie der Typ mit hohen *Stability-Bewertungen*, der auch sonst nach Sicherheit strebt und immer einen Plan B braucht? Planen Sie Ihre Veränderungen möglichst minutiös. Legen Sie genaue Verhaltensweisen fest und schreiben diese nieder. Planen Sie Ihre Zwischenziele und halten Sie Ihre Fortschritte schriftlich fest. Machen Sie es genau so, wie Sie sonst erfolgreich Projekte planen, dann haben Sie Erfolg.
- Streben Sie nach Unabhängigkeit und haben hohe *Domination-Bewertungen*? Dann betrachten Sie doch Ihre persönliche Entwicklung einmal wie ein Projekt in Ihrem Unternehmen. Legen Sie die gleichen Maßstäbe an und beziehen Sie es in Ihren sonstigen Erfolgsanspruch ein. Bei anderen Projekten dulden Sie ja auch kein Versagen. Machen Sie sich klar: Sie schaffen das!
- Sind Sie ein Mensch mit hohen *Cooperation-Bewertungen*? Dann suchen Sie sich andere Menschen, die in der gleichen Situation sind, und besprechen Sie in den verschiedenen Phasen die Veränderungen. Loben Sie sich gegenseitig und bestätigen Sie sich, den richtigen Weg eingeschlagen zu haben.
- Sind Sie hingegen ein Typ, den vor allem das Neue reizt und verfügen Sie über hohe *Seek-Bewertungen*? Entdecken Sie den Spaß der Veränderung, belohnen Sie sich mit kleinen Überraschungen, wenn Sie die Meilensteine erreicht haben, und freuen

Sie sich über die neuen Perspektiven und Erlebnisse, die Ihnen die veränderten Eigenschaften bringen.

- Menschen mit hohen *Play-Bewertungen* realisieren Veränderungen am besten durch Vorbilder, an denen sie sich orientieren und messen. Lassen Sie sich für Fortschritte von anderen loben und machen Sie sich deutlich, wie sehr Sie Ihre Wirkung auf andere verbessern können – das ist Ihnen besonders wichtig.

 Auf dem Merkzettel:

- Packen Sie Ihre Ziele in kleine Pakete und trainieren Sie diese immer und immer wieder. Indem Sie bewusst richtige Verhaltensweisen im Kleinen üben, machen Sie sich fit für komplexe Gespräche, bei denen Sie sich auf intuitiv richtiges Verhalten verlassen müssen.
- Stellen Sie Zeit und Energie für die Trainingseinheiten zur Verfügung. Dass das Prinzip einfach ist, heißt nicht, dass es leicht und schnell zu beherrschen ist. Erinnern Sie sich, wie lange Sie gebraucht haben, Fahrradfahren zu lernen, und wie einfach es heute ist!
- Nutzen Sie Ihr schon vorhandenes Schubladensystem, indem Sie bewährte Erfolgsmodelle in Ihrem Gehirn anzapfen. So erreichen Sie schneller Ihr Ziel und reduzieren die Gefahr des Scheiterns.

Schritt sechs: Nutzen Sie den Schubladenautomatismus!

Erfolg zieht Erfolg nach sich, denn Ihr Kopf stärkt, was er gut macht – ganz automatisch. Setzen Sie deshalb Zwischenziele und belohnen Sie sich. Zwischenziele können sein: das erste Gespräch mit bewusst intensivem Blickkon-   **Sich selbst belohnen** takt, das erste Mal konkret aktiv zugehört, zusammengefasst und bestätigt oder das erste kurze Gespräch, bei dem Sie alle Punkte beachtet haben. Das Erreichen der Zwischenziele, verbunden mit dem bewussten guten Gefühl, es geschafft zu haben, verstärkt Ihre Erfolgsschubladen und erleichtert es Ihnen, den Weg weiter zu gehen. Dieser Prozess kann noch durch Ihre eigenen Spiegelneuronen verstärkt werden, wie Sie im nächsten Kapitel sehen werden. Nicht umsonst bestehen beispielsweise in Fitnessstudios ganze Wände aus Spiegeln. Indem die Athleten sich selbstverliebt im Spiegel betrachten, setzen sie neue Kräfte frei, um sich weiter zu quälen. Achten Sie vor allem darauf, dass Sie sich Ihre Fortschritte in Ihren Kernbewertungen deutlich machen!

Schritt sieben: Sie haben es geschafft? Machen Sie weiter!

Denn auch Ihre Fähigkeit, Ziele nach genau diesem Verfahren zu erreichen, kann zu einer eigenen Schublade, zu einem eigenen Automatismus werden. Bauen Sie also Ihren individuellen Erfolgsweg konsequent aus. So wie Sie Ihre ersten Schritte an Ihr spezifisches Verhalten angedockt haben, so können Sie weiter vorgehen. Hatten Sie hohe Stability-Bewertungen, so bestärken Sie sich darin, es geschafft zu haben. Das wird Ihre Stability-Bewertung weiter steigern. Mit hohen Cooperation-Bewertungen binden Sie immer wieder Menschen ein, die Sie bestärken, oder Sie suchen sich noch stärkere Vorbilder, um sich an diesen zu messen (Play-Bewertungen). Sie werden sehen, wie Sie systematisch neue Fähigkeiten nach den gleichen Prinzipien erlernen können.

Schritt acht: So wird die Evolution zu Ihrem Verbündeten.

Freuen Sie sich über Ihre Fortschritte, denn Geduld ist zwar wichtig, aber Spaß bringt voran. Die Freude am Lernen ist dem Menschen in die Wiege gelegt. Das erkennt jeder, der Kindern zuschaut. Leider ist unsere Gesellschaft vielfach darauf angelegt, diesen Spaß zu zerstören. Nicht Lernen zählt, sondern Wissen; nicht Erfahrungen sammeln, sondern Können. Machen Sie sich davon frei, indem Sie bewusst nach Ihrer inneren Freude über das Lernen forschen. Sie werden sie finden. Machen Sie sich klar, es ist nicht Ihr persönliches Versagen, dass es Ihnen schwerfällt, neue Verhaltensweisen zu lernen. Begreifen Sie die Schwierigkeiten als Teil des Prozesses und

Haben Sie Geduld!

verzagen Sie nicht, wenn die Fortschritte am Anfang nur klein sind und enorme Anstrengungen benötigen. Wenn Sie das Prinzip des Schubladendenkens verstanden haben, können Sie sich der Herausforderung stellen und den Lernprozess mit Genuss bewältigen.

 Auf dem Merkzettel:

- Zentraler Erfolgsfaktor für das Erreichen von Zielen ist die positive Bestätigung. Dazu müssen Sie Meilensteine haben, die Ihren Erfolg sichtbar machen, und Belohnungen, die diese auszeichnen. Ihr Gehirn will immer das Beste. Markieren Sie Ihre Ziele durch Belohnungen, damit das Gehirn diese unter den Alternativen leichter identifiziert.
- Auf dem Erfolgsweg können Sie Ihre Schublade systematisch erweitern, indem Sie Ihr individuelles Prinzip beibehalten. Sie werden feststellen, wie leicht Ihnen das fällt.
- Entdecken Sie bewusst den Spaß, der Entwicklung machen kann. Er ist Turbobeschleuniger für Ihren Erfolgsweg.
- Haben Sie Geduld. Nur wenn Sie das Training auch als solches sehen und Geduld haben, können Sie Spaß empfinden.

Also: Missverständnisse gehören zu den häufigsten, ärgerlichsten und zugleich gefährlichsten Elementen in der Kommunikation, insbesondere zwischen Führungskräften und Mitarbeitern. Das 5R-Prinzip RESORT zeigt, wie wichtig und einflussreich das Schubladendenken ist. Denn durch diese Arbeitsweise des Gehirns werden Informationen missachtet, verfälscht oder bleiben ohne Wirkung – unbewusst und automatisch. Zwar stellt das Gehirn so eine schnelle und energiesparende Verarbeitung der Informationen sicher, aber dieses Schubladenprinzip bevorzugt eben auch schon bekannte Informationen und führt dadurch zu Fehlinterpretationen und Missverständnissen. Indem Sie erkennen, wie und warum Missverständnisse entstehen, machen Sie den Weg frei, um diese schon in der Vorbereitung der Kommunikation zu verhindern. Das bedeutet: Sie denken voraus.

Dabei bietet das Schubladenprinzip zugleich große Chancen für die individuelle Weiterentwicklung: indem Sie durch Ihre Vorstellung gezielt starke Bewertungen schaffen und Veränderung attraktiv machen; indem Sie bewusst und in kleinen Schritten vorgehen, quasi wie in einem Trainingslager. Nutzen Sie dabei Ihr Wissen, um die Wirkung und Funktionsweise des 5R-Prinzips RATE und finden Sie die für Sie besten Bewertungen als Erfolgsverstärker. So können Sie Ihre Veränderungsschublade systematisch zu einem starken unbewussten Mechanismus ausbauen, auf den Sie immer wieder zurückgreifen können.

 Diese Konsequenzen können Sie ziehen:

- Das 5R-Prinzip RESORT zeigt, dass das Gehirn auf der Basis von Erwartungen und Vorurteilen Informationen missachtet, verfälscht oder wirkungslos macht. Akzeptieren Sie dies als natürlichen Prozess und unterstellen Sie Ihrem Gegenüber nicht mangelnde Intelligenz oder Ungehorsam.
- Nur wenn Sie Schubladen im Kopf der anderen erkennen, können Sie Missverständnisse vermeiden und Ihre Kommunikation wirkungsvoll machen. Denken Sie vor!
- Achten Sie besonders darauf, während der Kommunikation bei Ihrem Gegenüber zu bleiben. Verlieren Sie ihn oder sie an offene Schubladen, so müssen Sie abbrechen.
- Umgehen Sie Ihr Schubladensystem, indem Sie andere stärker in die Planung Ihrer Kommunikation einbinden und gezielt nach Missverständnissen suchen lassen.
- Erreichen Sie in Zukunft Ihre Ziele schneller und effizienter, indem Sie in kleinen Schritten vorgehen, Ihr Bewusstsein gezielt einsetzen und typgerechte Erfolgsverstärker nutzen. Entdecken Sie den Spaß, den Entwicklung machen kann.
- Obwohl das System einfach zu verstehen ist, wird Sie die Umsetzung Anstrengung kosten. Denn auch bei Ihnen ist das Schubladensystem aktiv und möchte lieber weitermachen wie bisher. Erkennen Sie dies als Blockademechanismus und bringen Sie Geduld und Energie auf, um sich darüber hinwegzusetzen.

Kapitel 5
REFLECT – Wie Sie erkennen, was Sie und andere ausmacht

Wirksame Führung geht nicht ohne
innere Überzeugung und Authentizität.

Beim Check des Kalenders, 10:00 Uhr. *Endlich mal fünf Minuten Ruhe. Ich muss dringend mal wieder was für mich machen. Bei dem ganzen Alltagsstress komme ich gar nicht mehr dazu, etwas für meine Persönlichkeitsentwicklung zu tun. Vielleicht mal wieder eine Fortbildung – oder ein gutes Buch. Die Zeit dafür kann ich zwar kaum aufbringen, aber meine Karriere will ich nicht aus den Augen verlieren. Und da zählt neben den Ergebnissen sicher auch, was man als Persönlichkeit ausstrahlt. Gerade neulich war ich wieder auf einem Vortrag. Der Mensch da vorn hat wirklich fasziniert. Mit dem Fahrrad durch Amerika. Ein bisschen verrückt muss man da schon sein, aber er hat den ganzen Saal in seinen Bann gezogen. Von ihm ging einfach eine gewisse Ausstrahlung aus, die gefesselt hat. Komisch, obwohl das Thema für mich ja nicht so relevant ist. So eine Ausstrahlung hätte ich auch gerne. Einen ganzen Saal in meinen Bann zu ziehen, das wäre toll. Oder zumindest meine Mitarbeiter mitzuziehen, einfach durch Ausstrahlung statt in endlosen Diskussionen. Aber kann ich das lernen? Gibt es dafür Kurse? Worauf kommt es an?*

Was zeichnet Menschen aus, denen andere folgen? Und warum tun sich andere so schwer. Dem einen hängen die Fans an den Lippen, während der andere nie eine wirkliche Chance hat. Wie ist das mit Ihnen?

Ausstrahlung gehört heute bei Führungskräften ganz selbstverständlich zu den wichtigsten »Soft Skills« – und wird auch längst als erfolgsentscheidend erkannt. Wissenschaftler der Harvard-University haben herausgefunden, dass ausdrucksstarke, charismatische Menschen egal in welcher beruflichen Situation, andere wesentlich schneller und nachhaltiger überzeugen. Fazit: Ausdruck und Ausstrahlung sind heute »das Nr.-1-Kriterium« für beruflichen Auf-

Ausstrahlung ist Soft Skill Nr.1

Führen beginnt im Kopf des anderen. Körner
Copyright ©2011 WILEY-VCH GmbH & Co. KGaA, Weinheim
ISBN: 978-3-527-50599-9

stieg! »Harte« Kriterien, wie Fachwissen oder Kenntnisse über Kommunikations- und Präsentationstechniken, zählen dagegen immer weniger, wenn es darum geht, Karriere zu machen. Nicht, dass sie verzichtbar wären – sie werden einfach vorausgesetzt.

Der Grund dafür ist simpel: In Zeiten stetig steigender Informationsflut und einem hohen Detaillierungsgrad von Fachwissen fühlen sich viele übersättigt oder überfordert. Unser Gehirn ist darauf nicht eingestellt. Es kommt schlichtweg nicht mehr mit! Die Folge: Es schaltet ab oder passt die Informationen nach dem Schubladenprinzip an. Je stärker die Überforderung wird, umso wichtiger ist es, dass Sie durch unmittelbare, wertvolle Botschaften Einfachheit und Klarheit erzeugen. Und dabei hilft Ihre Ausstrahlung und Charisma.

Der siebte Sinn für den anderen: REFLECT – das 5R-Prinzip der Spiegelneuronen

»Im deutschen Kino der fünfziger Jahre ist die Schweizerin der absolute Publikumsliebling, ein Kassenmagnet, der selbst Stars wie Hildegard Knef und Maria Schell auf die Plätze verweist. Liselotte Pulver, temperamentvoll, charmant und erfrischend, mit einem ansteckenden Lachen, das bis heute ihr Markenzeichen ist[1].«

Kennen Sie das auch? Jemand lacht Sie an und Sie lächeln unwillkürlich zurück? Jemand erzählt davon, wie er sich in den Finger geschnitten hat und Sie empfinden ein

Lachen steckt an.

wenig auch den Schmerz? Oder Sie füttern ein kleines Kind und öffnen den Mund, wenn das Kind den Mund öffnet?

Wenn der berühmte Kommunikationswissenschaftler, Psychoanalytiker, Soziologe und Philosoph Paul Watzlawick davon sprach, dass man nicht *nicht* kommunizieren könne, so ist damit genau das Zusammenspiel von Mimik und Körpersprache gemeint, das der Mensch immer zeigt. Ganz gleichgültig, ob er spricht oder nur anwesend ist.

---

1 Presseportal des SWR vom 06.10.2004

Mimik und Körpersprache gehören zu den bedeutendsten Bausteinen der Kommunikation. Bevor der Mensch sprechen lernte, besaß er schon ein ausgeprägtes System nonverbaler Kommunikation. Das war absolut notwendig im Überlebenskampf. Erst recht für ein derart schwaches Lebewesen, das weder über scharfe **Sprache ist jung, Kommunikation alt.** Klauen noch ein starkes Gebiss, weder über eine hohe Fluchtgeschwindigkeit noch über eine schützende Panzerung verfügte. Die einzige Chance bot die Zusammenarbeit und Arbeitsteilung in sozialen Gruppen. Je geringer der Umfang der Laute in diesen Vorläufern unserer Sprache, umso mehr spielten Tonfall, Gestik und Mimik eine Rolle. Nur so konnte ein Mensch zu erkennen geben, ob er Freund oder Feind war, was er benötigte oder was er den Seinen an Nahrung, Schutz und Förderung geben konnte.

 Auf dem Merkzettel:

- Kommunikation fand viele Jahrtausende ohne Sprache statt. Entdecken Sie den nichtsprachlichen Anteil der Kommunikation neu, denn er hat viel größeren Einfluss auf Ihre Wirkung als Sie glauben.

Dass das Lachen von Liselotte Pulver ansteckend wirkt und man Gefühlsausdrücke anderer förmlich mitfühlt, verdanken wir speziellen Nervenzellen, den sogenannten Spiegelneuronen. Sie machen Bewegungen und Bewertungen in unserem Gehirn verfügbar. Selbst dann, wenn Sie anderen nur zusehen oder zuhören.

Das erste Mal wurden Forscher auf das Prinzip der Spiegelneuronen aufmerksam, als eine Gruppe um den italienischen Forscher und Physiologen Prof. Leonardo Fogassi 1996 Untersuchungen an Makaken-Äffchen durchführte. In deren Gehirnen feuerten die gleichen Neuronen, egal ob das Äffchen selbst nach einer Rosine griff oder die Forscher beobachtete, wie diese das taten. Der Neuro-Physiologe Prof. William Hutchinson von der Universität Toronto leitete 1999 in einem Experiment Elektroden vom Cortex einer Patientin ab. Als er ihr in den Finger stach, feuerten bestimmte Neuronen. Als er sich selbst in den Finger stach, reagierten im Gehirn der Patientin auch die gleichen Neuronen, obwohl diese ihm ja nur zusah.

Die Spiegelneuronen sind auch unterhalb der Bewusstseinsschwelle aktiv. Selbst wenn Sie es wollen, sie lassen sich nicht ausschalten. Der Psychologe Ulf Dimberg von der Universität in Helsinki forderte seine Testpersonen auf, beim Anblick einer Reihe von Porträts menschlicher Gesichter ja keine Miene zu verziehen.

Spiegelneuronen lassen sich nicht ausschalten. Oberflächlich betrachtet gelang dies den Testpersonen auch, doch durch dünne Fädchen konnte der Spannungszustand der Gesichtsmuskeln kontrolliert werden. Und diese zeigten immer dann eine Reaktion, wenn nach einer Reihe neutraler Porträts ein lachendes Gesicht erschien. Dies geschah auch dann, wenn die Gesichter nur 40 Millisekunden eingeblendet wurden und deshalb gar nicht in das Bewusstsein der Versuchspersonen vordringen konnten.

 Auf dem Merkzettel:

- Spiegelneuronen machen Bewertungen und Bewegungen von anderen Menschen in unserem Gehirn direkt verfügbar. Sie können dadurch diese Gefühle und Bewegungen direkt und unverfälscht nachempfinden.
- Spiegelneuronen wirken immer. Sie sind deshalb ein sehr verlässliches und wirkungsvolles Kommunikationsinstrument. So können Sie Ihre Bewertungen unverfälscht transportieren.

Sie haben also prinzipiell zwei Möglichkeiten, Aktionen zu verstehen: einmal als Betrachter durch die Analyse der Bilder. Die andere Möglichkeit ist, ein tieferes motorisches Verständnis hervorzurufen, indem jene Nervenzellen stimuliert werden, die auch bei einer motorischen Ausführung der Aktion beteiligt wären. Denken Sie an Ihren geöffneten Mund beim Füttern des Kindes.

Der Wissenschaftler Giacomo Rizzolatti fasst zusammen: «Die Spiegelneuronen lassen uns das, was andere tun oder fühlen, selbst erfahren.»[2] Deshalb bildet das Wissen um die Funktionsweise der Spiegelneuronen das 5R-REFLECT-Prinzip.

Auf dem Merkzettel:
Das 5R-REFLECT-Prinzip der Neuro-Kommunikation

Jeder Mensch verfügt über spezielle Neuronen, die ihn das, was andere machen und fühlen, direkt nachvollziehen lassen. Durch diese sogenannten Spiegelneuronen entsteht ein direkter, wenn auch meist unbewusster Zugang zu den Bewertungen.

Doch obwohl Spiegelneuronen zur biologischen Grundausstattung des Menschen gehören, ist Mitfühlen oder Empathie keinesfalls angeboren. Zwar ist ihre Funktionsweise bereits bei Neugeborenen vorhanden. Aber um mit dieser Erbanlage Empathie zu entwickeln, müssen **Empathie wird gelernt.** die Heranwachsenden üben, die Gefühle anderer zu erspüren. Dazu benötigen die Kleinkinder Bezugspersonen, die sie als Vorbilder ansehen.

Spiegelneuronen sind in zweifacher Hinsicht bedeutsam: Erstens helfen Sie Ihnen, die Situation Ihres Gegenübers besser einzuschätzen. Durch das Mitfühlen haben Sie insbesondere die Bewertungen der Situation, des Objekts oder der Handlungsalternativen durch den Beobachteten direkt verfügbar. Umgekehrt bieten die Spiegelneuronen für Sie die Möglichkeit, Ihre Worte mit Bewertungen zu versehen. Sodass diese wahrgenommen, gespeichert und im Entscheidungsfall berücksichtigt werden. Indem Sie lernen, direkt an Spiegelneuronen zu adressieren, erhöhen Sie Ihre Wirksamkeit und steigern Ihre Ausstrahlung. Denn Ausstrahlung und Spiegelneuronen sind Sender und Empfänger eines unbewussten und noch zu wenig beachteten Kommunikationskanals.

2   Rizzolatti G., Sinigaglia C (2008)

Diese Konsequenzen können Sie ziehen:

- Spiegelneuronen machen Ihnen die Bewertungen von anderen Menschen direkt verfügbar. Wenn Sie lernen, diese Spiegelung zu beachten, können Sie sich und andere so erkennen. Sie erhalten damit einen Maßstab für mögliche Alternativen oder Konsequenzen, die Wirkung erzielen.
- Auch diese Bewertungen können zunächst nur unbewusst zur Verfügung stehen und sich ähnlich wie Ihre Intuition äußern. Achten Sie darauf und nehmen Sie diese ernst.
- Spiegelneuronen erleichtern das Erlernen motorischer Bewegungen. Machen Sie etwas vor, lassen Sie andere probieren und nutzen Sie die Gruppenarbeit.
- Spiegelneuronen empfangen Ihre Bewertungen und machen so Ihre Informationen bedeutungsvoller. Nutzen Sie gezielt Ihren Ausdruck, um überzeugend zu kommunizieren!

Der Magnet im Inneren – So steigern Sie die Quellen Ihrer Anziehung

Jeder Mensch verfügt von Geburt an über eine bestimmte Ausstrahlung. Wissenschaftler konnten bereits bei Säuglingen eine unterschiedliche Wirkung auf das Pflegepersonal in Krankenhäusern erkennen. Charisma ist also durchaus angeboren – aber nicht nur. Jeder kann seine Anziehungskraft verbessern! Der amerikanische Wissenschaftler und Ökonom Francis J. Flynn erklärt Charisma am Beispiel des Apple-Begründers und langjährigen CEO Steve Jobs:

Charisma ist zu 50 Prozent lernbar.

»Wenn beispielsweise Steve Jobs, der CEO von Apple [...] zu den Leuten spricht, redet er von mehr als nur davon, Computer zu verkaufen. Er spricht davon, Ideen in die Welt zu bringen. Seine Aufgabe ist es weniger, das Alltagsgeschäft zu erledigen, als vielmehr Strategien transparent zu machen und zu verdeutlichen, welche Ziele und Visionen er und die Organisation *verfolgen. Und das in einer leicht verständlichen Sprache. Mit Enthusiasmus. Und mit Stolz auf die Firma, seine Firma. Die Leute verstehen ihn, akzeptieren ihn als Vorbild und glauben deshalb auch an Apple.«*[3]

Auf der Basis der neurobiologischen Erkenntnisse sind vier Faktoren von besonderer Bedeutung, damit Sie Ihre Ausstrahlung steigern und Menschen in Ihren Bann ziehen.

Ausstrahlungsfaktor Nummer 1: Erfolg

Erfolg war schon immer sexy. Und das hat gute Gründe: In der Evolution sicherte Erfolg in Konkurrenzsituationen Nahrung, Lebensraum und Sexualpartner. Mit dem RAGE-Zentrum hat sich dafür ein eigenes Bewertungssystem im Gehirn etabliert. Dieses Zentrum hält Sie davon ab, nur guter Verlierer zu sein. Und lässt Sie danach streben, zu den strahlenden Siegern zu gehören. Weil es sich in der Evolution bewährt hat, Teil einer erfolgreichen Gruppe zu sein.

Eines der markantesten Beispiele dafür können Sie an den Fernsehgewohnheiten eines **Erfolg fasziniert.** – vorgeblich – sportbegeisterten Publikums ablesen. Vergleichen wir die Einschaltquoten des Wimbledon-Finales von heute mit denen zu Zeiten eines Boris Becker. Die Quoten eines Formel-1-Rennens in den letzten zwei Jahren mit denen zu den besten Zeiten Michael Schumachers. Oder die Fernsehübertragungen mit erfolgreichen deutschen Skispringern im Vergleich zu heute. RTL hat das veränderte Zuschauerverhalten jeweils unmittelbar nach dem Abschluss neuer Verträge Millionen an Werbeeinnahmen gekostet. Denn nach dem Rücktritt von Boris Becker, Steffi Graf und Michael Schumacher bzw. den langandauernden Misserfolgen von Sven Hannawald und Martin Schmidt reduzierten sich die Einschaltquoten schlagartig um über fünfzig Prozent.

Grundsätzlich gilt: Wenn das Erfolgsversprechen groß genug ist und unser Wunsch nach Erfolg deutlich genug angesprochen wird, fühlen wir uns magnetisch angezogen. Gut zu beobachten bei

3 Interview mit dem amerikanischen Wissenschaftler und Ökonom Francis J. Flynn, *brand eins Online 06/2004*

Massenveranstaltungen, die als Selbstverstärker eingesetzt werden können. Durch die richtige Inszenierung wird der Erfolg zelebriert und der Einzelne erlebt ihn in der Gemeinschaft als authentisch. Als Führungskraft sollten Sie also keine Scheu vor großen Gruppen haben! Im Gegenteil – schaffen Sie sich eine möglichst große Bühne, auf der Sie Ihren Erfolg sichtbar machen.

In der Masse funktionieren die Erfolgssysteme unseres Gehirns nämlich unabhängig vom Inhalt! Massenbegeisterung als solche begeistert wiederum Menschen. Hierin liegt natürlich auch eine Gefahr: Charismatische Führer können dieses Phänomen für ihre Zwecke missbrauchen. Ihr Ziel ist die Macht. Sie glauben, sich nicht an Regeln halten zu müssen, werden unberechenbar und berauschen sich an ihrer eigenen Wirkung.

Gelangen Sie also zu mehr Ausstrahlung, wenn Sie Ihren Erfolg stark genug nach außen zeigen? Die Antwort: ein klares Ja. Was aber tun, wenn Sie noch nicht über eine makellose Erfolgsbilanz verfügen, die Sie als Leader auszeichnen würde? Hier gilt unbedingt: Erliegen Sie nicht der Verlockung, Erfolg vorzuspielen, wo noch keiner ist!

Nutzen statt Manipulation

Manipulationen müssen durch scheinbare Erfolge unterfüttert werden, sonst bricht das System zusammen. Wenn Sie so agieren, riskieren Sie ein Schneeballsystem. Und daraus gibt es keine Rückkehr! Unterstützer und Öffentlichkeit würden Ihnen die Täuschung nicht verzeihen. Das Beispiel von Manfred Schmieder, der vor einigen Jahren mit der Firma Flowtex einen der größten Betrugsskandale in Deutschland zu verantworten hatte, zeigt drastisch, was passieren kann, wenn Erfolg vorgetäuscht wird. Durch Manipulation an den Typenschildern seiner Bohrsysteme gelang es ihm, immer wieder neue Finanzierungen für die gleichen Maschinen von Banken zu erhalten. Große Villa, Hubschrauber und der Spitzname »Big Manni« zeugten von einem Selbstverständnis, das bei Banken, Behörden und Wirtschaftsprüfern offensichtlich einen solchen Sog erzeugte, dass diese den Betrug übersahen. Am Ende belief sich der Schaden auf über 2,5 Mrd. Euro. Schmieder erzeugte Ausstrahlung und Wirkung durch seinen offen zur Schau getragenen Erfolg, aber sein System brach irgendwann zusammen, weil es auf Manipulation beruhte.

Machen Sie sich bewusst, dass Sie langfristig nur dann erfolgreich sein werden, wenn Sie anderen Menschen wirklichen Nutzen bringen. In dem Maße, wie Ideen, Produkte, Dienstleistungen oder Überzeugungen anderen Menschen Vorteile bringen, wenn also Erfolg auch Erfolg für alle bedeutet, bilden sie ein verlässliches Fundament für Anziehungskraft und Ausstrahlung.

Setzen Sie deshalb ruhig den ehrlichen und tiefempfundenen Stolz über Ihre Leistung ein. So vergrößern Sie sukzessive Ihre Ausstrahlung und Anhängerschaft. Seien Sie dabei nicht angeberisch. Stellen Sie aber Ihr Licht auch nicht unter den Scheffel. Denn dadurch würden Sie Ihre Wirksamkeit verringern.

 Auf dem Merkzettel:

- Erfolg macht sexy und verleiht Anziehung! Dies zeigen die Erkenntnisse der Evolutionsforschung. Scheuen Sie sich deshalb nicht, Ihren Erfolg auch zu zeigen. Die Menschen werden Ihnen folgen!
- Verzichten Sie auf jede Art von Manipulation, um Erfolge vorzutäuschen, die – noch – nicht da sind. Dieser Verzicht zahlt sich langfristig aus, denn Sie erhöhen Ihre Glaubwürdigkeit.
- Seien Sie stolz auf sich und empfinden Sie die Zufriedenheit, die erreichter Erfolg bewirkt. Das gibt Ihnen die richtige Ausstrahlung.

Ausstrahlungsfaktor Nummer 2: Vorbild sein

»Vorbild zu sein ist nicht das Wichtigste, wenn wir auf andere Einfluss nehmen wollen. Es ist das Einzige.« – Albert Einstein

Ähnlich wie Albert Einstein äußert sich die Psychologin Gloria Beck, die der Meinung ist: *»Man findet einen Menschen charismatisch, der anders ist als man selbst – einen, der genau so ist, wie man selbst es gern wäre.«*[4]

4 »Charisma« Artikel in Focus online, 2008

Wie wichtig die Vorbildfunktion ist, zeigt auch eine Befragung von Spitzenmanagern aus dem Jahr 2005[5]: Führungsverständnis,

Vorbild erzeugt Anziehung.

so die überwiegenden Antworten, sei durch konkrete Bezüge, erlebbare Begegnungen und greifbare Beispiele mit Vorbildern entstanden. Dagegen würden abstraktes Wissen sozialer Techniken sowie Führungsstil nach Rezept kaum eine Rolle spielen.

Erfolgreiche Führung korreliert also mit einem Lebensstil aus »erster Hand«. Doch warum messen wir Vorbildern eine so große Bedeutung bei? Auch hier gibt die Evolution eine Antwort. Das Lernen von Vorbildern gehört zu den grundlegenden biologischen Programmen, die für die Entwicklung des Menschen, insbesondere im sozialen Kontext, essenziell sind. Wir beobachten genau, lernen von anderen und verinnerlichen das Gelernte. Eben weil wir von anderen profitieren müssen, um zu überleben. Der Mensch konnte es sich nicht leisten, die gleichen Fehler immer wieder zu machen. Deshalb sucht der Mensch Vorbilder. Nicht zufällig bedeutet das Wort »lernen« im Chinesischen auch »nachahmen«.

Wie wichtig das Konzept der Nachahmung ist, illustriert ein Beispiel aus der Rehabilitation: Nach einem Schlaganfall kommt es oft zu Lähmungen an den Extremitäten. Patienten, die zusätzlich Arm- oder Beinbewegungen beobachten, gewinnen die verlorenen Fertigkeiten schneller wieder als Menschen, die sich allein auf eigene Übungen beschränken.

Nachahmung und das damit verbundene Orientieren ist also evolutionär verankert, und wir sind darin geübt, uns an Menschen zu orientieren, die scheinbar das schon besser können, was wir noch lernen wollen. Daher stehen charismatische Führer häufig auch für eine Idee, deren Zeit gekommen ist. Und Sie treffen auf Menschen, die sie nachahmen.

Doch was heißt das für Sie als Führungskraft? Sollten Sie Ihre Einstellung am Zeitgeschehen orientieren? Das vertreten, was gerade opportun ist? Nun, das wäre sicherlich eine Möglichkeit, Wirkung zu verstärken. Aber in diesem Fall wird die Wirkung nur solange anhalten, wie das Thema en vogue ist.

Besser ist es, die Menschen zu finden, die zu Ihnen passen, Ihren

5 Bunz, A. 2005

eigenen Kreis von Anhängern zu finden und um sich zu scharen. Das ist allemal erfolgreicher, als irgendwelchen Trends hinterherzulaufen. Seien Sie diesen Menschen ein Vorbild aus sich selbst heraus. So müssen Sie sich nicht verstellen und setzen Ihre Fähigkeiten optimal ein.

Auf dem Merkzettel:

- Gehen Sie bewusst in eine Vorbildrolle! Indem Sie Vorbild sind, schaffen Sie Anziehung quasi automatisch, denn das ist Teil des biologischen Lernprogramms unseres Gehirns.
- Seien Sie Vorbild – aber bleiben Sie authentisch. Indem Sie Vorbild aus sich heraus sind, machen Sie sich unabhängig von wechselnden Stimmungen. Hängen Sie Ihre Fahne nicht nach dem Wind, sondern scharen Sie die Menschen um sich, die zu Ihnen passen!

Dazu ist besonders gut geeignet, was Sie besonders gut können. Was Ihnen schon heute viel Spaß bereitet. Denn dort, wo Ihre eigenen hohen Bewertungen liegen, zeigen Sie auch besonderen Einsatz. Sind Sie besonders fleißig und zuverlässig? Erledigen Sie die Aufgaben gewissenhaft und schnell? Können sich andere immer auf Sie verlassen? Oder sind Sie besonders kreativ? Ganz gleich, in welchem Bereich Sie Ihre Stärken sehen – bauen Sie diese aus! Es geht nicht darum, überall Mittelmaß zu sein, sondern für etwas Eigenes zu stehen. Dann werden Sie Vorbild. Damit erzeugen Sie Anziehung.

Stärken stärken

Diese Konsequenzen können Sie ziehen:

- Zeigen Sie stolz auf Ihren Erfolg und seien Sie selbstbewusst.
- Verzichten Sie auf Manipulationen. Diese zahlen sich nicht aus. Denn andere Menschen durchschauen Sie besser als Sie denken.
- Bauen Sie Ihre Stärken aus und geben anderen Menschen so Orientierung. Das erzeugt Anziehung.

Ausstrahlungsfaktor Nummer 3: innere Überzeugung

Auch wenn Erfolg und Vorbildfunktion wichtige Elemente für Ausstrahlung und Anziehung sind, der stärkste Hebel für Ihre Wirkung liegt in einem anderen Bereich. Denn bei aller Authentizität sind Erfolg oder Vorbildfunktion doch zu sehr vom Zeitgeschehen abhängig. Und damit haben Sie zu wenig konkrete Handlungsmöglichkeiten.

Denken Sie noch mal an das RULE-Prinzip. Einerseits spielen Alternativen und Konsequenzen eine wichtige Rolle. Gebildet vor allem auf der Basis von Erfahrungen und Informationen. Dies ist der Ausgangspunkt der Auswahl. Aber erst durch die Bewertungen Ihres Gehirns wird eine Entscheidung möglich. Nur durch das Abwägen der Alternativen und Konsequenzen kann das Optimum gewählt werden.

Charisma übermittelt Bewertungen

Und genau hier liegt die Quelle Ihres Charismas. Charisma wirkt eben nicht auf Alternativen oder Konsequenzen, denn es ist nonverbal. Die wahre Wirksamkeit liegt im Einfluss auf die blitzschnellen Bewertungen des Gehirns. Deshalb ist es Ihnen möglich, auch unabhängig von Informationen und Fakten Menschen zu überzeugen. Charismatische Menschen wie Martin Luther King oder John F. Kennedy zeigen sehr deutlich, wie ein Mensch andere Menschen auch ohne konkrete Informationen allein durch seinen Auftritt beeinflussen kann. Und das faszinierende dabei ist: Mit diesem Verständnis von Charisma schließt sich der Kreis, der mit den Spiegelneuronen aus dem letzten Abschnitt geöffnet wurde. Ist die Ausstrahlung also der Sender auf der einen Seite, so sind die Spiegelneuronen der Empfänger, der auf die Signale wartet.

Wenn Ausstrahlung vor allem auf die Spiegelneuronen Ihres Gegenübers abzielt, sollte Ihr Ausdruck ganz wesentlich von Ihren inneren Bewertungen gespeist werden. Das bedeutet: Je mehr Sie Ihren Ausdruck, Ihre non-verbale Kommunikation stärken, umso mehr kommunizieren Sie »Spiegelneuronen-gerecht« und wirken damit charismatisch!

Hier wird deutlich, dass Führung nicht unbedingt etwas mit Durchsetzungsfähigkeit und nach außen gerichteter Dominanz zu tun haben muss, wie dies in unserem Kulturkreis häufig mit dem Begriff Führung verbunden wird. Gerade bei charismatischen Führern wie Mahatma Gandhi oder dem Dalai Lama ist es die innere Überzeugung, die Erfolg und Vorbildfunktion für jedermann sichtbar macht. Führung kann in allen Bewertungsdimensionen durch glaubhafte innere Überzeugung entstehen.

Doch warum ist die innere Überzeugung ein so entscheidender Punkt? Zum einen erleichtert eine starke innere Überzeugung potenziellen Anhängern, die Gesinnung ihrer Führer und deren Bewertungssysteme zu erkennen. **Überzeugung schafft** Oder würden Sie Ihr Lebensglück gerne in die **Entschlossenheit.** Hände eines Menschen legen, dessen wahres Streben Sie nicht erkennen?

Zum anderen ist es bei Gefahr und Unsicherheit von besonderer Bedeutung, eine einmal getroffene Entscheidung auch in die Tat umzusetzen. Auf der Stelle zu verharren oder umzukehren? In kritischen Situationen ist das kein erfolgreiches Modell. Deshalb werden Führer gesucht, die auf Grund ihrer eigenen Überzeugung selbst in schwierigen Zeiten zu ihren Ansichten stehen. Und diese dann auch gegen Widerstände durchsetzen. Denn sie sind verlässlich, zielorientiert und bieten zumindest eine Chance auf Erfolg. Sicher, auch Vorsicht und Bedachtsamkeit haben ihre Anhänger. Wenn Sie jedoch zaudern, Ihre Entscheidungen permanent selbst in Frage stellen, werden Sie garantiert ohne Wirkung bleiben.

Mein Rat: Suchen Sie nach Ihren eigenen inneren Überzeugungen! Machen Sie sich diese bewusst und sorgen Sie dafür, dass sie zu einem sichtbaren Teil Ihrer Persönlichkeit werden! Sind Sie engagierter Umweltschützer oder leidenschaftlicher Formel-1-Fan, stehen Familie und Freizeit an erster Stelle oder ordnen Sie dem Beruf alles unter? Stehen Sie für die Grundsicherung oder verfechten Sie das Leistungsprinzip unter allen Umständen? Machen Sie Ihre Überzeugungen auch in der alltäglichen Kommunikation erkennbar. Das gibt Ihnen Profil, das erzeugt Anziehung.

Tanzen Sie dabei nicht auf jeder Hochzeit. Streben Sie nicht danach, Everybody's Darling zu werden. Nur wenn Sie sich unterscheiden, verhindern Sie, in der grauen Masse zu versinken.

Innere Überzeugung findet sich in Unternehmen oft bei denen, die es an die Spitze schaffen, die Erfolg anstreben; aber eben auch ein klares Profil und eine klare Vorstellung haben, wie dieses erreicht werden soll. Ein Mensch wie Götz W. Werner, der Gründer und ehemalige Geschäftsführer der Kette dm-Drogeriemarkt, der sein Unternehmen mit unverkennbaren inneren Überzeugungen und festen Regeln aufgebaut hat, kann dafür als Beispiel stehen. Denn er strahlt durch seine starke Überzeugung und klare Vorstellung auch bei einem Thema wie der Grundsicherung weit über sein Unternehmen hinaus.

Auf dem Merkzettel:

- Ihre innere Überzeugung zeigt sich deutlich in Ihrer Ausstrahlung. Nutzen Sie diesen Effekt! Dann werden für Entscheidungen wichtige Bewertungen an die Spiegelneuronen Ihres Gegenübers übermittelt – und der andere wird Ihnen folgen.
- Seien Sie kein Opportunist und richten Sie sich nicht nach Ihrer Umgebung! Denn Sie müssen Ihre Überzeugungen leben und dafür stehen. Sonst lösen Sie beim Gegenüber nichts aus.
- Indem Sie Ihre innere Überzeugung stärken, machen Sie Ihre Ausstrahlung zum Turbo-Kanal Ihrer Kommunikation. Direkt und wirkungsvoll.

Wie Sie gezielt Ihre Überzeugung auf die wesentlichen Elemente fokussieren und durch das Markenprinzip diese Überzeugung erkennbar gesteigert werden kann, zeigt der nächste Abschnitt. Doch zunächst fehlt noch ein wichtiges Instrument, um Erfolg, Vorbild oder Überzeugung anderen auch tatsächlich erkennbar zu machen. Denn nur wenn diese von außen sichtbar sind, können die anderen Ihr Führungspotenzial erkennen.

Ausstrahlungsfaktor Nummer 4: Expressivität

Mit »Expressivität« bezeichnen Psychologen die Ausdrucksstärke eines Menschen. Sie ist ein Gradmesser dafür, wie es Ihnen gelingt, Ihre inneren Werte und Bewertungen nach außen zu zeigen. Und aus Expressivität folgt nicht zuletzt Attraktivität.

Studien zeigen[6]: Expressive Ärzte sind bei den Patienten beliebter als weniger ausdrucksstarke Kollegen. Autoverkäufer mit größerer Expressivität erzielen signifikant höhere Verkaufsabschlüsse. Unabhängig von ihren sonstigen Fähigkeiten. Expressive Menschen gelten als attraktiver. Sie haben aufgrund ihrer offenen Art eine positive Ausstrahlung, was insgesamt den Eindruck einer größeren Attraktivität vermittelt. Soziologen gehen davon aus, dass diese offene Art zu einem Selbstverstärker und damit quasi zu einem Turbo-Beschleuniger wird. Denn diese Menschen erhalten aufgrund ihrer offenen Art auch mehr positive soziale Rückmeldungen. Dies erleichtert es ihnen, sich im Umgang mit anderen zuversichtlicher, offener und weniger reserviert zu verhalten.

Expressivität ist für die Gestaltung positiver sozialer Beziehungen mindestens so wichtig wie die äußerliche Attraktivität. Es ist deshalb nicht verwunderlich, dass charismatische Personen mit großer Expressivität alle Aufmerksamkeit auf sich ziehen. Ihnen wird Empathie entgegengebracht. Sie sind beliebt, weil ihre Offenheit als größeres Interesse am Gegenüber interpretiert wird. Durch die spontane, unverkrampfte Selbstdarstellung geben sie häufig den Ton an – mit positiven Nebeneffekten. In den Augen der anderen erscheinen sie sozial erfolgreich. Sie beeinflussen die Stimmung und können so die Atmosphäre einer Begegnung ganz in die gewünschte Richtung lenken.

Expressivität ist selbstverstärkend.

Wie entscheidend diese Facette der Ausstrahlung ist, zeigt sich am Beispiel von Al Gore, der – unabhängig von seinen sonstigen Erfolgen – als Präsidentschaftskandidat im Jahr 2000 scheiterte. Dabei war er als langjähriger Vizepräsident in einer sehr guten Ausgangsposition. Aber seine hölzerne Art wurde als Manko empfunden. Die Menschen hatten den Eindruck, Gore agiere wie ein empfindungsschwacher Bürokrat. Sie mochten ihn, aber die Rolle als Nummer eins der USA trauten sie ihm nicht zu.

Sie sollten sich deshalb Ihre inneren Überzeugungen, Ihren Erfolg und Ihre Stärken immer wieder ins Bewusstsein rufen. Durch das wiederholte Abspeichern im Gehirn verstärken sie sich ganz automatisch. Schaffen Sie sich Situationen, in denen Sie Ihre Stärken und

6 Friedmann, H.S. et al. 1980

Überzeugungen bewusst ausspielen können. Trauen Sie sich, andere an Ihren Gedanken und Bewertungen teilhaben zu lassen.

Auf dem Merkzettel:

- In dem Maße, in dem Sie Ihren Erfolg, Ihre Stärken und Überzeugungen nach außen zeigen, vergrößern Sie Ihren Erfolg.
- Weichen Sie niemals von Ihren Überzeugungen ab, denn dann sind es keine mehr und Sie werden unglaubwürdig und verspielen Ihre Wirkung.

Diese Konsequenzen können Sie ziehen:

- Mit starken Überzeugungen betreiben Sie Turbo-Kommunikation durch die Spiegelneuronen – unverfälscht, direkt und wirkungsvoll.
- Entschlossenheit ist ein evolutionärer Vorteil und macht Sie anziehend.
- Überzeugung kommt aus dem Inneren und darf nicht opportunistisch sein.
- Wirkung entsteht dort, wo andere Sie erkennen. Steigern Sie Ihre Expressivität.
- Es wirkt selbstverstärkend, wenn Sie an Ihre eigenen Stärken denken. Setzen Sie für sich und andere die richtigen Marker.

Der richtige Auftritt – entfalten Sie Ihre maximale Wirkung

Kaiser trippelt von einem Bein aufs andere. Er ist aufgeregt. Das erste Mal vor so vielen Menschen! Auf einer so großen Bühne hat er noch nie gestanden. Die Nervosität steigt von Minute zu Minute. Aber als künftiger Unternehmenschef muss er jetzt Farbe bekennen, Stärke und Entschlossenheit zeigen. Er darf sich seine Unsicherheit nicht anmerken lassen. Könnte ja gleich als Schwäche ausgelegt werden. Zum Glück hat er seinen Text von einem professionellen Redenschreiber überarbeiten lassen. Und noch das professionelle Präsentationstraining absolviert. Mit jeder Menge Tipps: Hände benutzen, die Leute anschauen, die Stimme modulieren, nicht steif auf der Stelle stehen. Hoffentlich bringt er den Witz am Anfang gut rüber. Sein Manuskript ist groß gedruckt, sonst würden in der Aufregung die Buchstaben womöglich verschwimmen und er sich gleich verhaspeln. Das wäre eine Blamage!

Kennen Sie dieses Gefühl der Aufregung? Wenn es darauf ankommt? Wenn Sie überzeugen müssen und alle Augen auf Sie gerichtet sind? Immer wieder versagen Menschen in solchen Situationen. Trotz bester Vorbereitung schalten die Zuhörer schon nach wenigen Minuten ab. Dabei war die Rede eigentlich amüsant und mit Wortwitz gespickt. Warum hinterlassen die Worte nicht die Spuren, die der Bedeutung der Situation angemessen sind? Wann und warum hören Menschen zu, speichern Informationen und berücksichtigen diese?

Regel 1: Ihr Kern gibt Ihnen Stabilität.

Konzentrieren Sie sich darauf, wer Sie wirklich sind. Sie werden erkennen, wie viel Kraft in Ihnen verborgen ist! Indem Kaiser versucht, besonders souverän zu wirken, obwohl er im Alltag ein Teamplayer ist, beraubt er sich seiner eigentlichen Stärken. Begeben Sie sich gerade zu Beginn einer Ansprache nicht auf ein Gebiet, auf dem Sie sich nicht wohlfühlen. Setzen Sie vielmehr auf das, was Sie auszeichnet! Vielleicht sind es Einfühlungsvermögen, Teamgeist oder Ähnliches? Darauf sollten Sie sich konzentrieren. Klopfen Sie gezielt die Bewertungen des Neuro Code ab und konzentrieren Sie sich auf Ihre starken Bewertungen. Machen Sie das zu Ihrem Ausgangspunkt. Bei Kaiser sieht das in etwa so aus:

»Viele von Ihnen kennen mich ja als Mitarbeiter der Personalabteilung. Und wie Sie bin ich dem Unternehmen seit Jahren verbunden. Vielleicht können Sie nachvollziehen, wie es sich anfühlt, auf einmal hier oben zu stehen. Ich bin ganz schön nervös! Aber ich weiß, dass hier lauter Menschen sitzen, die ich kenne und die mit mir gemeinsam an einem Strang ziehen. Und genau das ist in Zukunft noch wichtiger, denn vor uns liegen große Herausforderungen.«

Merken Sie, wie glaubwürdig Kaiser auf einmal wirkt, wenn er in seinen Bewertungen kommuniziert? Indem Sie bei Ihren Bewertungen anfangen, machen Sie sich selbst stark. Sie bewegen sich auf Ihrem Terrain. Wecken Sie Emotionen, die zu Ihnen passen. Es müssen nicht immer die Seek-Bewertungen durch billige Witze sein, die vielleicht gar nicht Ihrem Typ entsprechen. Konzentrieren Sie sich auf den Kern Ihrer Persönlichkeit!

Regel 2: Täuschung wird erkannt und macht langweilig.

Menschen sind Spezialisten darin, andere zu durchschauen. Deshalb kostet es jahrelange Ausbildung, ein guter Schauspieler zu werden. Und die wirklich guten wenden enorm viel Zeit auf, um sich wirklich mit ihrer Rolle zu identifizieren. Wie Renee Zellweger, die für den Film *Bridget Jones* über 14 Kilo zunahm, um ihre Rolle glaubwürdig zu spielen. Nicht weil es nicht eine Bauchattrappe geben würde, sondern weil es sich einfach anders anfühlt. Selbst gute Schauspieler haben erkannt: Nur wenn sie ihre Rolle tief empfinden, wirkt diese glaubwürdig. Die Konsequenz für Sie: Versuchen Sie nicht, jemanden zu spielen, der Sie nicht sind. Die Leute erkennen es sowieso. Und nichts ist langweiliger als Informationen, die nicht einmal für den Vermittler relevant sind. Sie haben im letzten Abschnitt gesehen: Menschen folgen dem, der selbst überzeugt ist. Denken Sie noch mal an Kaiser: In seiner so gut vorbereiteten Rede wollte er Wortspiele einsetzen, die gar nicht zu ihm passten. Er meinte, damit Stärke zu zeigen. In Wahrheit hat er eine Menge Unsicherheit ausgestrahlt. Und das hat nicht nur seine Glaubwürdigkeit torpediert, sondern seine gesamte Kommunikation und letztlich die zentralen Anliegen des Unternehmens. Denn wer hört da noch richtig zu? Suchen Sie deshalb für die jeweiligen Inhalte und die Bewertung den richtigen Vermittler. Für Stability- oder Cooperation-Bewertungen kann das vielleicht der Betriebsrat oder der Personalchef sein. Der Vertriebschef eignet sich eventuell für Play-, der Entwicklungschef für Seek- und der Vorstand vielleicht für Domination-Bewertungen.

Auf dem Merkzettel:

- Jeder Mensch ist wertvoll, auf seine Weise. Finden Sie Ihren Kern, der Sie ausmacht. Er gibt Ihnen die Sicherheit, die Sie brauchen, um wirklich zu überzeugen.
- Auch wenn es verlockend scheinen mag, andere zu imitieren oder in eine andere Rolle zu schlüpfen – das Risiko zu scheitern ist groß. Denn die Spiegelneuronen der anderen machen Sie durchschaubar.

Regel 3: Überzeugung macht Eindruck und fasziniert.

Indem Sie bewusst Ihre Stärken ausspielen, steigt Ihre Sicherheit. Und durch die Spiegelneuronen wird jedem klar, dass Sie hier als Person zu Hause sind. Das macht interessant, unabhängig vom Inhalt. Haben Sie das nicht auch schon mal erlebt? Sie sind zwar völlig anderer Meinung, aber die Person fasziniert trotzdem. Menschen, die etwas Besonderes geleistet haben, Extremsportler oder Wirtschaftsbosse sind dafür ein gutes Beispiel. Aber eben nicht weil Sie, wie Hubert Schwarz, einfach mal mit dem Fahrrad quer durch Amerika wollten. Nein, weil der Mensch dies erlebt hat, und er Sie aus tiefster Überzeugung an seinem Abenteuer teilhaben lässt. Das fasziniert. Es geht in der Neuro-Kommunikation eben nicht darum, Inhalte oder Bewertungen vorzuspielen. Wenn Sie mit Ihren Bewertungen und Ansichten nicht zur Führungskraft taugen, würde Ihnen auch ein noch so gelungener Auftritt nicht helfen. Haben Sie den Mut, zu sich zu stehen! Finden Sie den Platz, der zu Ihrem Wesen und dem Unternehmen passt. Das ist für alle Seiten die beste Lösung.

Sie denken, dass ist nicht möglich, weil Sie eher Mäuschen als Habicht sind? In der Tat: Auf den ersten Blick scheinen nur Domination- oder Play-Bewertungen geeignet, mitreißende und wirksame Präsentationen zu halten. Von diesen Menschen geht eine starke Erfolgsorientierung aus, die große Wirkung hat. Nehmen Sie noch einmal das Beispiel von Kaiser. Dies ist kein fiktives Beispiel, sondern hat genau so stattgefunden. Und Kaiser hat überzeugt – obwohl er eher über hohe Cooperation-Bewertungen verfügte –, weil er zu sich gestanden hat. Deshalb finden Sie in den meisten Führungsriegen immer auch Führungskräfte mit starken Stability- oder Cooperation-Bewertungen. Sie sorgen dafür, dass das Unternehmen in der richtigen Spur bleibt und nicht überhitzt. Gerade solche Menschen sind besonders geeignet, substanzielle Zuversicht zu geben und in Krisenzeiten alle mitzunehmen. Es sei an dieser Stelle all jenen gesagt, denen es durch ihre eigenen Play- oder Domination-Bewertungen nicht schnell genug geht: Vergessen Sie bei allem Tatendrang nie, dass die, die Sie nicht überzeugen, schnell zu Bremsern werden! Deshalb ist es wichtig, alle Bewertungen anzusprechen und mitzunehmen. Dann haben Sie Erfolg.

Regel 4: Sagen Sie, was Sie denken.

Jede Situation ist anders und deshalb taugt eine vorgefertigte Rede nie! Notieren Sie sich Stichworte und trainieren Sie Ihr unbewusstes Gedächtnis, indem Sie sich immer wieder in die Situation hineindenken. Halten Sie die Rede in ihren einzelnen Versatzstücken. Es gibt keine Formulierung, die allein über Ihren Erfolg entscheiden wird! Das sollten Sie sich klarmachen. Vielleicht werden Sie so nicht die denkbar beste Rede mit den knackigsten Formulierungen halten. Hin und wieder werden Sie sich vielleicht versprechen und ein paar Teilaspekte vergessen. Aber das macht nichts! Denn der Inhalt ist nur zu einem kleinen Teil entscheidend. Viel wichtiger ist, dass den Menschen die Bewertungen dahinter deutlich werden. Wenn Sie Ihre Rede ablesen, kastrieren Sie sich quasi selbst und berauben sich Ihrer stärksten Waffe: Ihres Ausdrucks!

Und machen Sie das, was Sie sagen. Wie viele Vorstände oder Geschäftsführer sagen: »... und *für die besonderen Leistungen möchte ich mich bedanken.*« Und tun es dann doch nicht: Denn Sie vergessen, das »*Danke*« auch zu sagen. So würden Sie in einem Vieraugengespräch nie reden. Wenn Sie sich bedanken wollen, dann sagen Sie es: »*Danke!*« Klar, direkt, deutlich. Und jenen Personen zugewandt, die es verdient haben. Reden Sie möglichst so, wie Sie es von Angesicht zu Angesicht machen würden. Denn dann spricht es an.

Auf dem Merkzettel:

- Jeder Mensch hat Kraft, Ausstrahlung und Charisma, wenn er sich auf seinen Kern besinnt. Denn dort liegt die Überzeugung, die Sie ausmacht. Damit erzielen Sie immer Wirkung.
- Verschanzen Sie sich nicht hinter vermeintlich geschliffener Rhetorik. Sagen Sie das, was Sie denken. Klar, direkt und so, dass es andere verstehen. Sonst denkt jeder, was er will, und Sie mindern Ihre Wirkung.

Regel 5: Überzeugung verleiht Ausdruck.

Überzeugung verleiht Ausdruck. Besinnen Sie sich auf Ihren Kern! Denn so erlangen Sie jene Sicherheit, die Sie benötigen, um kraftvoll und mit entsprechendem Ausdruck zu reden. Tonfall und Rhythmus, Gestik und Mimik, Ihre ganze Haltung ist es, die Ihre Überzeugung transportiert. Versuchen Sie es einmal. Wenn Sie sich darauf besinnen, Ihre Überzeugung in den Mittelpunkt zu stellen, werden Sie auf einmal sehen, wie das alles fast automatisch funktioniert. Natürlich bedarf es zu einer guten Rede Übung. Und Wortwitz ist nicht jedem gegeben. Aber bedenken Sie: Das sind alles nur dramaturgische Effekte. Sie sind wichtig, aber nicht entscheidend. Und die Leichtigkeit wächst mit der Erfahrung. Sie werden dann nicht nur überzeugend kommunizieren, sondern bezaubern, unterhalten, amüsieren! Jedes noch so gute Medientraining feilt nur an Ihrer Dramaturgie. Es bedarf enormer Anstrengung und Konzentration, all die Dinge zu beachten, die nach Meinung von Experten einen erfolgreichen Redner ausmachen. Aber schauen Sie sich doch einmal Redner an, die wirklich faszinieren. In den seltensten Fällen sind es angelernte Verhaltensweisen. In den meisten Fällen ist es echte Überzeugung.

Regel 6: Ausstrahlung muss sichtbar und hörbar sein – optimieren Sie den Rahmen.

Sich in ein Vieraugengespräch hineinzudenken, ist für die Formulierung von Inhalten ein ganz guter Trick. Aber Sie werden feststellen: Wenn Sie vor einem großen Publikum sprechen, dann ist Ihre Wirkung umso geringer, je weiter Sie von den Menschen entfernt sind. Ihre Ausstrahlung verpufft. Deshalb brauchen Sie das richtige Umfeld. Eine Bühne so nah wie möglich am Publikum und nur so hoch, dass Sie von allen gut gesehen werden. Bei mehr als 250–300 Zuschauern empfiehlt sich der Einsatz einer Live-Kamera. Diese macht Ihre Körpersprache und Ihre Mimik für alle Gäste erlebbar und erleichtert die Sprachverständlichkeit enorm. Ein sehr wichtiger und oft unterschätzter Punkt.

Viele Redner empfinden das Bühnenlicht als lästig und lassen es immer weiter abdimmen. Doch damit berauben Sie sich der direkten Einwirkung auf die Spiegelneuronen! Streben Sie einen möglichst großen Unterschied zwischen Raumlicht und Bühnenlicht an, um den Fokus klar auf Sie zu lenken. Viele Redner wollen Ihr Publikum sehen. Keine gute Idee: Durch die Saalbeleuchtung sitzen die Zuhörer wie auf dem Präsentierteller. Ein erheblicher Teil der Aufmerksamkeit geht so in die unbewusste Kontrolle der Umgebung. Stellen Sie sich vor, Sie sitzen in einem beleuchteten Kino. Sie würden kaum noch Spaß am Film haben. Denn das Schöne am Kino ist ja, dass man sich fallen lassen kann. Und genau das gilt es anzustreben!

 Auf dem Merkzettel:

- Überzeugung und Wirkung entsteht durch Ausstrahlung. Diese entsteht durch die Haltung Ihrer gesamten Person und nicht durch vermeintlich geschliffene Worte. Sie werden feststellen, um wie viel Ihr Ausdruck steigt, wenn Sie zu Themen kommunizieren, die Ihrer Überzeugung entsprechen.

- Der Rahmen muss stimmen. Denn es sind letztlich auch physikalische Gesetzmäßigkeiten, die dazu beitragen, ob Sie gehört und gesehen werden. Deshalb müssen Tonanlage, Beleuchtung und Videotechnik so gestaltet sein, dass Sie als Redner optimal zur Wirkung kommen.

 Diese Konsequenzen können Sie ziehen:

- Ihr Kern gibt Ihnen Sicherheit. Suchen Sie aktiv danach und nutzen Sie ihn als Ausgangsbasis.
- Spielen Sie nichts vor. Sie berauben sich Ihrer Stärken und werden sowieso durchschaut.
- Ihre Überzeugung zeichnet Sie aus. Dort können Sie führen.
- Geschliffene Rhetorik vom Blatt mag unterhalten, aber sie überzeugt nur selten – machen Sie da keine Kompromisse.
- Setzen Sie Ihre ganze Persönlichkeit ein. Der Inhalt ist weniger wichtig als Ihre Überzeugung, die Sie transparent machen müssen.
- Achten Sie auf den Rahmen, damit Sie optimal gesehen und gehört werden – so werden Sie wirkungsvoll.

Kapitel 6
ROTATE – Wie Sie durch
Perspektivwechsel Wirkung erzielen

Macht entsteht nicht aus Position,
sondern aus Zustimmung – der anderen.

Montag 11:00 Uhr. *Der Betrieb läuft auf Hochtouren, es geht zu wie in einem Bienenstock. Schwer, dabei auch noch alle Termine im Blick zu behalten. Die ganze Abteilung ist am Limit. Nur Müller habe ich vorhin schon wieder mit dem Telefon auf der Terrasse gesehen. Das geht einfach nicht! Privatgespräche habe ich mir verbeten. War doch 'ne klare Ansage, oder? Und wer so offensichtlich gegen die Regeln verstößt, untergräbt meine Autorität. Das letzte Mal habe ich ein Machtwort gesprochen. Da hat's mal richtig geknallt. Ist ja eigentlich nicht meine Art, aber hier kann doch nicht jeder machen, was er will! Müller war ganz still. Aber irgendwie hat es nicht geholfen. Warum akzeptiert er nicht, was ich sage? Ich bin doch schon einfühlsam und teamorientiert.»Zielorientiertes Führen« – das habe ich ja nun mittlerweile kapiert. Und die Jahresgespräche bieten doch die Möglichkeit, Kritik anzubringen. Nur die lieben Mitarbeiter scheinen meine Argumente überhaupt nicht nachvollziehen zu können. Muss ich jetzt doch zu einer Abmahnung greifen? Was wäre das für ein antiquierter Führungsstil, damit mache ich mich ja lächerlich! Zumal ich mit Müller an sich sehr zufrieden bin. Er ist umsichtig, teamorientiert, leistungsstark. Verlieren will ich ihn auf keinen Fall. Aber ich kann mir auch nicht auf der Nase rumtanzen lassen! Vielleicht suche ich noch ein letztes Mal das offene Gespräch. Aber dann muss einfach Schluss sein! Letzten Endes bin ich die Führungskraft. Da gehört Durchsetzungskraft schließlich dazu.*

Da sind Sie endlich Führungskraft, doch Ihre Mitarbeiter hören einfach nicht auf das, was Sie sagen. Scheinbar macht jeder, was er will. Ihr Machtwort verhallt ungehört. Nach wenigen Tagen sind alle Mitarbeiter wieder in den gleichen Trott verfallen. Spaß macht es Ihnen nicht, die immer gleichen Dinge anzusprechen.

Führungskräfte erleben oft ein Gefühl der Machtlosigkeit, wenn sie versuchen, ihren eigenen Stil in neuen Positionen einzubringen.

Führen beginnt im Kopf des anderen. Körner
Copyright ©2011 WILEY-VCH GmbH & Co. KGaA, Weinheim
ISBN: 978-3-527-50599-9

Die Konsequenzen solcher Auseinandersetzungen sind vorprogrammiert. Entweder zieht sich die Führungskraft frustriert mit einem Gefühl der Machtlosigkeit zurück, oder sie fordert, wild um sich schlagend, Respekt ein. Mit höchst unangenehmen Folgen. Mitarbeiter verlassen resigniert das Unternehmen, gehen in die »innere Kündigung« oder ducken sich, bis der Sturm vorbei ist. Nicht selten geht die Führungskraft sogar zuerst. Doch der Schaden für das Unternehmen ist enorm. Was kann die Führungskraft tun, um solche Situationen zu lösen? Wie muss sie sich verhalten, um Führung auszuüben und das Unternehmen in die richtige Bahn zu lenken?

Wirkungsorientiert führen: ROTATE – das 5R-Prinzip des Perspektivwechsels

Rufen Sie sich noch einmal in Erinnerung: Entscheidungen basieren nach dem RULE-Prinzip immer auf den drei Faktoren Alternativen, Konsequenzen und Bewertungen. Müllers Verhalten in dem Beispiel resultiert also daraus, dass er entweder keine bessere Alternative hat, die Konsequenzen eines anderen Verhaltens von Nachteil wären oder er den Alternativen und Konsequenzen einen anderen Nutzen als sein Chef zuordnet.

Will denn Müller nicht das Beste? Doch, natürlich. Denn auch sein Gehirn macht es wie alle: Es wählt immer die beste Alternative.

Aber was ist dann in Müllers Kopf los? Erarbeitet werden die Alternativen und Konsequenzen mit Hilfe des Gedächtnissystems und hier spielen Faktoren wie Intelligenz, Logik oder Kreativität eine wichtige Rolle. Müller weiß also sehr wohl, dass ein erneutes Telefonat auf der Terrasse einen Zusammenstoß zur Folge haben kann. Das kann er sich durch seine Intelligenz und durch die gemachten Erfahrungen ausrechnen.

Doch jetzt kommen die Bewertungen ins Spiel. Auf deren Basis ordnet das Gehirn den Alternativen eine Bedeutung zu und macht sie vergleichbar. Wie wählt Müllers Gehirn nun unter den bewerteten Alternativen und Konsequenzen aus? Aufgrund welcher Präferenzen wird er letztlich entscheiden?

Wir haben oft den Eindruck, als ob es eine Stelle im Gehirn gibt, wo die bewerteten Optionen mit einer Präferenzordnung abgeglichen werden. Quasi einer Präferenzordnung, die uns als Individuum repräsentiert. Dies müsste der **Das Gehirn ist »ICH«.** Ort sein, an dem offensichtlich Müllers Widerwille sitzt. Weshalb er sich allen Argumenten zum Trotz gegen die Anordnung seines Chefs entscheidet. Es ist das Zentrum, in dem »ICH« auf der Basis »MEINER« Präferenzordnung vermeintlich die Oberentscheidungsgewalt hat. Das Problem: Dieses Ober-Entscheidungszentrum, dieser »ICH«-Bereich existiert nicht.

Auch wenn es sich in Ihrem Kopf so anfühlt, als müsste es diesen Bereich geben: Das Gehirn funktioniert viel einfacher. Denn in die Bewertungen sind Ihre Präferenzen ja bereits eingearbeitet. Die Präferenzen entstehen ja gerade aus den Bewertungen. Eine zusätzliche Entscheidungsinstanz müsste neu bewerten, benötigte wieder eine Präferenzordnung und etwas, das die Auswahl zwischen den noch einmal bewerteten Alternativen vornimmt. Eine Endlosschleife.

Deshalb können Entscheidungen nicht als isolierter Prozess eines »Entscheidungszentrums« angesehen werden. Sie werden vielmehr direkt auf der Basis der Alternativen, Konsequenzen und Bewertungen gebildet – also eine Art eines permanenten Optimierungsflusses. Und darin wählt Ihr Gehirn die Alternative mit der besten Bewertung. Immer und sofort. Sie mögen einwenden, wie ist das aber, wenn ich mal länger über eine Entscheidung nachdenke? Nun, das ist kein Widerspruch. Sich noch nicht zu entscheiden, heißt nichts anderes, als die Entscheidung zu vertagen. Das ist für sich genommen aber auch schon eine Entscheidung.

 Auf dem Merkzettel:

- Entscheidungen sind kein isolierter Prozess. Es gibt kein Entscheidungszentrum im Kopf, in dem »wirklich« entschieden wird!
- Im Gehirn finden permanent Entscheidungen statt. Eine Entscheidung aufzuschieben, um noch weitere Alternativen zu bedenken, ist aber auch schon eine Entscheidung.

Zur Verdeutlichung einmal das gegenteilige Szenario: Nehmen wir an, es würde ein Lebewesen existieren, das zwei Alternativen hat. Es bewertet die zwei Alternativen und die daraus resultierenden Konsequenzen auf der Basis aller Erfahrungen und ererbten Anlagen, die seinem Gehirn zur Verfügung stehen. So erhält es einen Vergleich der beiden Möglichkeiten. Angenommen, es entscheidet sich für die schlechtere Alternative. Welchen Vorteil hätte es dadurch? Warum sollte es das tun? Ist diese Alternative auf irgendeine Weise doch besser? Das kann nicht sein, zumindest nicht aus der Sicht dieses Lebewesens. Wenn es sich trotz der Berücksichtigung aller Einflussgrößen auf der Basis seiner Erfahrung und Vorstellungskraft gegen das Optimum entscheidet, würde es seine Informationen nicht optimal nutzen. Und dementsprechend sein Verhalten nicht an die Umwelt anpassen.

Eine Wahl der schlechteren Alternative würde auf lange Sicht Ressourcen genauso verschwenden wie eine zufällige Auswahl. Verschwendete Ressourcen, die bei hohem Selektionsdruck im Verlauf der Evolution mit Sicherheit zum Ende dieser Spezies geführt hätten. Sie wäre ausgestorben!

Schlechte Entscheider sterben aus.

Bleibt die Frage, ob das Lebewesen ganz bewusst, aufgrund eines freien Willens die schlechtere Wahl treffen könnte. Prinzipiell wäre das natürlich möglich. Aber warum sollte es dies tun? Wenn es sich für die schlechtere Alternative entscheidet, hat es Bewertungen aufgrund bestimmter Erlebnisse gefunden, die dieser Wahl eben doch eine höhere Bewertung beimessen. Aber das ist ein Widerspruch zu der Voraussetzung, dass in den Bewertungen alle Erfahrungen berücksichtigt sind. Das Lebewesen kann sich nicht für die schlechtere Alternative entscheiden, denn es widerspricht dem natürlichen Grundprinzip. Der Mensch hat zu allen Zeiten das Beste aus seinen Möglichkeiten gemacht – zumindest aus dem Blickwinkel des Einzelnen.

Auf dem Merkzettel:

- Das Gehirn entscheidet sich innerhalb des Entscheidungsflusses immer für die momentan beste Alternative. Alle anderen Annahmen würden zu einer unangepassten Lebensweise führen und hätten in der Evolution keine Chance. Jedes Lebewesen, jeder Mensch will immer mehr – das ist das natürliche Prinzip.

Aber was bedeutet das nun für den Chef von Müller? Wenn er sich die Mühe macht, Müllers Alternativen, seine abgeleiteten Konsequenzen und Müllers Bewertungen zu erfahren, wird er verstehen, warum aus Müllers Sicht das Telefongespräch die richtige Wahl ist. Trotz des Druckes, den er ausübt. Sie können davon ausgehen, dass es aus Müllers Sicht gute Gründe gibt. Und da müssen Sie ansetzen – durch neue Alternativen oder ideenreiche Konsequenzen. In jedem Fall müssen Sie dazu einen Perspektivwechsel vornehmen. Denn nur dann haben Sie die Chance, Müllers Entscheidung nachzuvollziehen und zu beeinflussen. Im Gehirn des anderen wird entschieden, ob Sie erfolgreich sind, ob er Ihre Produkte kauft oder nicht. Hier fällt die Entscheidung, ob er Ihnen folgt – oder nicht. Wenn Sie die richtige Alternative, mit den richtigen Konsequenzen anbieten, die die besten Bewertungen haben, wird er sich für Sie entscheiden. Ansonsten eben nicht. Deshalb ist der Perspektivwechsel das fünfte Prinzip der Neuro-Kommunikation.

Auf dem Merkzettel:
Das 5R-ROTATE-Prinzip der Neuro-Kommunikation

Das Gehirn wählt in einem permanenten Entscheidungsfluss zu jeder Zeit die Alternative, die auf der Basis der ererbten und erlebten Erfahrungen als die beste bewertet wird. Deshalb können Entscheidungen nur beeinflusst werden, indem die richtigen Bewertungen angesprochen werden. Dazu ist ein Perspektivwechsel wichtigste Voraussetzung.

Gibt es einen freien Willen?

Doch was sind die Konsequenzen dieser Überlegung, haben wir also keinen freien Willen? Die Antwort darauf ist ein klares »JEIN«.

Es gibt kein Entscheidungszentrum, in dem außerhalb der Bewertungen und Alternativen zusätzliche Informationen oder Präferenzen verarbeitet werden. Eine Station, die »uns« repräsentiert, existiert nicht an einer isolierten Stelle innerhalb des Gehirns. Es ist das Gehirn als Ganzes, das für das Individuum steht. Denn es sind die individuellen, ererbten Strukturen und die persönlichen Erfahrungen, die uns zu dem machen, was wir sind. Deshalb sind Entscheidungen, die wir auf dieser Basis treffen, unsere Entscheidungen – ob man das nun als freien Willen bezeichnen will oder nicht. Es ist in jedem Fall aber keine Fremdbestimmung, sich nach seinen Erfahrungen, ererbtem Wissen oder eigenen Überlegungen zu richten, sondern Ergebnis des individuellen Lebensweges. Selbst wenn man dieser Argumentation folgt, bleibt Platz für göttlichen Einfluss. Woher unsere Denkstrukturen rühren, was ererbt, erhalten oder erfahren ist, bleibt offen.

Diese Überlegung hat konkrete Auswirkungen auf die Frage, wie Motivation entsteht und welche Möglichkeiten Sie haben, um diese bei sich und anderen zu fördern.

Der Kern der Motivation

Motivation ist stets bei jedem Menschen vorhanden. Schauen Sie sich einmal um. Ob im Verein oder im Unternehmen, jeder treibt seine Passion voran. Die Motivation, in jedem Moment die aus eigener Sicht beste Alternative mit den besten Konsequenzen zu wählen. Dies ist Quell der menschlichen Motivation und dieser Quell wird nie versiegen. Auch deshalb gibt es jedes Jahr neue steuerliche Regelungen, die immer weitere Details reglementieren. Wirklich nötig? Oder nicht vielmehr Ausdruck, es immer besser machen zu wollen? Wenn Sie genau hinschauen, werden Sie feststellen, es gibt immer Entwicklung.

Von außen ist dieses Auswahlprinzip nicht veränderbar. Muss es auch nicht. Was von außen mehr oder weniger beeinflussbar ist, sind die Faktoren im Auswahlprozess. Vor allem Alternativen und Konsequenzen können direkt verändert werden und führen zu anderen Entscheidungen. Es macht eben einen direkten Unterschied, ob ich mehr Status oder Sicherheit erhalte, indem ich meine Arbeit durch mehr Verordnungen nachweise oder indem ich die Bürgerfreundlichkeit steigere. Als Außenstehender können Sie die Stability- oder Domination-Bewertungen kaum verändern, aber Sie können den Rahmen schaffen, dass diese durch andere Maßnahmen erreicht werden, indem Aufstieg eben nicht durch die Zahl der Verordnungen oder die Dienstjahre bestimmt wird, sondern mit der Zufriedenheit der Kunden verbunden ist. Schwerer zu messen und umzusetzen, aber zielführender. In dem Maße, wie es Ihnen gelingt, Alternativen oder Konsequenzen zu kommunizieren, die von Ihrem Gegenüber mit hohen Bewertungen versehen werden, gelingt es Ihnen, dass Ihr Gegenüber diese Alternativen berücksichtigt. Ganz automatisch. Deshalb gilt: Je besser Sie die Bewertungen Ihres Gegenübers kennen, je besser Sie über sein Vorwissen und seine Prozesse Bescheid wissen, umso eher wird es Ihnen gelingen, die richtigen Alternativen und Konsequenzen zu finden. Wenn Sie also den Steuerbeamten überzeugen wollen, nicht mehr, sondern weniger Gesetze zu schaffen, wird Ihre Kommunikation wirkungsvoll, wenn Sie seine Bewertungen verstehen und ihm einen Weg aufzeigen, wie er dies durch seine Arbeit erreicht. Die Sicherheit seines Arbeitsplatzes oder den Aufstieg an die Kundenzufriedenheit zu koppeln, ist dabei nur eine Möglichkeit.

 Auf dem Merkzettel:

- Das Gehirn entscheidet auf der Basis seines Erbes, den gemachten Erfahrungen und individuellen Überlegungen. Es ist deshalb nicht fremdbestimmt, auch wenn es attraktive Alternativen »automatisch« wählt.
- Menschen sind immer motiviert. Das Gehirn wählt zu jeder Zeit die Alternative, die auf der Basis der ererbten und erlebten Erfahrungen als die beste bewertet wird. Indem Sie die richtigen Bewertungen ansprechen, können Sie motivieren. Um diese Bewertungen zu erkennen, müssen Sie die Perspektive wechseln.

Und um zu unserem Eingangsbeispiel zurückzukehren: Wenn Sie Müller als wichtigen Mitarbeiter behalten wollen, er sein Verhalten gleichwohl aber ändern soll, dann sollten Sie sich auf die Suche machen: Warum entscheidet sich Müller so? Welche Konsequenzen sieht er und was bedeuten sie? Vielleicht kann Müller in seinem Büro aufgrund seines Zimmernachbarn nicht ungestört telefonieren. Vielleicht braucht er mehr Ruhe als andere, gerade wenn er mit wichtigen Kunden telefoniert. Vielleicht läuft er auch einfach umher, um seine Gedanken besser fließen zu lassen. Die Wissenschaft[1] hat ja festgestellt, dass die Neuronen für Logik und Intelligenz durch die Bewegungsneuronen stimuliert werden. Schließlich waren wir ursprünglich kein Sitz-, sondern ein munteres Lauf-Lebewesen!

Egal welchen Grund Müller hat, finden Sie ihn heraus! Und suchen Sie dann mit ihm gemeinsam eine Lösung – vielleicht ein anderer Zimmernachbar, ein neues Zimmer oder die Aufhebung des Telefonverbotes. Unmöglich? Nein. Jeder im Team wird es verstehen, wenn es triftige Gründe gibt und alle durch den Erfolg der Abteilung davon profitieren. Denn jeder will das Beste, immer. Genau in diesem Prozess liegt wahres Führungsverständnis und wahre Macht: den Rahmen zu schaffen, in welchem die individuellen Stärken des Einzelnen zum Wohl der Gesamtheit zum Tragen kommen. Und eben nicht eine Art Gleichmacherei aller unter Ihren persönlichen Maßgaben. Es mag desillusionierend sein, aber die Macht des Bestimmens und Anordnens liegt gerade nicht bei Ihnen als Führungskraft. Nur wenn Sie erkennen, wie Sie Entscheidungen bei den anderen durch Alternativen, Konsequenzen und Bewertungen beeinflussen, werden Sie Ihr Team, die Abteilung oder das Unternehmen in Ihrem Sinne steuern können. Es führt schließlich nur der, dem andere folgen! Dazu müssen Sie die richtigen Angebote auf die richtige Weise kommunizieren. Wechseln Sie also die Perspektive!

 Diese Konsequenzen können Sie ziehen:

- Motivation ist ein direkter Erfolgstreiber. Studien zeigen: Unmotivierte Mitarbeiter kosten Geld. Deshalb zeichnen sich erfolgreiche Unternehmen durch motivierte Mitarbeiter aus. Nehmen Sie die Entscheidungen Ihrer Mitarbeiter ernst.

---

1   Hargrave, R. et al. 1999

- Sie können immer etwas tun, denn im Gehirn findet ein ständiger Entscheidungsprozess statt. Zwar werden nur wenige Entscheidungen bewusst. Aber das Gehirn wählt permanent die beste zur Verfügung stehende Alternative.
- Entscheidungen sind die direkte Folge hoher Bewertungen innerhalb des Präferenzsystems. Erzielen Sie hohe Bewertungen, werden Ihnen die Menschen folgen.
- Motivation ist immer und bei jedem vorhanden – wenn Sie dies akzeptieren, kommen Sie zu einem neuen Verständnis von Führung. Durch Alternativen und Konsequenzen können Sie gezielt Einfluss nehmen.
- Wechseln Sie die Perspektive, damit Sie die Bewertungen, Alternativen und Konsequenzen einschätzen können. So erzielen Sie Wirkung.

Erfolg systematisch planen: In fünf Schritten zur wirkungsvollen Kommunikation

Die Fusion war lange angekündigt und jeder wusste, dass es keine Alternative gab. Die Fakten sprachen eine eindeutige Sprache. Nicht zufällig wurde das Unternehmen zur Nummer 1 in Deutschland und zur Nummer 3 in der Welt. Doch bei den Mitarbeitern stießen die Macher der Fusion auf Unverständnis: »Die Vergangenheit war doch prima.«, »Die verschiedenen Kulturen passen nicht zusammen.« *Einige sahen ihre Besitzstände gefährdet. Andere ihren Einfluss schwinden. Verstärkt wurde das Problem durch die harte Haltung des Managements. Überzeugt von der Richtigkeit der Entscheidung hatte die Chefetage in Domination-Bewertungen kommuniziert.* »Herausragende Position in Deutschlands Forschungslandschaft!«, »Projekt, das völlig neue Maßstäbe setzt!«, »Noch nie dagewesen«. *In ihren Köpfen war schlicht kein Platz für Stability- oder Cooperation-Aspekte. Doch wie kann Kommunikation aussehen, die auf die Bewertungen zugeschnitten ist? Und wie erkennt man die Bewertungen der anderen?*

In der Praxis ist für die Planung von Maßnahmen eine einfache und nachvollziehbare Strategie hilfreich, will man wirkungsvolle Kommunikation entwickeln. Mit den nachfolgenden fünf Schritten schlage ich Ihnen eine Methodik vor, die Ihnen dies unter Berücksichtigung der 5R-Prinzipien erleichtern wird.

- **Schritt 1: Neuro Code**
  Die für die Kommunikation relevanten Bewertungssets werden ermittelt.
- **Schritt 2: Neuro Messages**
  Die grundlegenden Botschaften werden festgelegt.
- **Schritt 3: Neuro Scenes**
  Gestaltung der zentralen Kommunikationselemente.
- **Schritt 4: Neuro Mapping**
  Platzierung der Szenen und Entwicklung des Gesamtrahmens.
- **Schritt 5: Neuro Dramaturgie**
  Betonung der relevanten Bewertungsfaktoren und Verstärkung der Inhalte durch dramaturgische Effekte.

Neben der zielgerichteten Vorgehensweise bietet dieser schrittweise Aufbau den Vorteil, Ihre Strategie transparent zu machen. Im Mittelpunkt steht bei allen Überlegungen die Bewertung Ihrer Adressaten, Mitarbeiter oder Kunden. Indem Sie diese Bewertungen, den Neuro Code, an den Ausgangspunkt stellen, können Sie in allen Phasen der Entwicklung Ihre konkreten Maßnahmen anhand der einmal aufgestellten Systematik überprüfen. Das ist besonders dann ein Vorteil, wenn Ihre Kommunikationsstrategie im Team umgesetzt wird, oder gemeinsam mit dem Kunden. Meist stehen ja mehrere Male gute oder schlechte Ideen zur Diskussion. Durch die Systematik der Neuro-Kommunikation ist es für alle Beteiligten wesentlich leichter, diese Ideen zu bewerten und an der richtigen Stelle zu platzieren. Oder gegenüber dem Kunden nachvollziehbar zu begründen, warum die spontane Idee des Geschäftsführers nicht zu den gemeinsam beschlossenen Zielen oder den zu berücksichtigenden Bewertungen passt.

Schritt 1: Der Neuro Code als Basis Ihres Kommunikationserfolgs

Machen Sie sich im ersten Schritt die vorherrschenden Bewertungen klar. Überwiegen Stability- und Cooperation-Aspekte oder sind es eher Play- oder Seek-Bewertungen, die für den Personenkreis und die Situation wichtig sind? Ordnen Sie ruhig Schwerpunkte zu, indem Sie beispielsweise Prozentpunkte verteilen. Dieser Neuro Code ist für Sie im weiteren Verlauf Maßstab, der die Sinnhaftigkeit einer Maßnahme oder deren Platzierung zu beurteilen hilft. Deshalb ist er so wichtig. Dabei sind mehrere Vorgehensweisen möglich: Sie betrachten eine spezielle Zielgruppe und ermitteln möglichst genau das entsprechende Bewertungsprofil. Oder Sie formulieren eine Kommunikationsstrategie für jede einzelne Bewertung. So können Sie sich einen Koffer voller Argumente zurechtlegen. Sinnvoll vor allem dann, wenn mehrere heterogene Zielgruppen existieren oder das Problem sehr unstrukturiert ist. In den meisten Fällen reicht die sogenannte Delphi-Methode zur Ermittlung des Neuro Codes aus. Dabei werden »Experten«, die die relevante Zielgruppe gut einschätzen können, nach ihrer Einschätzung gefragt.

Genau diese Vorgehensweise haben wir in dem obigen Beispiel der Fusion gewählt. Durch die Gespräche mit Experten, wie Betriebsrat oder Führungskräften, und die Auswertung einer Mitarbeiterbefragung traten die wesentlichen Bewertungen der Mitarbeiter, nämlich Stability und Cooperation deutlich zu Tage. Um aber für die unterschiedlichen Kommunikationssituationen gerüstet zu sein, und angesichts der Größe der Institution mit über 8 000 Mitarbeitern, haben wir auch Seek-, Play- und Domination-Bewertungen in den Neuro Code aufgenommen. Immer unter der Maßgabe, vor allem Stability- und Cooperation-Bewertungen in den Vordergrund zu stellen.

Der Neuro Code beruht letztlich immer auf Annahmen und Einschätzungen von Menschen. Aber er ermöglicht eine gemeinsame Sicht der an der Kommunikationsplanung beteiligten Personen und stellt diese an deren Anfang. Die Ausgangsposition sollte geklärt sein. Geben Sie sich in keinem Fall mit einem Kompromiss zufrieden, selbst wenn kontroverse Diskussionen erforderlich sind.

Schritt 2: Neuro Messages bringen die Botschaften auf den Punkt

Natürlich ist der Inhalt das Wichtigste! Denn darum geht es ja in erster Linie. Doch was nützt der beste Inhalt, wenn keiner zuhört? Wenn Sie trotz bester Argumente keine Verhaltensänderung bei den

Mitarbeitern erzielen? Sich die Produkte Ihres Unternehmens trotzdem nicht verkaufen? Dann stimmen meistens die Inhalte nicht und lösen keine, ja vielleicht sogar die falschen Bewertungen aus. Genau diese Situation war in unserem Beispiel anzutreffen. Mit der Folge, dass sich beide Seiten unverstanden fühlten. Deshalb ist die Festlegung der Neuro Messages neben der Ermittlung des Neuro Codes der wichtigste Schritt für Ihre wirkungsvolle Kommunikation.

Wenn Sie also zu dem Ergebnis gekommen sind, dass Stability-Bewertungen wichtig sind, dann sollten Sie überlegen, wie durch die vorgeschlagene Fusion Arbeitsplätze sicherer werden. Oder, wie der Einfluss steigt, um sich wettbewerbsfähiger zu machen. Denn auch das gibt letztlich Sicherheit. Oder es sind Cooperation-Bewertungen, an die Sie adressieren: Vielleicht haben Sie in der Vergangenheit, wie in unserem Beispiel, schon viele solcher Veränderungen erfolgreich gestaltet. Und immer wieder ist es gelungen, das Wir-Gefühl zu erzeugen. Oder Sie verweisen auf die Vielzahl von Kooperationen, die schon gemeinsam existieren. Machen Sie deutlich, dass sich die Mitarbeiter gar nicht so fremd sind.

Es ist letztlich ziemlich egal, ob Sie die Inhalte für wichtig erachten. Ihre Inhalte müssen vor allem bei Mitarbeitern und Kunden hohe Bewertungen erzielen! Nur dann werden sie wahrgenommen, gespeichert und das Verhalten richtet sich danach aus. Also sparen Sie sich, immer und immer wieder Domination- oder Seek-Bewertungen zu erzeugen, indem Sie von dem großen Einfluss oder den neuen Möglichkeiten sprechen. Definieren Sie das Ziel: Die bezweckte Wirkung muss den Ausgangspunkt Ihrer Überlegungen bilden. Sofern Sie nicht bereit sind, auf die Zuhörer einzugehen, und nur Ihre eigene Faszination zeigen, anstatt eventuelle Ängste ernst zu nehmen, werden Sie scheitern.

Füllen Sie zu Beginn Ihr Argumenteköfferchen und ordnen Sie die möglichen Informationen nach einzelnen Bewertungsfaktoren. So schaffen Sie für sich Überblick und Struktur. Ordnen Sie am besten allen fünf Bewertungsfaktoren des Neuro Codes die entsprechenden Informationen und Argumente zu. So erhöhen Sie Ihren Spielraum. Also beispielsweise für Stability die Sicherung der Arbeitsplätze, den Einfluss in der Region, für die Seek-Bewertungen die neuen, besseren Forschungsmöglichkeiten durch bessere Personal- und Mittelausstattung. Oder die Play-Bewertungen, die durch die bessere Position im Wettbewerb der Forschungseinrichtungen angesprochen werden, oder die Cooperation-Bewertungen, die durch die langfristige Orientierung und die Bedeutung in der Region angesprochen werden.

Haben Sie in den relevanten Bewertungsfaktoren ausreichend Informationen und Argumente? Am besten: Sie beteiligen Personen am Prozess, die nahe an der Zielgruppe sind. Eventuell müssen Sie einzelne Argumente anpassen oder weglassen, wenn diese von den Adressaten anders eingeordnet werden als von Ihnen. Es zeigt sich in der Praxis immer wieder, dass die Beurteilung der Argumente durch die Initiatoren einer Kommunikationsmaßnahme erheblich von der der Zielgruppe abweichen kann. Öffnen Sie sich deshalb für andere Sichtweisen und wechseln Sie die Perspektive!

Um noch einmal auf das Beispiel zurückzukommen: Auf der Suche nach hohen Stability-Bewertungen könnten Sie als Vorstand erkennen, dass das Unternehmen als Nummer 1 eine bessere Position im anstehenden Verteilungswettkampf um öffentliche Mittel hat. Klare Argumente für Menschen mit hohen Stability-Bewertungen. Leider verharren Führungskräfte häufig in ihren Positionen und stehen sich so selbst im Weg. Nicht selten auch aus einer falsch verstandenen Chefrolle heraus.

Der schwierigste und zugleich wichtigste Schritt ist die Formulierung der Messages. Indem Sie die Argumente und Informationen streichen, die keine oder nur geringe Bewertungen erzielen, verdichten Sie die Argumente. Ziel ist es, drei bis fünf Wörter je Satz zu erhalten. Als Ergebnis müssen die »Messages« stehen, die der ganzen Kommunikationsmaßnahme zu Grunde liegen. Diese »Messages« werden häufig gar nicht direkt kommuniziert. Sie sind aber gewissermaßen die Quintessenz der Maßnahmen. Aussagen wie in unserem Beispiel: Tradition (Erfolg aus Erfahrung), Stärke (auf dem Weg zur Nummer 1) oder Fortschritt (verantwortlich in die Zukunft). Leitbegriffe, die alle wichtigen Argumente zusammenfassen. Das ermöglicht eine klare Ordnung und eine transparente Planung und Umsetzung in der Kommunikation.

Dieser Schritt ist deshalb so schwierig, weil durch die »Energiesparfunktion« RESORT im Gehirn jeder Mensch der Meinung ist, dass das, was er als bedeutend ansieht, auch für andere wichtig ist. Unabhängig davon, ob es wirklich auf Interesse stößt oder nicht. Sie kennen das sicher aus eigener Erfahrung: Ob es die Urlaubsbilder

der Freunde oder die Berichte eines Kollegen sind. Nur dort, wo sich der Gesprächsführer auf die Dinge beschränkt, die Sie interessieren, hören Sie wirklich zu. Machen Sie also nicht den gleichen Fehler, indem Sie Ihre Argumente durch unbedeutende Inhalte schwächen.

 Diese Konsequenzen können Sie ziehen:

- Die Neuro-Kommunikation zeigt mit dem RESORT-Prinzip, dass Sie Ihre Argumentation vom Empfänger aus aufbauen. Stellen Sie daher die Bewertungen an den Anfang. Überlegen Sie, welchen Nutzen Ihr Zuhörer sucht. Das ist der Ausgangspunkt.
- Fassen sie die Botschaften mit den richtigen Bewertungen zusammen. Damit schaffen Sie die Ausgangsbasis für kraftvolle Schubladen. Dazu müssen Sie die richtigen Neuro Messages finden. Sie sind der zentrale Bestandteil aller Kommunikation.

Schritt 3: Inhalte wirkungsvoll gestalten durch Neuro Scenes

Nachdem Sie in den ersten beiden Schritten Ihre Informationen und Argumente auf den Punkt gebracht haben, sollten Sie diese jetzt wieder verpacken. Also eine Hülle geben, die für die Kommunikation taugt. Aber nutzen Sie nicht das alte Papier, aus dem Sie sie gerade ausgewickelt haben. Schaffen Sie eine neue Umgebung, eine, die zu den Informationen optimal passt. Vor allem im Hinblick auf die wichtigen Bewertungsfaktoren. Dies ist im Wesentlichen ein kreativer Akt, der stark von den Rahmenbedingungen, der Zielgruppe und den Informationen sowie dem Unternehmen bestimmt wird. Also eine Szene wie in unserem Beispiel »Veränderung aus Tradition«, in der klare Stability-Bewertungen kommuniziert werden. Eben weil sich das Unternehmen bereits mehrfach erfolgreich umbenannt und den äußeren Gegebenheiten angepasst hat. Wer also, wenn nicht wir, hat in der Vergangenheit bewiesen, das zu können! Oder die Szene »Verantwortung für die Region«, die vor allem Argumente mit Co-operation-Bewertungen enthält. Denn ein bedeutender und verlässlicher Arbeitgeber in der Region zu sein, bedeutet eben auch, Zukunftsfähigkeit durch Stärke sicherzustellen. Ein Ziel, für das sich Anstrengung lohnt!

Schritt 4: Durch Neuro Mapping zur Kommunikationsführung

Beim Neuro Mapping geht es darum, die ermittelten Szenen in einen inhaltlichen, räumlichen und zeitlichen Zusammenhang zu setzen. Das Ziel: eine Story zu entwickeln, die einen roten Faden ermöglicht, der die Argumente und Bewertungen miteinander verbindet. So werden sie besonders gut gespeichert und entfalten ihre maximale Wirkung.

Doch wie verhalten Sie sich im Fall von völlig unzusammenhängenden Szenen? In der Praxis ist es oft so, dass Schritt drei und vier zusammen und wiederholt angewendet werden. Auf der Basis der entwickelten Szenen entsteht eine Story, die es wiederum erforderlich macht, dass die Szenen angepasst werden. Es ist jedoch sehr wichtig, dass Sie sich nicht zu früh in ein inhaltliches Konzept zwängen lassen. Suchen Sie zuerst nach den Szenen, die am stärksten die Inhalte in den entsprechenden Bewertungskategorien transportieren. In unserem Beispiel sind das vor allem Stability-Bewertungen – die Sicherheit der Arbeitsplätze und die Verantwortung in der Region. Von dieser Basis aus können Sie den roten Faden entwickeln. Wenn Sie stattdessen umgekehrt vorgehen, ergibt sich vielleicht eine bessere Geschichte mit hübschen Bildern, jedoch ohne Bezug zum eigentlichen Inhalt. Die Story ist wichtig, keine Frage. Aber sie ist nur das verbindende Element. Achten Sie darauf, dass Sie offene Schubladen in jedem Fall zuerst behandeln. So wird der Einstieg überhaupt erst möglich und Sie erzeugen Interesse für die Thematik. Denn das RESORT-Prinzip ist eines der wichtigsten Prinzipien der Neuro-Kommunikation. Und bleibt doch am häufigsten unberücksichtigt. Übersehen Sie die Schubladen, gehen Sie ein hohes Risiko ein. Inhalte können missverstanden werden, falsche Bewertungen erzielt oder gar keine Bewertungen erreicht werden. Die Folge: Ihr Gegenüber hört nicht wirklich zu. Deshalb schalten die Mitarbeiter auch ab, wenn Führungskräfte über die tollen Möglichkeiten der Fusion sprechen und die offenen Stability-Bewertungen nicht berücksichtigen.

So wie es wichtig ist, die erste Schublade fürs Gespräch zu finden, so muss sich auch die Platzierung der einzelnen Szenen an dem erwarteten Fortgang im Kopf des Gesprächspartners ausrichten. Also der Inhalt bestimmt die Reihenfolge: Es ist wichtig, dass Sie sich in die Lage Ihres Gegenübers versetzen: Was ist der nächste Punkt, wenn Sie die erste Schublade verlassen haben – aus der Sicht Ihres Gegenübers. Es bietet sich also an, von »der Veränderung aus Tradition« zu »Verantwortung für die Region« zu gehen. Beiden gemeinsam ist die Verantwortung: für den Einzelnen und für die Gemeinschaft. So entsteht eine konsistente, glaubwürdige Linie.

Je klarer die Struktur und je klarer die Ordnung ist, umso mehr erleichtern Sie die Aufnahme der Informationen. In unserem Beispiel bietet sich da die Zeitachse an: Verlässlichkeit in der Vergangenheit, der Nachweis, Veränderungen erfolgreich gestaltet zu haben, bietet Sicherheit. Das Jetzt mit der Verantwortung für die Region und die Verlässlichkeit, auf die Menschen heute und in Zukunft bauen. Schließlich die Perspektiven, die der Prozess durch bessere Entwicklungsmöglichkeiten bietet. So integrieren Sie auch Seek- und Domination-Bewertungen, die zwar nicht im Vordergrund stehen, aber auch bei jedem Mitarbeiter vorhanden sind.

 Diese Konsequenzen können Sie ziehen:

- Entwickeln Sie Ihre Bilder und Botschaften aus den Neuro Messages. Damit gestalten Sie die Schubladen im Kopf Ihrer Adressaten und haben immer die richtigen Bewertungen im Auge. Ihre Kommunikation wird wirkungsvoller.
- Der rote Faden gibt Ihrer Kommunikation Halt. Sie erleichtern damit dem Gehirn die Aufnahme und das Speichern von Informationen und sorgen dafür, dass sich Ihre Informationen durchsetzen.

Schritt 5: Mit Neuro Dramaturgie steigern Sie die Wirkung

In diesem Schritt überlegen Sie, wo durch zusätzliche Elemente die Bewertungen der einzelnen Szenen und die Stimmigkeit der gesamten Story verstärkt werden kann. Als dramaturgische Effekte bieten sich eine Reihe von Maßnahmen an, die sich aber in ihrer Bewertung unterscheiden. Das kommt ganz auf den jeweiligen Inhalt an.

Zur folgenden Beschreibung der Effekte sind immer die Bewertungskategorien angegeben, auf die die Effekte abzielen.

Auszeichnen, Benennen: Erleichtern Sie dem Adressaten die Orientierung in Ihrer Kommunikation. Headlines wie »Zukunft aus Tradition« setzen klare Signale. So steigern Sie den Überblick und erhöhen den Spaß. Bewertungsfaktoren: Stability, Seek, Domination.

In Aussicht stellen: Vermitteln Sie von Anfang an eine Ahnung des zu erreichenden Ziels. Wenn Sie es greifbar machen, erscheint der Weg dorthin lohnender. »Gipfelstürmer – Auf dem Weg zur Nr. 1« könnte ein Bild sein, das das Ziel auf den Punkt bringt und in der Gestalt eines Bergsteigers ein Bild liefert, das in der Kommunikation ausgeschmückt werden kann. Bewertungsfaktoren (abhängig vom Ziel): Seek, Stability, Cooperation, Play, Domination.

Befristen: Machen Sie Ihre Kommunikationsmaßnahme für den Zuhörer zeitlich kalkulierbar. Zeiträume mit niedrigen Bewertungen werden so als kürzer und unwichtiger empfunden. Deshalb sind klare Vereinbarungen über die Dauer der Kommunikation wichtig. Und Sie müssen sich unbedingt daran halten. Also überziehen Sie nicht bei Veranstaltungen oder nutzen Sie Gespräche nicht auch noch, um Themen »nebenbei« zu erledigen. Bewertungsfaktor: Domination.

Überblick geben: Machen Sie die Strukturen, nach denen Sie vorgehen, kenntlich. Es ist wichtig für die Zuhörer, dass sie die Systematik Ihrer Maßnahme verstehen. So wird für sie besser vorstellbar, dass die Aufgabe zu bewältigen ist. Eine Agenda, ein detaillierter Programmablauf oder eine kurze Zusammenfassung sind Beispiele dafür. Indem Sie also die richtige Einleitung wählen: »Die Sicherheit der Arbeitsplätze ist für uns alle die wichtigste Aufgabe im anstehenden Fusionsprozess«, öffnen Sie in unserem Beispiel die richtige Schublade und erleichtern die Wahrnehmung. Bewertungsfaktoren: Seek, Stability, Play, Domination.

Spannung reduzieren: Vermindern Sie Spannungen, die zu Beginn einer jeden Kommunikation auftreten können. Bewährte Muster: das »Ablachen« oder »Wegkonsumieren«. Brechen Sie das Eis! Gut geeignet sind hierfür auch kurze Einspieler, in denen beispielsweise die Erfolge der Vergangenheit in Bezug auf Veränderungen deutlich gemacht werden. Schaffen Sie eine Stimmung, die zur Entkrampfung führt. Nervosität und Anspannung können Sie auch deutlich mindern, indem Sie Übersprungshandlungen ermöglichen, z. B. den Teilnehmern Essen oder Getränke anbieten. Bewertungsfaktoren: Stability, Cooperation.

Spannung erhöhen: Aktivieren Sie bereits angelegte Schubladen. Provozieren Sie Erwartungen, indem Sie verzögern, Antworten nicht sofort geben. Etwa durch rhetorische Fragen oder bewusst gegensätzliche Bilder, die Sie im Kopf der Teilnehmer hervorrufen. Ein Bild eines verwaisten Firmenareals ist sicher eine Möglichkeit, für Aufmerksamkeit zu sorgen. Allerdings sollten Sie Menschen mit hohen Stability-Bewertungen nicht irritieren. Deshalb ist diese Maßnahme eher für Seek- oder Play-Bewertungen geeignet. Achten Sie aber auch hier unbedingt darauf, keine Fragen offen zu lassen! Geweckte Erwartungen müssen auch erfüllt werden.

Symbole etablieren: Schaffen Sie eigene Symbole für wiederkehrende Handlungen und Markierungen! Sie erleichtern so die Bildung neuer und das schnellere Erkennen schon bestehender Schubladen. Logo, Unternehmens-CI oder auch wiederkehrende Musiken sind solche Elemente. Bewertungsfaktoren: Seek, Stability, Play, Domination.

Wort- und Inszenierungsspiele: Nutzen Sie »Rätsel« in Form unvollständiger Informationen durch Wort- und Inszenierungsspiele. Bei den Teilnehmern wecken Sie den Spielreiz. Indem Sie die Neuro Messages in Form einer Schatzsuche entdecken lassen, lockern Sie die Stimmung und erhöhen Sie die Aufmerksamkeit. Diese kleinen dramaturgischen Kniffe wirken auch gut bei Menschen, die die zu Grunde liegenden Regeln beherrschen, und damit zu »Eingeweihten« werden. Vier Antwortmöglichkeiten und der Telefonjoker als Gag – so rufen Sie das Bild von »Wer wird Millionär« hervor, ohne es explizit ansprechen zu müssen. Bewertungsfaktoren: Cooperation, Play.

Beispiele für dramaturgische Effekte sind so vielfältig wie die Kreativität der beteiligten Personen. Viele machen jedoch den Fehler, sich primär auf die Dramaturgie zu konzentrieren und nicht auf die Inhalte. Beachten Sie daher für die Gestaltung der dramaturgischen Effekte ein paar wichtige Grundsatzregeln.

Dramaturgische Effekte sind nur Mittel zum Zweck. Wenn die Inhalte hinter den Effekten zurückfallen, wird die Maßnahme vielleicht als beeindruckende Show in Erinnerung bleiben, letztlich aber kaum dazu beitragen, das gewünschte Verhalten zu erzeugen. Es geht für Sie darum, die Inhalte und Argumente mit hohen Bewertungen zu kommunizieren. Richten Sie Ihr Augenmerk bei Ihren Planungen daher vor allem auf die Inhalte und nicht auf die Effekte. Das tollste Feuerwerk wird Ihnen nichts bringen, wenn die Menschen nicht befähigt werden, den aufgezeigten Weg auch gemeinsam zu gehen.

Setzen Sie Effekte aus den gleichen Bewertungskategorien ein. Je stärker ein Effekt mit einem Inhalt verknüpft ist, desto mehr sollte er zu den entsprechenden Bewertungsfaktoren passen. Eine Schatzsuche macht eben nur dann Sinn, wenn es auch etwas zu entdecken gibt und Sie an die Seek- und Play-Bewertungen adressieren wollen. So wird Kommunikation wirkungsvoll. Sie erzielen die optimale Verstärkung und vermeiden Irritationen und Missverständnisse.

Effekte sollen die Story verstärken. Da Effekte keine inhaltlichen Festlegungen haben, bietet sich hierbei die Möglichkeit, deren inhaltliche Komponente zur Unterstützung der Story zu nutzen. Wenn also ein Feuerwerk Zeichen des Aufbruchs sein soll, dann lassen Sie wenigstens das neue Logo in den Himmel malen. So geben Sie dem dramaturgischen Effekt des Licht- und Geräuschspektakels eine wahrnehmbare inhaltliche Komponente.

 Auf dem Merkzettel:

- Dramaturgische Effekte verstärken die Wirkung, können aber Fakten und Vorteile nicht ersetzen. Suchen Sie nach dem richtigen Blickwinkel (ROTATE) und den relevanten Bewertungen (RATE). Sonst verpuffen Ihre Anstrengungen.
- Dramaturgische Effekte erleichtern Ihrem Gehirn die richtige Zuordnung der Informationen. Sie werden sich in der Informationsflut besser durchsetzen.

So führen Sie die besseren Gespräche

Wenn Sie Ihre Kommunikation in den fünf Schritten geplant haben, sind Sie bestens gerüstet. Aber ob im direkten Gespräch oder auf der großen Bühne: Live-Kommunikation bietet gegenüber anderen Kommunikationsmaßnahmen große Vorteile.

Live-Kommunikation Denn dabei können Sie Situationen sofort erkennen und gegebenenfalls noch während der Maßnahme reagieren und Ihre Kommunikation anpassen. Nutzen Sie die Möglichkeiten, Argumente mit hohen Bewertungen zu kommunizieren, indem Sie die folgenden Regeln beachten:

Sensibilisieren Sie sich für die offenen Schubladen. Ist Ihr Gegenüber nicht richtig bei der Sache oder schon in Gedanken versunken? Schwirren seine Gedanken um die Sicherheit seines Arbeitsplatzes oder die Prämie für das abgelaufene Jahr? Dann können Sie sich Ihre weitere Kommunikation über die tollen neuen Möglichkeiten ersparen. Doch warum ist es so weit gekommen? Haben Sie ihn verloren, weil seine Schubladen etwas anderes erwarteten, als Sie lieferten? Oder haben Sie an einer falschen Stelle angefangen? Sie können das sofort erkennen, wenn Sie wachsam genug sind. Etwa am umherschweifenden Blick Ihres Gegenübers. Daran, dass seine Haltung ohne Spannung verpufft ist. Er nicht aufrecht und Ihnen zugewandt sitzt. Die Signale sind meist eindeutig. Sie werden sie gut erkennen, solange Sie sich voll und ganz auf Ihr Gegenüber konzentrieren. Es bringt nichts, einfach Ihr »Ding« durchzuziehen. Sie haben am Ende zwar alles gesagt. Doch ob das auch verstanden wurde, ist fraglich. Aber entscheidend. Denn die Entscheidung über den Erfolg fällt im Kopf – des anderen! Sensibilisieren Sie sich für die Situation Ihrer Adressaten, indem Sie schon im Vorfeld seine Situation beleuchten. Äußert er sich über Geldnot oder sucht er nach dem Sinn seines Lebens? Fragen, die Ihre Vorgehensweise bestimmen sollten.

Passen Sie sich an! Tempo, Stil und Inhalt sollten Sie auf Ihren Gesprächspartner abstimmen. REFLECT zeigt, wie wichtig das ist. Reden Sie ruhig und langsam, um Sicherheit zu vermitteln, begeistert und zuversichtlich, um Play-Bewertungen anzusprechen. Es ist überaus wichtig, authentisch zu sein und gut rüberzukommen. Das mag Kraft kosten, aber Sie werden sehen: Die Anstrengung lohnt sich! Zeigen Sie Ihrem Gegenüber, wie wichtig Ihnen das Thema ist. Dazu hilft es, sich vor dem Gespräch intensiv mit dem Thema auseinanderzusetzen. Lassen Sie sich nicht vom Alltag ablenken. Nehmen Sie sich die Zeit. Im letzten Kapitel haben Sie ja gesehen, wie wichtig diese Überzeugung ist. Denn dann ist Ihr Engagement spürbar. Und die Spiegelneuronen Ihrer Adressaten warten auf diese Signale.

Seien Sie flexibel. Ihr Konzept ist eben das eine, die Realität etwas anderes. Indem Sie auf die Signale Ihrer Spiegelneuronen achten, erhalten Sie wichtige Signale. Bleiben Sie bei Ihrem Gegenüber. Dann erkennen Sie, was für ihn oder sie von Bedeutung ist. Leuchten seine Augen bei Themen wie Entwicklungspotenzial

Passen Sie sich an die Realität an.

und neue Möglichkeiten? Dann brauchen Sie den repräsentativen Firmenwagen gar nicht erst erwähnen. Stattdessen sollten Sie lieber auf verbesserte Leistungen des Intranets setzen. Offensichtliche Seek-Bewertungen sind weniger an Status als an neuen Reizen interessiert. IBM baute im großen Umfang Sicherheitsmaßnahmen ab, um seinen Mitarbeitern ein freieres Arbeiten zu ermöglichen. Auf den ersten Blick ist der Kontrollverlust nicht im Firmeninteresse, aber dieser Aspekt war für die seek-orientierten Mitarbeiter wichtig. Denn Seek-Bewertungen bedeuten immer auch Freiheitsliebe.

 Diese Konsequenzen können Sie ziehen:

- Offene Schubladen zuerst! Nur wenn Sie diese kennen, können Sie Ihr Gegenüber dort abholen, wo er steht. Ansonsten sorgen Sie für Missverständnisse oder er bzw. sie schaltet ab.
- Gehen Sie auf Ihr Gegenüber unbedingt ein. Nur wenn Sie die Themen ansprechen (ROTATE), die ihm oder ihr Nutzen bringen (RATE), haben Sie eine Chance.
- Zeigen Sie den Kern Ihrer Persönlichkeit (REFLECT). Das erhöht Ihre Ausstrahlung und steigert Ihre Wirkung.

Packen Sie Ihre Informationen in thematische Gruppen. Wichtig ist eine gute Einleitung. Immer wenn dem Gehirn ein Wort präsentiert wird, aktiviert es das mentale Worterkennungssystem auch für verwandte Begriffe.[2] Also sagen Sie »Arzt«, werden auch die Neuronen für »Krankenschwester« oder »Unfall« aktiviert. So kann das Gehirn schneller reagieren. Deshalb erleichtern Sie dem Gehirn die Arbeit, wenn Ihre Kommunikation in konsistenten Bildern erfolgt. Wenn Sie also über künftige Herausforderungen sprechen, leiten Sie das Thema doch ruhig mit einem Beispiel aus der Vergangenheit ein: »*Vielleicht erinnern Sie sich an die Situation vor drei Jahren, als unser Konkurrent das neue Produkt auf den Markt brachte? Auch damals hieß es Innovation und die Besinnung auf unsere Ressourcen. Und ganz ähnlich sehe ich die heutige Situation.*« Ein Bild, das Ihr Gegenüber kennt und das positive Bewertungen aufruft: es gemeinsam geschafft zu haben. Diese positive Stimmung können Sie für Ihre nächsten Informationen nutzen.

Sagen Sie nur, was Sie auch sagen wollen. Vermeiden Sie Formulierungen wie: »*Ich möchte nicht besserwisserisch klingen …*«, »*Ich will nicht altklug sein …*«, »*Ich möchte Ihre Autorität nicht untergraben, aber …*«. Das Gehirn kann sich Negierungen nicht vorstellen. Deshalb werden automatisch die Begriffe aktiviert, die Sie eigentlich gar nicht aufrufen wollen. Durch Negierungen schwächen Sie Ihre Wirkung.

Machen Sie es einfach. Reduzieren Sie den Gebrauch von unbekannten Wörtern und setzen diese allenfalls als Marker oder Verstärker für Schubladen ein. Zum Auftakt sind sie in jedem Fall völlig ungeeignet. Verwenden Sie stattdessen Begriffe, die eine eindeutige Vorstellung ermöglichen, dann erleichtern Sie dem Gehirn die Arbeit. Bringen Sie statt Begriffe wie »Auf dem Weg zur Nr. 1« lieber konkrete Beispiele wie »Höchste Forscherdichte« oder »Meiste Drittmittel«.

Metaphern sind wesentlich für das Verständnis und die gemeinsamen Ziele. Metaphern sind aus unserem Sprachgebrauch nicht wegzudenken: »*Wir tappen im Dunkeln.*«, »*Wir bringen Vorstellungen auf den Punkt.*« oder »*Es sprudeln Ideen.*« Das Gehirn arbeitet gern mit Bildern.

Sprechen Sie in Bildern.

Sie können sich das zunutze machen und so oft wie möglich Metaphern einsetzen. Damit erleichtern Sie das Verständnis für abstrakte Vorgänge. Achten Sie besonders darauf, welche Bewertungen diese

---

2 Ludwig, E. 2004

Ereignisse für Ihr Gegenüber hatten und noch haben. Ist der Gipfel-stürmer für Domination-Play-Bewertungen geeignet, so sind es für Stability-Cooperation-Bewertungen meist Erlebnisse der Vergangenheit, wie Bilder von zurückliegenden Erfolgen, die genutzt werden können.

 Diese Konsequenzen können Sie ziehen:

- Geben Sie Ihren Informationen klare Markierungen und leiten Sie diese ein. So aktivieren Sie bestehende Schubladen oder verstärken diese. Das macht Ihre Kommunikation für die Zukunft einfacher und effizienter.
- Machen Sie es dem Gehirn leicht. Vermeiden Sie unbekannte Wörter und kommunizieren Sie in klaren Bildern.
- Vermeiden Sie Negierungen. Das Gehirn kann sich Verneinungen nicht vorstellen und ruft genau die Schubladen auf, die Sie eigentlich vermeiden wollen.

Führen Sie die beteiligten Personen. Eine Kette ist nur so stark wie das schwächste Glied. Wenn mehrere Personen an der Kommunikation beteiligt sind, sensibilisieren Sie alle für die Erfordernisse und Chancen der Neuro-Kommunikation. Gerade die Funktionsweise der Spiegelneuronen wird viel zu selten genutzt, wenn die Kommunikatoren nicht frei sprechen und in Worthülsen verhaftet bleiben sowie ihre Bewertungen ohne innere Überzeugung, Ausdruck oder Gestik kommunizieren. Geben Sie diesen Personen konkrete Hilfestellungen. Achten Sie darauf, dass Qualität von allen erbracht wird. Denn haben sich die Adressaten Ihrer Kommunikation erst einmal etwas anderem zugewendet, lässt sich dies nur mit großem Aufwand wieder korrigieren.

Probieren Sie es aus. Stellen Sie sich den Kommunikationsprozess vor und gehen Sie ihn in Gedanken oder mit einem Trainingspartner durch. Dadurch aktivieren Sie die Neuronen, die Sie später benötigen und stärken so auch die **Freiraum schaffen.** entsprechenden Verbindungen. Sportler nutzen diese Vorgehensweise bereits seit Jahren, um Bewegungsabläufe zu trainieren und diese vor dem entscheidenden Versuch aufzurufen.

Wenn Sie alle Argumente spielend in der Hand haben, erhalten Sie den Freiraum, um Ihr Augenmerk auf die Situation und Ihr Gegenüber zu richten. Sie werden dann schneller und besser reagieren und mehr Wirkung erzielen. Versuchen Sie doch einmal, für Ihr nächstes Gespräch gezielt zwei Zeitfenster einzuplanen. Schotten Sie sich ab, lassen Sie sich nicht stören. Ihr Gehirn benötigt etwas Zeit, um alle Facetten der Schublade zu aktivieren. Sie werden staunen, wie gut Sie damit üben können und wie sehr Ihnen diese Vorbereitung im Gespräch hilft.

 Diese Konsequenzen können Sie ziehen:

- Indem Sie sich bewusst vorbereiten, geben Sie Impulse für Ihr unbewusstes Wissen, das Ihnen in schwierigen Situationen hilft. Außerdem stärken Sie Ihre Schubladen und damit Ihre Überzeugung und Ausdruckskraft (REFLECT). Das macht Sie wirkungsvoller!
- Sie vermeiden Irritationen nur, wenn alle auf der gleichen Linie kommunizieren. Und die Neuro-Kommunikation zeigt, wie schwer es ist, einen einmal falsch gesetzten Impuls zu korrigieren. Deshalb sollten Sie vordenken!

Teil II
Die Anwendung des 5R-Prinzips

Führen beginnt im Kopf des anderen. Körner
Copyright ©2011 WILEY-VCH GmbH & Co. KGaA, Weinheim
ISBN: 978-3-527-50599-9

Kapitel 7
So motivieren Sie sich
und Ihre Mitarbeiter

Der Mensch will immer mehr –
und das ist gut so.

Auf der Kantinenterrasse, 13:00 Uhr. *Endlich scheint die Sonne. Ich sitze noch mit Schneider, König und Metzger gemeinsam beim Kaffee. Aber irgendwas ist komisch. Ich hab eher beiläufig das laufende Projekt für den Vorstand angesprochen, das ja bis Ende des Monats fertig sein muss. Merkwürdig, ich hatte nicht das Gefühl, dass den Dreien die Bedeutung richtig bewusst ist. Dabei hängt ja nicht nur mein Erfolg davon ab. Das ist eine Bewährungsprobe für die ganze Abteilung.*

Aber Schneider klagt ja schon länger über den permanenten Druck. Und bei König habe ich das Gefühl, dass er die Chancen für sich persönlich gar nicht erkennt. Sonst würde er sich sicher mehr einsetzen. Wenn es um seine Themen geht, ist er immer ganz Feuer und Flamme. Muss ich's noch klarer sagen, warum das Thema so wichtig ist? Oder einfach mehr Druck machen? Eigentlich muss doch die Motivation von innen heraus kommen! Oder liege ich falsch? Soll ich eine Prämie ausloben, damit da mehr Zug reinkommt? Auf jeden Fall wär's wichtig, dass wir das Projekt schnell und gut zum Abschluss bringen! Ich werd schließlich auch danach beurteilt. Doch allein schaff ich das nicht. Ich weiß einfach nicht, was ich tun soll.

Motivationsloch?

Oft engagieren sich andere nicht so, wie Sie es gern hätten. Liegt das an Ihnen? Sicher, nicht jeder ist ein Motivationskünstler, aber mit welchen Kniffen können Sie andere anstupsen? Um diese Frage beantworten zu können, sollten Sie wissen, was Motivation eigentlich ist, wie sie entsteht und welche Prozesse dabei im Gehirn ablaufen – um konkrete Hilfestellung zu erhalten, damit Ziele gemeinsam erreicht werden.

Selbst motiviert zu sein, ist heute eine selbstverständliche Voraussetzung, um Führungskraft zu werden. Und die Fähigkeit, andere zu motivieren, scheint Schlüsselqualifikation zu sein. Das zeigen wis-

Führen beginnt im Kopf des anderen. Körner
Copyright ©2011 WILEY-VCH GmbH & Co. KGaA, Weinheim
ISBN: 978-3-527-50599-9

senschaftliche Studien. Eine Umfrage des amerikanischen Gallup-Instituts[1] belegt aber auch, dass es da viel Verbesserungspotenzial gibt. Demnach fühlen sich nur 13 Prozent der befragten Beschäftigten in Deutschland ihrer Firma tatsächlich verpflichtet, 67 Prozent nur wenig verbunden. Und erstaunliche 20 Prozent verspürten keinerlei emotionale Bindung zu ihrem Arbeitgeber. Mit der Folge, dass diese Mitarbeiter nur Dienst nach Vorschrift machen. Wenn nicht gar in die «innere Kündigung» gehen.

Zu ähnlichen Ergebnissen kommt die Studie[2] »YouGov People-Index 2008« des Marktforschungsinstituts Psychonomics AG. Demnach ist nur jeder zweite Beschäftigte in Deutschland mit seiner Arbeit zufrieden und zugleich motiviert, für seinen Arbeitgeber einen besonderen Einsatz zu leisten. Dabei zeigt die Untersuchung keine markanten Unterschiede zwischen Frauen und Männern bzw. jüngeren und älteren Arbeitnehmern.

Kostentreiber Demotivation

Mit erheblichem Schaden für die jeweiligen Unternehmen. Denn der wirtschaftliche Erfolg eines Unternehmens hängt bis zu einem Drittel von der Stärke des Engagements der Mitarbeiter ab. Dieses Engagement wiederum wird maßgeblich von der Qualität der Mitarbeiterorientierung im Unternehmen beeinflusst.

Dabei lassen sich für unmotivierte Mitarbeiter direkte Kosten ableiten. Mitarbeiter, die sich mit ihrem Unternehmen wenig identifizierten, fehlten laut der Gallup-Studie im Schnitt zwei bis vier Tage mehr im Jahr als deren motivierte Kollegen. Einer Firma mit 1 000 Mitarbeitern entstehen so jährlich Kosten von knapp 500 000 Euro!

Doch was können Sie konkret tun, um Leistungsbereitschaft, Engagement, Verantwortungsgefühl und Identifikation bei sich und anderen zu steigern? Über welche Hebel verfügen Sie, und wie können Sie diese optimal einsetzen?

Die Erkenntnisse der Hirnforschung und die Prinzipien der Neuro-Kommunikation bieten hierfür konkrete Hilfestellungen: Wie innere Beteiligung und wirklicher Einsatz entstehen. Wie Sie durch die richtigen Anreize fördern, anstatt durch falsche Signale Demotivation entstehen lassen.

1 Gallup 2009
2 Psychonomics AG 2008

Auf dem Merkzettel:

- Unmotivierte Mitarbeiter leisten nicht nur weniger, sie sind auch häufiger krank. Das kostet Zeit, Geld und Nerven. Vor allem aber auch Entwicklungspotenzial.
- Motivierte Mitarbeiter sind in jeder Beziehung Gewinntreiber. Tun Sie etwas dafür!

Motivierung oder Motivation: Die Chancen stecken im Inneren

Im letzten Kapitel haben Sie das ROTATE-Prinzip kennengelernt. Dieses Prinzip ermöglicht ein neues Verständnis davon, wie Entscheidungen im Gehirn gebildet werden. Denn es zeigt, dass es im Gehirn einen permanenten Strom von Entscheidungen gibt: auf der Basis der zur Verfügung stehenden Alternativen, daraus abgeleiteten Konsequenzen und den Bewertungen, die auf der ererbten Ausstattung und gemachten Erfahrungen beruhen. Und genau hier entsteht Motivation. Durch die Entscheidungen etwas anzustreben oder konkret etwas zu tun. ROTATE zeigt: Der Mensch trifft immer Entscheidungen. Die Frage ist nur, für was?

Und dieser Frage hat sich Ende der sechziger Jahre der amerikanische Wissenschaftler Frederick Herzberg gewidmet. Er hat Arbeitnehmer **Herzberg-Modell** nach Ereignissen gefragt, die am Arbeitsplatz nach ihrer Ansicht zu hoher Zufriedenheit bzw. Unzufriedenheit geführt hätten.

Als Ergebnis der Studie identifizierte Herzberg mit den Hygienefaktoren und den »Motivatoren« zwei scheinbar unterschiedliche Faktortypen, die Einfluss auf die Motivation nehmen.

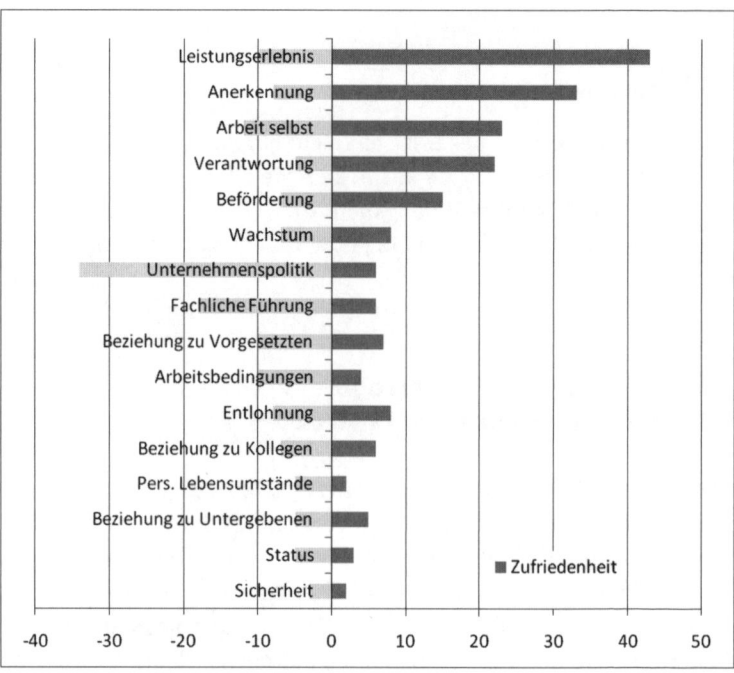

Leistungserlebnis	
Anerkennung	
Arbeit selbst	
Verantwortung	
Beförderung	
Wachstum	
Unternehmenspolitik	
Fachliche Führung	
Beziehung zu Vorgesetzten	
Arbeitsbedingungen	
Entlohnung	
Beziehung zu Kollegen	
Pers. Lebensumstände	
Beziehung zu Untergebenen	
Status	■ Zufriedenheit
Sicherheit	

-40   -30   -20   -10   0   10   20   30   40   50

 Unter der Lupe: Das Herzberg-Modell

Hygienefaktoren: Fachliche Führung, Unternehmenspolitik, Entlohnung etc. In der unteren Hälfte des Schaubildes identifiziert Herzberg Faktoren, wie fachliche Führung, Unternehmenspolitik und Entlohnung, die noch nicht ausreichen, um wirkliche Zufriedenheit zu erzielen. Herzberg bezeichnet sie als Hygienefaktoren. Sie sind den sogenannten extrinsischen Faktoren zuzurechnen, da sie im Wesentlichen von außen kommen oder sogar extern festgelegt werden.

Motivatoren: Leistungserlebnis, Anerkennung, die Arbeit selbst oder Verantwortung identifiziert Herzberg als Faktoren, die Zufriedenheit ausmachen. In seinem Modell bezeichnet er sie deshalb als Motivatoren. Die Mehrheit dieser Motivatoren, wie etwa Verantwortung, gehören zu den intrinsischen Faktoren. Sie laufen vor allem im Individuum ab und kommen laut Herzberg auch aus dessen Innerem.

Aber ist diese Unterscheidung vor dem Hintergrund der 5R-Prinzipien noch haltbar? Warum sollte es im Gehirn eine Unterscheidung zwischen äußeren und inneren Faktoren geben? RULE zeigt, dass im Gehirn immer auf der Basis von Bewertungen entschieden wird. Macht da eine solche Differenzierung Sinn?

Betrachten Sie die Ergebnisse etwas genauer: **Kritik an bisherigen** Anerkennung wird ja nach dem Modell den **Modellen** intrinsischen Faktoren zugeordnet und müsste demnach aus dem Inneren kommen. Aber stimmt das? Die Erfahrung zeigt doch, dass Anerkennung auch von außen gesteuert werden kann. Zum Beispiel, indem in der Unternehmenszeitung der «Mitarbeiter des Monats» gekürt wird. Sicher würde eine solche Aktion auf Dauer das Thema Anerkennung für die einzelnen Mitarbeiter verändern.

Ganz ähnlich verhält sich das mit dem Leistungserlebnis: das gute Gefühl, gerade eine wichtige Aufgabe erfolgreich abgeschlossen zu haben. Zweifelsfrei kommt dieses positive Gefühl aus dem Inneren. Aber das Leistungsgefühl hängt auch ganz wesentlich davon ab, was unsere Umwelt – in Form des Vorgesetzten oder der Kollegen – sagt. Haben wir auch in deren Augen Leistung gebracht (Cooperation-Bewertungen)? Lobt mich mein Chef (Domination-Bewertungen)? Oder bin ich es selbst, der die Anforderungen gestellt hat (Play-Bewertungen)?

»Leistung erleben« hängt darüber hinaus ganz wesentlich von eigenen Erfahrungen ab. Es macht einen Unterschied, ob jemand schon als Kind für seine Arbeit und kleine Erfolge gelobt wurde oder nicht. Hat er auf diese Weise gelernt, dass sich Leistung für ihn auszahlt? Dann gibt ihm das Gefühl, etwas geschafft zu haben, sicherlich auch heute einen größeren Kick als jemandem, der diese Erfahrung nicht gemacht hat. Freude wird gerade von Kindern aus Beobachtungen mittels REFLECT gelernt. Bewertungen werden durch positive Erfahrungen verstärkt, denn die Verbindung der Neuronen bildet sich weiter aus. Auch beim Leistungserlebnis.

Das, was von außen kommt, korrespondiert stets mit einer der Bewertungskategorien. Auch bei der Entlohnung, die eben nicht nur Hygienefaktor ist, sondern eine Vielzahl innerer Bewertungen aufweist. Sicherheit oder Status sind dabei nur die augenfälligsten. Was Geld für den Einzelnen bedeutet, richtet sich nach dem Bezug zu seinen ererbten oder gemachten Erfahrungen. Das Beispiel mit der Wahl zwischen 1 000 Euro sofort oder 5 000 Euro in vier Wochen hat das ja sehr deutlich gemacht.

Auch der Autor Reinhard Sprenger hat sich intensiv mit diesem Thema auseinandergesetzt und in seinem vielbeachteten Buch *Mythos Motivation* zusammengefasst. Darin unterstützt er die Unterteilung in innewohnende Motivation und die, wie er es bezeichnet, von außen kommende Motivierung. Obgleich viele Schlussfolgerungen richtig sind, die grundsätzliche Modellbildung halte ich nicht nur für fehlerhaft, sondern sogar für gefährlich. Denn damit werden scheinbar objektive Faktoren identifiziert, die allgemeingültige Unzufriedenheitsverstärker oder Motivatoren sind. Aber das ist falsch und verstellt den Blick!

Richtig ist vielmehr, dass es eben für jeden etwas anderes bedeutet, Risiken einzugehen und sich Herausforderungen zu stellen. Für den Vertriebsmitarbeiter mit hohen Play-Bewertungen ist es genau diese Herausforderung, die ihm seine Motivation gibt. Für ihn ist das Wagnis Teil des Spiels. Er möchte es nicht missen und hat gelernt, nach einer Niederlage wieder aufzustehen. Für den Menschen mit hohen Stability-Bewertungen ist es aber genau umgekehrt: Ihn lähmt etwaige Unsicherheit, zu hoher Druck führt bei ihm zu Blockade und Verweigerung. Deshalb sind die Reaktionen von Schneider, König oder Metzger nicht befremdlich, sondern verständlich. Vielleicht fehlt Schneider einfach nur der Kick, weil aus seiner Sicht nicht genügend Herausforderung oder Wagnis besteht. Und König mehrt lieber seinen eigenen Status. Denn er hat vielleicht die Erfahrung gemacht, dass Sie als Chef Erfolge nicht in dem Maße teilen, wie er es für mehr Engagement brauchen würde.

Motive sind individuell, Motivationsfaktoren auch.

Verabschieden Sie sich davon, Einflussfaktoren zu suchen, die Ihre Mitarbeiter allesamt gleichermaßen motivieren. Davon, dass es universelle Belohnungen gibt, die man quasi als Zucker vor den Karren hält und schon läuft das Pferd los. Dies mag kurzzeitig funktionieren. Doch spätestens, wenn das Spiel durchschaut wird, weil das Pferd satt ist, wird es stehen bleiben. Verabschieden sollten Sie sich auch davon, dass es beim Motivieren um das Herauskitzeln zusätzlicher Leistung geht, zu der der Mitarbeiter sonst nicht bereit wäre.

Der weit wirkungsvollere Weg: Finden Sie die richtigen Bewertungsaspekte und sprechen Sie diese offen an. Bieten Sie Schneider seinen persönlichen Kick, indem Sie die Unmöglichkeit des Projektes herausstreichen oder König einen Termin beim Vorstand verschaffen, in dem er das Projekt präsentieren kann. So treffen Sie den eigentlichen Kern von Motivation. In dem Maße, wie es Ihnen gelingt, Ihrem Gegenüber den Beitrag zur Erreichung seiner oder ihrer individuellen Ziele deutlich zu machen, werden Sie ihn oder sie erfolgreich motivieren. So werden Ihnen die Menschen folgen.

Auf dem Merkzettel:

- Es gibt keine allgemeingültigen Motivationsfaktoren. Die Wirkung entsteht durch die Bewertungen. Und die sind immer individuell.
- Die Unterscheidung zwischen ex- und intrinsischer Motivation ist irreführend. Im Kopf müssen immer Bewertungen vorhanden sein, auf die externe Reize treffen können.
- Motivieren heißt, die richtigen Alternativen zu finden und hohe Bewertungen zu schaffen.

Die Suche nach den individuell besten Faktoren kann Ihnen die folgende Zuordnung erleichtern. Denn die in den bisherigen Modellen gefundenen Motivations- und Hygienefaktoren können

Modellfaktoren im Neuro Code

gut den Bewertungskategorien des Neuro Code zugeordnet werden.

Stability-Bewertungen

- Arbeitsplatzsicherheit
- Rentensicherheit
- Stabilität der Organisation und Beibehaltung von Normen
- Geborgenheit durch gute Beziehungen zu den Vorgesetzten

Cooperation-Bewertungen

- Soziale Bedürfnisse (Absicherung der Zugehörigkeit)
- Konfliktfreies Umfeld (Kollegen)
- Zugehörigkeit und Anerkennung im Team (Einbeziehung in Aktivitäten und Entscheidungen)

Domination-Bewertungen

- Ich-Bedürfnisse (Steigerung der Achtung und des Einflusses)
- Erfolgsmöglichkeiten (Sicherheit und Vertrauen in die eigenen Fähigkeiten)
- Karrieremöglichkeiten (Ruhm, Macht)
- Image des Arbeitsplatzes und des Unternehmens
- Gehalt, Statussymbole als Ausdruck der erreichten Position
- Ansehen (durch Erfüllung oder gar Übertreffung fremder und eigener Erwartungen)

Play-Bewertungen

- Sich Herausforderungen stellen
- Erfolgsmöglichkeiten (Sicherheit und Vertrauen in die eigenen Fähigkeiten)
- Klare Ziele
- Wettbewerb
- Lust (die Arbeit als Erfüllung von Selbstverwirklichungszielen)

Seek-Bewertungen

- Bedürfnis nach Selbstverwirklichung (Neues schaffen, entdecken)
- Neue Herausforderungen
- Ausstattung des Arbeitsplatzes
- Selbstbestimmung
- Unabhängigkeit

 Diese Konsequenzen können Sie ziehen:

- Die generelle Unterscheidung in ex- und intrinsische Motivationsfaktoren und die daraus folgende Ableitung von Wirksamkeit spiegelt nicht die eigentlichen Prozesse im Gehirn wider.
- Vertrauen Sie nicht darauf, dass Faktoren per se motivierend wirken. Auch die Unterscheidung in Motivierung und Motivation führt in die falsche Richtung.
- Motivieren Sie, indem Sie Alternativen finden, die den hohen Bewertungen Ihres Gegenübers entsprechen oder diese Bewertungen verstärken. So motivieren Sie wirklich.

Wie Sie in acht Schritten nachhaltig motivieren

Wenn es Ihnen als Führungskraft darum geht, eine Person oder Gruppe auf ein gemeinsames Ziel einzuschwören, damit diese eigenständig und ohne permanente Kontrolle dieses Ziel mit möglichst großem Einsatz und Engagement verfolgt, bieten Ihnen die Erkenntnisse der Hirnforschung und die 5R-Prinzipien die richtige Unterstützung.

Ich will Ihnen dazu ein Beispiel geben, das zwar fiktiv ist und auf den ersten Blick wenig mit dem eines Unternehmers, sehr wohl aber mit dem einer Führungskraft zu tun hat. Stellen Sie sich vor, Sie wären Christoph Columbus. Fasziniert von der Idee, einen Seeweg nach Indien zu finden, um Gold und Gewürze nach Europa zu bringen. Und damit den Reichtum für die spanische Krone und sich selbst zu mehren. Hauptantrieb sind also Ruhm und Ehre. Man könnte sagen: Bei Columbus sind es vor allem Domination-Bewertungen, die seine Entscheidungen bestimmen. Doch er kann unmöglich allein in See stechen! Er braucht eine Mannschaft guter Seeleute, von der er weiß, dass sie auch in schwierigen Situationen das gemeinsame Ziel nicht aus den Augen verliert.

Schritt eins: Definieren Sie ein Ziel, was konkret der Mitarbeiter leisten soll, verbessern muss oder was es zu erreichen gilt. Auch im Fall von Columbus heißt das, **Ziel definieren** sich darüber klar zu sein, welche Erfordernisse die einzelnen Positionen beinhalten.

Schritt zwei: Identifizieren Sie die Bewertungskategorien, die für die jeweilige Person oder Gruppe von besonderer Bedeutung sind. Dies kann am besten im persönlichen Kontakt erfolgen. Im Beispiel von Columbus sollte dieser **Neuro Code** für seine Mitarbeiter kleine Karteikarten anlegen, **identifizieren** in die er die besonderen Vorlieben notiert. Und er sollte ermitteln, in welchen Kategorien der jeweilige Mitarbeiter wie reagiert. Dies wird sehr hilfreich sein. In jedem Fall ist es wichtig, nicht von einer vorgefassten Meinung auszugehen. Columbus' eigenes Schubladensystem nach dem RESORT-Prinzip ist immer aktiv und verstellt ihm leicht den Blick.

Die Analyse von Columbus' Schiffsbesatzung zeigte, dass diese in der Hauptsache aus Abenteurern und Eroberern besteht. Play- und

Domination-Bewertungen sind vorherrschend. Aber Columbus sollte in seinen Neuro Code auch Stability-, Seek- und Cooperation-Bewertungen aufnehmen, um andere Typen ansprechen zu können.

Schritt drei: Suchen Sie das Ziel nach jenen Aspekten aus, die bei der Person oder Gruppe hohe Bewertungen aufweisen. Dazu müssen Sie als Führungskraft das Ziel unter Umständen aus einem völlig neuen Blickwinkel betrachten. Versuchen, es mit den Augen der anderen zu sehen. In dem Maß, in dem Sie diese Facetten finden, werden Sie Erfolg haben. Im Notfall das Ziel erweitern und weitere Aspekte integrieren, die vor allem die Bewertungen Ihrer Mitarbeiter befriedigen. Dabei gibt es zwei Möglichkeiten: Entweder bei der Auswahl der Mitarbeiter schon das Unternehmensziel bedenken und eben nur jene mit passenden Bewertungen und Erfahrungen einbinden. Oder die Arbeit entsprechend den Bewertungen der Mitarbeiter auszuwählen, also quasi für jeden Mitarbeiter den richtigen Platz suchen.

Die richtigen Facetten finden

Im Beispiel von Columbus überlegte sich dieser, welche Konsequenzen denkbar wären und ordnete sie den verschiedenen Bewertungen zu:

- Domination-Bewertungen: »Die Königin schlägt uns zum Ritter. Wir genießen unsterblichen Ruhm und Anerkennung in der Gesellschaft.« Hierfür kamen, modern gesprochen, Nachwuchsführungskräfte in Frage. Also quasi das mittlere Management auf See, das nicht den schnellen Kick, sondern langfristige Erfüllung suchte.
- Seek-Bewertungen: »Wir machen etwas, das noch niemand getan hat! Neuland erwartet uns. Wir werden Dinge sehen, die noch niemand zuvor gesehen hat. Wir werden einen Weg beschreiten, den noch niemand gegangen ist!« So kann Columbus junge Seeleute ansprechen, die Herausforderungen suchen.
- Play-Bewertungen: »Wir Spanier sind die glorreichste Nation von Seefahrern. Wir schaffen Dinge, die eigentlich unmöglich sind und übertrumpfen damit alle anderen.« Draufgänger sind hier sehr gut geeignet.
- Stability-Bewertungen: Ein solches Wagnis kann kaum glaubhaft mit Stability-Bewertungen versehen werden. Es sei denn, der Adressat der Kommunikation befindet sich in einer äußerst

desolaten Lage. Entschließt sich Columbus etwa, Teile seiner Crew in einem Sträflingslager anzuheuern, so könnten es Stability-Bewertungen sein, die die Sträflinge motivieren. Denn die versprochene Freiheit ist eben eine besser bewertete Alternative. Vielleicht auch angesichts möglicher Konsequenzen. Er sollte sich aber darüber im Klaren sein, dass solche Crew-Mitglieder bei der ersten Gelegenheit meutern werden. Denn sie haben ja ihr Ziel bereits mit Antritt der Fahrt erreicht.

- Cooperation-Bewertungen: Diese Bewertungen eignen sich zunächst nur, um die Mannschaft zu vervollständigen. Nach dem Motto: »*Schau, dein Kumpel ist doch auch dabei …*« wird Columbus Unterstützer mit hohen Cooperation-Bewertungen finden. Wichtig können diese Bewertungen werden, um den Erfolg seiner Mission abzusichern. Denn es werden die Cooperation-Bewertungen sein, die sein Team zusammenhalten. Gerade die Seefahrt oder das Militär haben eigene Regeln, Sprache oder Zeichen entwickelt, um die Gemeinschaft für jeden greifbar zu machen. Nur so waren viele Herausforderungen überhaupt zu bewältigen. Ein Schiff, bei dem jeder in der Besatzung nur an sich denkt, wird im Sturm untergehen. Deshalb muss man bei der Mannschaft immer auch darauf achten, dass ausreichend Cooperation-Bewertungen vorhanden sind.

Langfristig haben Sie die Möglichkeit, Bewertungen der Mitarbeiter zu verändern. Doch seien Sie sich bewusst, dies ist ein schwieriger und langsamer Prozess. Im Kapitel «So bewirken Sie dauerhaft Erfolg» sehen Sie, wie Sie dies dennoch fördern können.

Auf dem Merkzettel:

- Sie können lernen, wie Sie sich und andere motivieren. Wichtig ist, dass Sie das Ziel klar vor Augen haben, die Bewertungen Ihrer Mitarbeiter erkennen und die richtigen Alternativen und Konsequenzen finden. So schaffen Sie eine gute Ausgangsposition.

- Mit den Bewertungen des Neuro Codes haben Sie die Richtschnur, um die richtigen Motivationsfaktoren zu finden. Hohe Bewertungen sind mitentscheidend für die Wahl der Alternative. Entscheidungen hängen damit direkt mit der Motivation zusammen.

Schritt vier: Kommunizieren Sie das gemeinsame Ziel. Vor allem die Aspekte, die für den Mitarbeiter besonders wichtig sind. Stimmen Sie mit ihm den Weg ab, den Sie gemeinsam dorthin gehen wollen. Vereinbaren Sie schon hier die entsprechenden Zwischenschritte. Das macht Ihnen den weiteren Verlauf viel einfacher. Entscheidend ist, dass Sie Ihrem Mitarbeiter aufzeigen, wie durch die Arbeit sein Ziel erreicht werden kann, wie sein Eigensinn erfüllt wird. Lassen Sie ihm ein Maximum an Freiheit, damit er seine Kreativität und Ideen einbringen kann. Nutzen Sie das Gespräch zugleich, um sich mit den Zielen der Mitarbeiter auseinanderzusetzen. Suchen Sie nach Möglichkeiten, diese innerhalb der Unternehmensziele abzudecken oder zu integrieren.

In den richtigen Kategorien kommunizieren

Für Columbus bedeutet das: Indem er bei den Sträflingen gezielt die Freiheit, bei den Nationalgesinnten die spanische Vorherrschaft auf dem Meer oder bei den jungen Wilden die Herausforderungen anspricht, wird er seine Wirksamkeit und seinen Erfolg erhöhen. Im Idealfall besetzt er die Offiziere an Bord gleich zu Beginn mit Menschen, die in den verschiedenen Kategorien eigene Erfahrungen und hohe Bewertungen haben. Dann soll er ruhig diese die Crew anwerben lassen. Ein ehemaliger Strafgefangener oder ein junger Wilder mit dem entsprechenden Funkeln in den Augen kommuniziert in den jeweiligen Kategorien viel authentischer und überzeugender als er selbst.

Schritt fünf: Setzen Sie gezielt dramaturgische Effekte ein. Dazu gehören Tonfall, Gestik und Haltung ebenso wie eine besondere Wortwahl. Aber auch besondere Aktionen, die nicht direkt mit Ihrem Ziel in Verbindung stehen. Damit können Sie Ihre Botschaften verstärken.

Dramaturgische Effekte

Aber Vorsicht, dramaturgische Effekte können auch die Wirkung schwächen oder völlig rauben:

- Negative Bewertungen durch dramaturgische Effekte. Passen Sie sich an Ihr Gegenüber an, ansonsten wird Ihr Tonfall, Gestik oder Haltung beispielsweise als herrschsüchtig (bei hohen Cooperation-Bewertungen) oder als zu weich (bei niedrigen Cooperation-Bewertungen) wahrgenommen und Ihre Kommunikation scheitert.
- Dramaturgische Effekte in den falschen Bewertungskategorien. Hier verschenken Sie nicht nur die Verstärkung Ihrer Alternativen, sondern Sie verwirren und machen die gesamte Kommunikation schwächer. Wenn Sie also den Mann mit dem Holzbein vor Menschen mit hohen Stability-Bewertungen auftreten lassen, werden seine Informationen zur Tragfähigkeit des Schiffes oder der Sicherheit an Bord nicht wahrgenommen werden.
- Dramaturgische Effekte sind stärker als die eigentlichen Bewertungen des Ziels. Das ist immer dann fatal, wenn sich bei Erreichung des Ziels die dramaturgisch angekündigten Bewertungen nicht einstellen oder tatsächlich viel schwächer sind, als von Ihren Mitarbeitern erwartet. Dieses Vorgehen führt auf Dauer zu einer Unterhöhlung Ihrer Glaubwürdigkeit. Ihre Mitarbeiter werden Ihnen die Gefolgschaft verweigern, selbst dann, wenn Sie wirklich etwas zu bieten haben. Und erst recht, wenn Sie diese dringend benötigen würden. Kündigen Sie also nicht bei Sichtung des ersten Landstreifens schon die Erfüllung der Mission an, wenn Sie noch gar nicht wissen, ob alle Aspekte der Bewertungskategorien auch tatsächlich erfüllt werden.

Dabei befinden Sie sich als Führungskraft in einem Dilemma. Zum einen sollten Sie durch die richtigen dramaturgischen Elemente Bewertungen verstärken. Sie müssen dies sogar tun. Das Gehirn ist nämlich per se bequem. Es ist deshalb wichtig, dass Sie Reizpunkte setzen. Dadurch können Ihre Botschaften besser wahrgenommen und mit hohen Bewertungen gespeichert werden. Genau dies macht einen guten Motivator aus. Krasse Beispiele dafür findet man immer wieder im Sport. Klaus Toppmöller hat mal als Trainer bei Eintracht Frankfurt einen Adler mit in die Kabine genommen. Seine Spieler forderte er dann auf, den Gegner so zu packen wie der Adler seine Beute. Doch das ist eine Gratwanderung! Bleibt der Erfolg aus, wirkt sich dies zerstörend auf die weitere Arbeit aus.

Nehmen wir Columbus: Er hat die verschiedensten Möglichkeiten, durch dramaturgische Effekte seine Botschaften zu verstärken. So kann er einen kleinen Wettkampf mit Herausforderungen aus dem Alltag des Abenteurers veranstalten. Oder er erzählt kühne Geschichten und untermalt dies durch geheimnisvolle Andeutungen von Schätzen oder Monstern. Auch das Schreiben der Königin, in welchem sie ihm und seinen Begleitern Ruhm und Status zugesichert hat, kann als Verstärker wirken. Er sollte nur darauf achten, dass die Effekte die Botschaft nicht überstrahlen. Seine Leute brauchen echte Motivation, in Form starker eigener Bewertungen, die nicht schon nach dem ersten Sturm zusammenbricht.

 Auf dem Merkzettel:

- Die richtigen Alternativen und Konsequenzen zu finden, erfordert Einfühlungsvermögen, Intelligenz und Kreativität. Das bleibt Ihnen nicht erspart.
- Dramaturgische Effekte können wichtige Motivationsverstärker sein. Sprechen Sie aber unbedingt die richtigen Bewertungen an! Sonst kann das kontraproduktiv sein.
- Dramaturgische Effekte verstärken die Wirkung. Aber übertreiben Sie es nicht! Sonst nutzen sie sich schnell ab. Entscheidend ist die Substanz.

Schritt sechs: Kontrollieren Sie gemeinsam mit dem Mitarbeiter entsprechend der vereinbarten Zwischenschritte. Gehen Sie davon

Gemeinsame Kontrolle

aus, dass dem Mitarbeiter der Erfolg genauso wichtig ist wie Ihnen. Vorausgesetzt Sie haben Schritt eins und zwei richtig gemacht.

Loben Sie dabei so viel wie möglich! Das ist ein garantierter Erfolgsverstärker. Aber aufpassen! Ihre Anerkennung ist wichtig: aber nur auf Augenhöhe und nie von oben herab (Cooperation <-> Domination). Und auch nur, wenn Sie diese ehrlich empfinden. Der Mensch ist durch das REFLECT-Prinzip und die Spiegelneuronen ein absoluter Spezialist im Aufspüren falscher Bewertungen. Dagegen ist einseitige Kritik auch bei Misserfolg kein sinnvoller Weg. Wurde das Ziel verfehlt, so ergründen Sie gemeinsam die Ursachen und suchen

Sie gemeinsam nach Lösungen. Ihr Mitarbeiter will schließlich selbst alles geben, um das anvisierte Ziel zu erreichen.

Es mag im 15. Jahrhundert nicht üblich gewesen sein, Erfolg oder Misserfolg zu diskutieren. Zumindest nicht im modernen Sinne. Doch laut Logbuch ist die Meuterei auf der ersten Fahrt des Columbus nur abgewendet worden, weil in buchstäblich letzter Minute ein Vogel gesichtet wurde, der von der nahen Küste kündete. Die Bewertungen im Gehirn befinden sich permanent im Wettstreit. Nur wenn es Columbus gelingt, die bestehenden Bewertungen durch Informationen aufrechtzuerhalten – etwa durch den Vogel –, kann er Alternativen wie eine Meuterei oder gar den Abbruch der Reise ausblenden.

Schritt sieben: Vermeiden Sie Demotivation. Diese kann dadurch entstehen, dass Sie Bewertungen verletzen und so Arbeit unattraktiv machen. Das können sein:

- Plötzliche Veränderung der Rahmenbedingungen, Willkür (insbesondere bei Stability-Bewertungen).
- Befehle oder Anweisungen, die die Persönlichkeit nicht respektieren (insbesondere bei Domination-Bewertungen).
- Unfaire Behandlung, speziell bezüglich der Belohnungen (insbesondere bei Cooperation-Bewertungen).
- Vermeiden Sie unnötige Pedanterie. Lassen Sie den Mitarbeitern ihren individuellen Freiraum (insbesondere bei hohen Seek- und Domination-Bewertungen).
- Ordnung ist wichtig, vor allem in großen Teams muss es klare Regeln für die Zusammenarbeit geben. Aber zu viel Ordnung verhindert Kreativität.

Es würde Columbus überfordern, diesen Schritt zu gehen. Deshalb war an Bord der Schiffe auch die gefürchtete neunschwänzige Katze, um die Crew im Zweifel mit der Peitsche zu reglementieren. Aber als weitsichtiger Columbus, der seiner Zeit voraus ist, könnten Sie es anders machen. Es kann Ihnen letztlich egal sein, wie die Segel gesetzt werden oder die Ruderer ihre Schichten aufteilen. Hauptsache, Sie haben die richtigen Männer gefunden. Die ihr Handwerk verstehen, dieses auch in die Praxis umsetzen und durch die gemeinsame Zielfindung vorantreiben. Allemal besser, als wenn Sie permanent eingreifen. Vertrauen ist der Anfang von allem. Dieser Werbespruch erlangt vor den Erkenntnissen der 5R-Prinzipien eine neue Bedeutung.

Schritt acht: Seien Sie glaubwürdig und authentisch. Einfach Vorbild. Wenn Sie das vorleben, was Sie einfordern, motivieren Sie automatisch.

Die Mission von Columbus stand kurz vor dem Scheitern. Seine Ausstrahlung half nicht mehr viel. Er hatte gerade noch Glück, als der Vogel zugeflogen kam und neue Zuversicht spendete. Doch sollten Sie sich nicht auf solche Glücksmomente verlassen. Bauen Sie lieber gleich eine Führungscrew auf, die in allen wichtigen Bewertungskategorien überzeugend und authentisch ist. So lässt sich Motivation länger und einfacher kommunizieren. Die Gefahr eines Misserfolges wird geringer.

Diese Konsequenzen können Sie ziehen:

- Überlegen Sie, welches Ziel Sie erreichen wollen. Das ist Ihr Ausgangspunkt!
- Wo liegen die Bewertungen Ihrer Mitarbeiter? Daran müssen Sie sich ausrichten.
- Entdecken Sie das, was Ihrem Gegenüber wichtig ist. Durch Perspektivwechsel, mit Intelligenz und Kreativität.
- Betonen Sie in Ihrer gesamten Kommunikation diese Aspekte und verstärken Sie diese durch dramaturgische Effekte. So entsteht das gemeinsame Ziel.
- Vereinbaren Sie gemeinsame Kontrollen.
- Akzeptieren Sie soweit wie möglich den Arbeitsstil des anderen. Vermeiden Sie Pedanterie, unfaire Behandlung und Befehle. Sonst demotivieren Sie.
- Seien Sie Vorbild! Dann werden Ihnen Menschen folgen.

Welche Anforderungen Motivation an Sie als Führungskraft stellt und wie Sie diese besser erfüllen

Eine Reihe von Forderungen in den klassischen Motivationsmodellen können durch die Erkenntnisse der Neuro-Kommunikation neu bewertet werden. So entsteht ein umfassenderes Verständnis, wie Motivation funktioniert.

Schätzen Sie den anderen, denn jeder optimiert sein Leben: Jeder möchte das Beste im Leben erreichen. Innerhalb seiner Vorstellungswelt und seiner Bewertungen. Dies sollten Sie sich stets vor Augen halten. Das ROTATE- **Den anderen wertschätzen** Prinzip zeigt, dass niemand mit weniger zufrieden ist, wenn er nicht in einem anderen Bereich – den er höher bewertet – einen Ausgleich erhält. Wenn Sie in Gesprächen mit Mitarbeitern diese Grundhaltung in Frage stellen, bewegen Sie sich auf dünnem Eis. Also tun Sie Sicherheitsbedenken nicht einfach ab, Macht und Stärke sind nicht immer ein Ausgleich. Im schlechtesten Fall widerspricht der Mitarbeiter nicht einmal, sondern fasst dies als persönliches Misstrauen auf.

Mitdenken heißt Vordenken: Das Gehirn ist von Natur aus ziemlich faul. Auch wenn Führungskräfte gelegentlich meinen, dies sei eine Besonderheit von Mitarbeitern. Nein, es ist eine bewährte Überlebensstrategie. Und zwar bei **Keine falschen** jedem. Machen sie sich die Mühe: Versuchen **Erwartungen** Sie, sich die Konsequenzen in den Kategorien des Mitarbeiters auszumalen. Wo liegen in Ihren Projekten Cooperation- oder Stability-Bewertungen? Vielleicht ermöglicht ja Ihre Strategie neben einem Ausbau der Marktposition auch ein überzeugenderes Auftreten beim Kunden oder eine Absicherung vorhandener Arbeitsplätze. Wenn Sie das dem Mitarbeiter begreifbar machen, erschließen Sie sein gesamtes Potenzial. Ein anderes Beispiel: Eine Auszeichnung wie ein Quality Award gibt dem Vertrieb sicher zusätzliche Argumente im Verkauf. Aber Sie sollten sich eben nicht darauf verlassen, dass die Außendienstmitarbeiter dies alleine erkennen. Wenn diese daraus aber nicht die richtigen Schlüsse ziehen, muss das kein böser Wille oder Bequemlichkeit sein. Sie mögen sich fragen, ob Sie denn wirklich immer alles bis ins kleinste Detail besprechen müssen. Ja, genau das sollten Sie tun! Und zwar in den Farben, die für Ihren Vertrieb die eindrucksvollsten sind. Malen Sie detailliert aus, dass der Quality Award ja das beste Beispiel für die Leistungsfähigkeit und Zuverlässigkeit des Unternehmens ist. Je stärker die Implikationen, je eindrucksvoller die Konsequenzen, desto mehr wird der Vertriebsmitarbeiter sie bei der nächsten Präsentation für den Kunden berücksichtigen.

Auf dem Merkzettel:

- Nehmen Sie den anderen ernst. Jeder will das Beste für sein Leben – genau wie Sie.
- Denken Sie vor: Indem Sie Implikationen deutlich aufzeigen, erzielen Sie Motivation.

Vernunft ist individuell: Appellieren Sie bei anderen nicht an die Vernunft! Es gibt nicht die eine normative Vernunft. Jeder Mensch entscheidet auf der Basis seiner Bewertungen und Alternativen (RULE-Prinzip). Deshalb ist jede seiner Entscheidungen optimal und vernünftig – nach seinen Maßstäben. Ihre Maßstäbe mögen ganz interessant sein. Relevant sind sie aber nur, soweit Ihnen Ihr Gegenüber Einfluss und Vorbildcharakter zubilligt. Der bloße Appell an die Vernunft bleibt ohne Wirkung

Runter vom Thron, denn Macht macht nichts – zumindest langfristig:

Endlich haben Sie es geschafft. Die Beförderung ist da. Ein neuer Schreibtisch, ein größeres Büro und Führungsverantwortung. Sie können Ihre Macht förmlich spüren.

Befehle erreichen nichts

Genießen Sie das Gefühl für einen Moment und dann kommen Sie schleunigst zurück in die Realität. Denn Sie werden schnell merken, dass mit Ihrer Beförderung vieles zugenommen hat: Ihre Aufgaben, Ihre Verantwortung, Ihre Arbeitszeit und hoffentlich auch Ihr Gehalt. Nur: Ihre Macht hat abgenommen! Denn mit Befehlen erreichen Sie nichts. Falls Sie Ihre Mitarbeiter aus Ihrer Position heraus zwingen wollen, etwas zu tun, werden Sie ungewollte Reaktionen provozieren. Ihre Mitarbeiter werden sich genau so verhalten, wie es RULE vorhersagt. Sie werden die für sie attraktivste Alternative wählen: ducken, verstecken, nicht auffallen, krankfeiern, kündigen. Wann immer dies möglich ist und höher bewertet wird als eine »angeordnete« Arbeit, werden die Mitarbeiter eine dieser Alternativen wählen. Das wird ganz automatisch passieren. Dabei sollten Sie auch bedenken: Es sind meist die Mitarbeiter, die am längeren Hebel sitzen. Denn letztlich entscheidet deren Leistung darüber, wie die Leistung der gesamten Abteilung ist und wie Ihre Führungskompetenz beurteilt wird. Damit haben die Mitarbeiter direkten Einfluss auf Ihren persönlichen Erfolg.

Wie Sie wirklich Macht ausüben: Wenn die wahre Macht nicht in der Position und schon gar nicht in der Größe des Chefzimmers oder der Anzahl der Mitarbeiter liegt, woher kommt dann Macht? Sie beruht nicht auf der Position, die Sie haben, sondern auf Ihren Fähigkeiten. Macht entsteht, indem Sie ein Gespür für Ihr Gegenüber haben.

Macht resultiert aus Fähigkeiten.

Wenn Sie erkennen, welche Bewertungen ihm besonders wichtig sind. Wenn Sie clever und kreativ sind, werden Sie die Optionen finden, die beides garantieren: das Ziel innerhalb des Projekts voranbringen und den individuellen Bewertungen des Mitarbeiters entgegenkommen. Ausbau der Marktposition und Arbeitsplatzsicherheit, Neuorientierung und gegenseitige Wertschätzung sind keine Gegenpole.

 Auf dem Merkzettel:

- Erwarten Sie von anderen nicht Ihre Sichtweise. Die Welt entsteht im Kopf des anderen!
- Macht kommt nicht aus Ihrer Position. Macht entsteht aus Ihrer Fähigkeit, die wirklichen Bewertungen zu erkennen und richtig anzusprechen.

Die Erkenntnis über den wahren Antrieb kann Ihnen viel Geld sparen: Viele Mitarbeiter erhalten ihren Lohn für das, was sie leisten. Um sich dann das zu kaufen, was sie möchten. Warum versuchen Sie nicht, Ihren Mitarbeitern gleich das zu geben, was sie eigentlich haben wollen? Wenn wir uns fragen, um was es den meisten Menschen in unserer Überflussgesellschaft wirklich geht, eröffnen sich uns ganz neue Möglichkeiten! Es ist nicht primär die Nahrung oder das Dach über dem Kopf. Wozu benötige ich ein Haus, wenn ich sowieso die meiste Zeit am Arbeitsplatz verbringe? Wozu Urlaub, wenn meine besten Freunde sowieso in der Firma sind? Ist das geträumt? Ein bisschen schon. Aber die Erfolgsstory vieler Start-ups zeigt: Solange Mitarbeiter Ihre Bedürfnisse innerhalb der Firma befriedigen können, verbringen sie vielfach ihre gesamte Zeit im Unternehmen. Geld oder der Ausgleich von Überstunden spielt dabei keine Rolle. Abendliche Grillfeste, gemeinsames Mittagessen und Engagement bis spät in die Nacht bei gleichzeitigen geringen Lohnansprüchen prägen diese Gemeinschaften. Alle ziehen mit Spaß an einem Strang und in die gleiche Richtung. Viele erfolgreiche Unternehmen sind so entstanden. Geprägt von einem gemeinsamen Geist. Erfolgsstorys wie die von Schlund & Partner, bei denen die Mutter des Firmengründers das Mittagessen für alle brachte. Heute ein Teil der 1&1 Internet AG mit über 3 000 Mitarbeitern und eines der weltweit führenden Web-Hosting-Unternehmen.

Unternehmen wie diese sind immer dann erfolgreich geblieben, wenn es ihnen gelungen ist, zumindest einen Teil dieses »Spirits« zu behalten. Immer mehr Unternehmensführer sind sich dieses Faktors bewusst und investieren in Angebote, die die Unternehmenskultur unterstützen und die Gemeinschaft stärken. Pausenräume und Unternehmenskultur bei Google, Mitarbeiterveranstaltungen als gelebte Firmenidentität bei 1&1 oder der Abbau von Sicherheitshürden bei IBM sind erste Zeichen für eine veränderte Sichtweise. In dem Maße, wie die Mitarbeiter genau das im Unternehmen erhalten, was diese sich sonst teuer kaufen müssten oder nicht einmal könnten, entsteht Motivation. Und am Ende sparen Sie noch Geld.

Wann Geld als Motivator sinnvoll sein kann: Geld eignet sich immer dann als Motivator, wenn es Teil des Erfolgs ist. Wenn der Unternehmensgewinn das Ergebnis gemeinsamer Anstrengungen ist. Wenn Stolz, Anerkennung, Altersvorsorge und Entwicklung geteilt werden. Gern wird vorgeschlagen, Geld als Anschubmotivation zu nutzen, weil die wahren Motivationsfaktoren noch nicht zu erkennen seien. Aus meiner Sicht ist das jedoch entweder ein Versäumnis der Führungskraft, die nicht die richtigen Aspekte findet, oder die Aufgabe hat für die Mitarbeiter zu geringe Bewertungen. Auf lange Sicht bleiben in solchen Fällen nur zwei Möglichkeiten. Entweder die Aufgaben werden verändert oder die Mitarbeiter.

Auf dem Merkzettel:

- Geld ist nur ein Tauschmittel. Zahlen Sie gleich in der richtigen Währung! Sie motivieren zusätzlich und erzielen mehr Wirkung.
- Geld muss Teil des realen Erfolgs sein. Dann haben es sich alle verdient.

Motivation ist einer der wesentlichen Faktoren, wenn es darum geht, mehr Erfolg für sich persönlich und das gesamte Unternehmen zu erzielen. Die Neuro-Kommunikation liefert dazu eine völlig neue Zugangsmöglichkeit. Denn sie entmystifiziert das Phänomen Motivation. Sie zeigt, dass Motivation immer im menschlichen Gehirn vorhanden ist. Einzig die individuelle Ausstattung der Bewertungen, die individuelle Sichtweise durch Schubladen und erlebte Erfahrungen entscheiden darüber, ob eine Alternative gewählt wird. Ob Motivation entsteht, hängt also wesentlich davon ab, die Bewertungen, Alternativen und Konsequenzen zu erkennen und anzusprechen. Bei sich und anderen. Dazu ist ein Perspektivwechsel wichtigste Voraussetzung. Schließen Sie nicht von sich auf andere. Versuchen Sie, die wahren Beweggründe zu erkennen. Dann werden Sie sich und andere motivieren.

Diese Konsequenzen können Sie ziehen:

- Führen Sie intelligenter, indem Sie die wirkliche Quelle der Motivation erkennen. Kommunizieren Sie in den richtigen Bewertungskategorien.
- Motivation entsteht individuell. Erkennen Sie sich und Ihre Mitarbeiter.
- Sich und andere zu motivieren ist weniger Gabe als Arbeit, dem sollten Sie sich stellen.
- Macht entsteht nicht aus einer Position, sondern aus Fähigkeiten. Erkennen Sie Menschen, das gibt Ihnen wirkliche Macht!

Kapitel 8
So verkaufen Sie besser

Alle wollen nur das Eine: Nutzen.

In Brenners Büro, Montag, 14:00 Uhr. *Wir haben es nicht leicht, da sind wir uns einig. Mein Chef hat gerade meine Projektplanung abgelehnt. Dabei habe ich mir alle Mühe gegeben, ihn von der Bedeutung des Projektes zu überzeugen. Unser Webauftritt muss dringend überarbeitet werden, er ist einfach nicht zeitgemäß. Aber irgendwie bin ich auf taube Ohren gestoßen. Auch Brenner tut sich schwer. Der Vertrieb läuft nicht richtig und der Vorstand erwartet in den nächsten sechs Monaten eine deutliche Steigerung der Zahlen. Aber die Vertriebsmitarbeiter flüchten sich in Ausreden. Warum kaufen die Kunden einfach nicht? Irgendwie ist die Situation von Brenner und mir vergleichbar. Haben wir einfach die falsche Kundenansprache. Ich hab mein Projekt ja schon beim eigenen Vorstand nicht platzieren können. Obwohl es richtig gut ist, das weiß ich. Vielleicht ist es einfach ein Kommunikationsproblem. Oder wir müssen einfach lernen, unsere Ideen besser zu verkaufen.*

Verkaufen geht jeden an. Nicht nur, weil letztlich der Kunde über den Erfolg des Unternehmens entscheidet. Sondern auch, weil heute jede Führungskraft innerhalb der Firmenhierarchie »verkaufen« muss – ob ihre Idee an den Vorstand oder ihre Visionen an die eigenen Mitarbeiter. Es ist also wichtig zu verstehen, warum Menschen kaufen und wie man besser verkaufen kann: als Einzelner, als Unternehmen und insbesondere im Vertrieb.

Die gute Nachricht: Es gibt neue Erkenntnisse. Denn sowohl der Kunde als auch der Vorgesetzte entscheiden im Kopf. Indem wir die Vorgehensweise im Vertrieb vor dem Hintergrund der 5R-Prinzipien analysieren, können wir wichtige Verbesserungsvorschläge erhalten, um gehirngerecht und wirkungsvoll zu kommunizieren.

Führen beginnt im Kopf des anderen. Körner
Copyright ©2011 WILEY-VCH GmbH & Co. KGaA, Weinheim
ISBN: 978-3-527-50599-9

Was Verkaufsprofis können sollten

Dass Vertrieb ein wichtiger Baustein für den Unternehmenserfolg sein kann, zeigt das Beispiel der Würth AG aus Künzelsau:

Mit 19 Jahren übernahm Reinhold Würth den Schraubenhandel seines Vaters. Aus dem Zweimannbetrieb hat er den weltweit größten Direktvertrieb für Montage- und Befestigungstechnik gemacht. Die Zahlen sind beeindruckend: mehr als drei Millionen Kunden, ein Sortiment von rund 100 000 Produkten. Im Jahr 2009 erzielte die Würth-Gruppe einen Umsatz von 7,5 Milliarden Euro. Von Beginn an hat Reinhold Würth auf einen professionellen und hoch motivierten Vertrieb gesetzt. Die Kundennähe wird bei ihm großgeschrieben. Und ist Garant für den Erfolg des Unternehmens.

Würths Motto: »Qualität ist das Bewusstsein für die Belange unserer Kunden. Deren Fragen, Anforderungen und Probleme sind unsere Herausforderung, bilden die Grundlage für unser Engagement.«

Würth hat seine Erfolgsstrategie erkannt und damit einen Weltkonzern aufgebaut: Indem er die Anforderungen und Probleme seiner Kunden zur Grundlage seines Leistungsangebotes machte – kurz Kundenorientierung. Und eben darauf kommt es eben jedem »Kunden« an. Dem, der Ihr Projekt genehmigt oder den Sie von Ihrer Idee begeistern wollen. Eine Befragung von Menschen, die sich professionell mit dem Thema Einkauf befassen, unterstreicht dies.[1]

Bedürfnisse erkennen statt reiner Show

Die Ergebnisse, wie in der folgenden Grafik abgebildet, sind eindeutig. Ganz vorne zu finden ist die Fähigkeit, auf die Bedürfnisse einzugehen. Offensichtlich geht es in jeder Entscheidungs- oder Auswahlsituation dem Käufer darum, dass sein Problem gelöst wird. Deshalb muss sich der Verkäufer intensiv mit dem Unternehmen und dem Einkäufer beschäftigen. Und ihm bitte nichts von der Stange verkaufen, sondern wirklich individuelle Lösungen anbieten!

Eher kritisch bewerten Einkäufer Rhetorik, Selbstbewusstsein oder die Fähigkeit, eine persönliche Basis aufzubauen. Das mag zunächst überraschen. Doch aus Sicht der Befragten werden diese Punkte von Verkäufern überbetont. Hier liegt das Problem vieler Vertriebsorga-

---

1   Studie der European Business School, Reutlingen (2007)

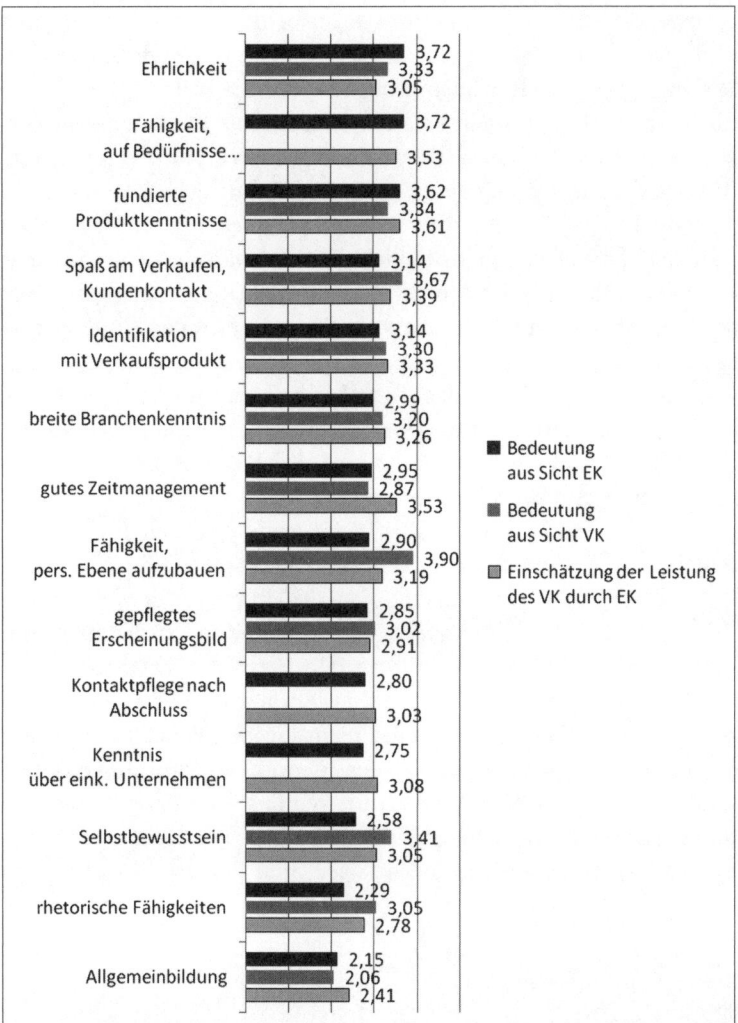

	Bedeutung aus Sicht EK
Ehrlichkeit	3,72 / 3,33 / 3,05
Fähigkeit, auf Bedürfnisse…	3,72 / 3,53
fundierte Produktkenntnisse	3,62 / 3,34 / 3,61
Spaß am Verkaufen, Kundenkontakt	3,14 / 3,67 / 3,39
Identifikation mit Verkaufsprodukt	3,14 / 3,30 / 3,33
breite Branchenkenntnis	2,99 / 3,20 / 3,26
gutes Zeitmanagement	2,95 / 2,87 / 3,53
Fähigkeit, pers. Ebene aufzubauen	2,90 / 3,90 / 3,19
gepflegtes Erscheinungsbild	2,85 / 3,02 / 2,91
Kontaktpflege nach Abschluss	2,80 / 3,03
Kenntnis über eink. Unternehmen	2,75 / 3,08
Selbstbewusstsein	2,58 / 3,41 / 3,05
rhetorische Fähigkeiten	2,29 / 3,05 / 2,78
Allgemeinbildung	2,15 / 2,06 / 2,41

■ Bedeutung aus Sicht EK
■ Bedeutung aus Sicht VK
▨ Einschätzung der Leistung des VK durch EK

nisationen. Verkäufer versuchen oftmals eine Show zu bieten, in der sie rhetorisch nur deshalb brillieren, um zu einem guten Geschäftsabschluss zu kommen. Einkäufer erwarten aber eine wirkliche Beziehung, die ihrer Situation Rechnung trägt.

Doch warum begehen viele im Verkauf die immer gleichen Fehler? Die Aussagen der Einkäufer sind eindeutig: Es fehlt an Kundenorientierung! Aber offensichtlich ist das leichter gesagt als getan. Denn dazu gehört Einsicht in die Prozesse, die beim Kunden ablaufen. Erst wenn Sie wirklich verstehen, wie sich Kundennutzen bildet, können Sie Ihre eigenen Schubladen umgehen. Für Sie bedeutet das: Wenn für Ihren Chef in der momentanen Situation die Reduktion von Kosten oberste Priorität hat, dann wird er Ihr Projekt zur Neugestaltung Ihres Webauftrittes ablehnen, solange für ihn nicht erkennbar ist, dass Ihr Projekt Kosten spart. Solange Sie aber nur von dem tollen Look und den vielen neuen Möglichkeiten schwärmen, ist für ihn dies nicht erkennbar. In dem Moment, wo Sie das Einsparpotenzial durch den vereinfachten Bestellprozess im Web-Shop in den Vordergrund stellen, wird er Ihr Projekt vermutlich genehmigen. Fragen Sie sich doch einmal, warum Sie das letzte Mal bei Ihrem Chef ein »Nein« kassiert haben. Weil er Ihre Überzeugung nicht geteilt hat? Na gut, aber haben Sie seine ausreichend berücksichtigt? Haben Sie seinen Nutzen an dem Projekt deutlich gemacht?

Der Kunde hat keine Zeit.
Keiner hat heute mehr Zeit oder Fachwissen, um sich in komplexe Projekte oder Produkte hineinzudenken. Genau das erwartet der Käufer vom »Verkäufer«, der ja sein Produkt genau kennt. Deshalb ist Fachwissen wichtig für den Verkäufer, aber eben nicht für den Kunden. Viel bedeutender ist Ehrlichkeit und innere Überzeugung. Denn wenn der Kunde nicht die Möglichkeit hat, hinter das Produktversprechen zu schauen, dann bleibt ihm nur das Vertrauen in die Kompetenz und Ehrlichkeit des Fachmannes. Deshalb müssen Sie von der Leistungsfähigkeit Ihres Produktes wirklich überzeugt sein. Hier sind Selbstbewusstsein und Begeisterungsfähigkeit wichtige Eigenschaften, um die Spiegelneuronen Ihres Gegenübers zu aktivieren.

Auf dem Merkzettel:

- Topverkäufer brauchen selbstbewusstes Auftreten, Steuerungsvermögen, überzeugende Argumentation und Begeisterungsfähigkeit.
- Ehrlichkeit und das Eingehen auf die Bedürfnisse sind für Einkäufer besonders wichtig.

Warum Kundenorientierung so wichtig ist und was Ihnen vielleicht im Weg steht

Wie einfache Geschäftsprinzipien zu einem Riesenerfolg werden können, zeigt die Erfolgsgeschichte der Gebrüder Albrecht. Für Dieter Brandes als langjähriger Geschäftsführer bei Aldi liegt der Grund für diesen Erfolg auf der Hand: ausgeprägtes Kostenbewusstsein, ständige Qualitätsverbesserung, Fairness gegenüber Kunden und Lieferanten sowie extreme Kundenorientierung.

Doch was fangen wir mit solchen Erfolgsstorys an? Kundenorientierung lässt sich in jedem Unternehmen finden, ist aber meist nicht mehr als ein Lippenbekenntnis. Wie geht es wirklich? Warum kauft der Kunde?

Nach dem ROTATE-Prinzip wählt der Kunde permanent unter allen Möglichkeiten aus. Ihr Chef hat eine Vielzahl von Projekten, die er genehmigen kann oder eben nicht. Genau wie der Kunde. Der Kauf Ihres Produktes gehört **Wie Kunden kaufen** genauso zu den Auswahlmöglichkeiten wie der Kauf von Konkurrenzprodukten.

Das RULE-Prinzip liefert die Hebel, mit denen Sie die Kaufentscheidung des Kunden zu Ihren Gunsten beeinflussen können:

- Bieten Sie die richtigen Alternativen,
- mit den besseren Konsequenzen,
- angesichts der individuellen Bewertungen.

So simpel ist es und genau da liegt Ihr Problem: Weil das Gehirn so einfach arbeitet, ist die Situation für Sie als Verkäufer so schwierig. Denn darin, was der Kunde will, liegt das Geheimnis für den Erfolg. Nur indem Sie erkennen, welche Bewertungen er hat, was ihm also wirklich wichtig ist und worin sein Nutzen liegt, können Sie ihm die Alternativen und die Konsequenzen aufzeigen, die für ihn kaufrelevant sind, z. B. die Kostenersparnis im Webshop anstelle des neuen Looks. Dann wird er Ihnen folgen.

Deshalb kommt es immer mehr auf den »Verkäufer« an. Produkte werden immer ähnlicher und damit austauschbarer. Allein der Verkäufer macht daher in vielen Fällen den Unterschied. Zudem sind die wenigsten Kunden bereit, sich intensiv mit der Vielzahl von Features auseinanderzusetzen, die Produkte heute haben. Auch hierfür ist die Bequemlichkeit des Gehirns verantwortlich. Deshalb verlässt sich der Kunde gern auf die Informationen, die seinen Erwartungen entsprechen, auf die sein Gehirn also vorbereitet ist. Das ist eine Chance für Sie: Bieten Sie ihm genau die Informationen, die er benötigt.

Auf dem Merkzettel:

- Alle wollen Nutzen. RULE zeigt: Alternativen, Konsequenzen und Bewertungen gilt es zu beachten.
- Der Verkäufer bietet neben dem reinen Produktnutzen noch Zusatznutzen durch seine Persönlichkeit.

Je mehr Sie das Produkt mit den Augen des Kunden betrachten, umso besser können Sie erkennen, wo es überzeugt und wo noch nicht. Oft ist es gerade ein spezieller Wunsch des Kunden, der die Kreativität und Intelligenz des Verkäufers fordert. Vielleicht sind Ihrem Chef schon lange die Reklamationen ein Dorn im Auge. Wenn Sie durch ein vereinfachtes Bestellverfahren und die Integration einer entsprechenden Datenbank die Fehllieferungen reduzieren, ist das vielleicht genau der entscheidende Punkt. Eben Lösungen, die den Kunden (bzw. Ihren Chef) zufriedenstellen. Gelingt es, dann hat der Kunde das Gefühl, der Verkäufer ist auf seine Wünsche eingegangen. Nicht umsonst das Top-2-Kriterium für Einkäufer.

Die Welt des Kunden

Doch das geht nur, wenn Sie gedanklich in die Welt Ihres Gegenübers eintauchen. Fragen Sie sich ruhig selbstkritisch, ob Sie das wirklich schon tun. Denn: Vorsicht! RESORT wirkt bei jedem von uns. Jedes Gehirn arbeitet nach dem Schubladenprinzip. Es passt Informationen an und verfälscht sie, um eine in sich stimmige Welt möglichst lange und homogen aufrechtzuerhalten. Und Sie müssen sich klarmachen: Kunden verändern sich jeden Tag. So wie die Welt um sie herum sich ständig wandelt. Hätten Sie sich vor ein paar Jahren vorstellen können, wie stark der Einkauf über das Internet zunimmt? Heute ist ein funktionierender Web-Shop für viele Unternehmen eine wichtige Einnahmequelle. Und wie geht es weiter? Neue Bezahlmöglichkeiten? Neue Netzwerke à la Facebook? Wenn Sie da auf Ballhöhe bleiben wollen, bedeutet das eine Menge Arbeit für Ihr

Gehirn. Deshalb sollten Sie auf versteckte Signale achten, etwa, wenn Ihr Gesprächspartner anders reagiert, als Sie es erwartet haben.

Doch um das zu bemerken, müssen Sie Ihr Gehirn überlisten. Machen Sie sich vor einem Gespräch bewusst, was Sie erwarten. Glauben Sie, dass Ihr Chef leuchtende Augen hat, wenn Sie ihm den Entwurf für die Neugestaltung präsentieren? Dann sollten Sie Ihre Strategie spätestens wechseln, wenn er teilnahmslos aus dem Fenster blickt oder Aufmerksamkeit nur vorspielt. Fragen Sie sich, wie Ihr Gegenüber reagieren wird. Sie können sich das im Vorfeld ruhig notieren. Dann behalten Sie die Kontrolle. Hat er so reagiert, wie Sie es sich ausgemalt haben? Wenn nicht, sollten Sie Ihr Bild verändern! Außerdem können Sie sich nicht mit Ausreden davonstehlen. Es ist eine beliebte Taktik Ihres Gehirns, Energie zu sparen und die einmal gedachte Welt aufrechtzuerhalten. Gerade Menschen, die professionell verkaufen, sind selten um eine Ausrede verlegen:

Ausreden kennt jeder.

- Heute ist nicht mein Tag.
- Ich habe alles versucht.
- Der Kunde passt nicht zu meinem Produkt.
- Die Konkurrenz hat die besseren Produkte.
- Der Kunde hat schon alles.
- Der Kunde hat kein Geld.
- Jetzt ist das Sommerloch.
- Der Kunde wollte sich nur informieren.
- Wir haben nicht die richtigen Unterlagen zu dem Produkt.
- Der Kunde kommt schon, wenn er kaufen will.

Ausreden zu verwenden, ist etwas sehr Natürliches. Schließlich will das Gehirn eine stabile Situation aufrechterhalten. Ausreden sind dazu prima geeignet. Wenn Sie jedoch ehrlich zu sich selbst sind, sehen Sie: Es gibt fast immer eine schlechteres Alternative am Markt – und auch das wird verkauft. Oft braucht es nur einen Perspektivwechsel bei Ihnen, damit Sie Ihrem Kunden zeigen können, wo Ihr Produkt zu seinem Lösungsbedarf passt.

Auf dem Merkzettel:

- Schützen Sie sich davor zu glauben, Sie wissen, was der andere will. Auch bei Ihnen wirkt das RESORT-Prinzip. Achten Sie deshalb verstärkt darauf, wo Ihre Erwartungen nicht eintreten.
- Ausreden sind der Harmonisierungsversuch Ihres Gehirns. Lassen Sie sich nicht täuschen.

Wie können Sie herauskriegen, welche Bewertungen für Ihren Gesprächspartner wichtig sind, welche Konsequenzen er fürchtet oder schätzt? Die Antwort liegt auf der Hand: indem Sie möglichst viel über ihn erfahren. Das geht im persönlichen Gespräch am einfachsten.

Kunden maximieren Nutzen.

Auch hier zeigt der Vertrieb, wo die Probleme liegen. Viele Vertriebsmitarbeiter meinen, dass sie durch möglichst viel Fachwissen überzeugen müssen. Sie glauben, wenn sie nur genug reden, wird sich der Kunde schon die für ihn richtigen Informationen rauspicken. Und viele glauben, sie würden über ihre Persönlichkeit verkaufen. Doch weit gefehlt, der Kunde kauft nur, wenn er damit seinen momentanen Nutzen maximiert. Das Produkt muss leisten, was der Kunde benötigt: neben der Flexibilität und dem besseren Look auch eine Steigerung der Effizienz und eine Reduktion der Reklamationen. Natürlich spielt auch Ihre Persönlichkeit eine Rolle: die Art, wie Sie präsentieren, wie Sie überzeugen, wie Sie auftreten. Denn er muss Ihnen vertrauen können – Vertrauen, dass Ihre Alternative seine Bedürfnisse befriedigt und seinen Nutzen maximiert. Sie wollen schließlich, dass er mit seinem Produkt auch dann noch zufrieden ist, wenn er allein damit ist, und dann auch wiederkommt. Ansonsten würden Sie ziemlich enttäuschte Kunden hinterlassen. Und nichts verbreitet sich heute dank Internet & Co. so schnell wie Ärger über eine Firma.

Wie wichtig der individuelle Nutzen für den Verkaufserfolg ist und wie sehr er als Maßstab für die Kundenorientierung dienen kann, unterstreicht die Studie[2] von Miller Heimann Inc. Verglichen wurden

2   Miller Heiman Sales Best Practices Studie, 2008

darin erfolgreiche Verkaufsorganisationen, die mehr als 20 Prozent Wachstum bei Umsatz, Neukunden-Gewinnung und durchschnittlicher Kundenfakturierung im Vergleich zum Vorjahr aufwiesen, mit der weniger erfolgreichen Konkurrenz. 62 Prozent der erfolgreichen Unternehmen verfügten über ein klar formuliertes Nutzenversprechen. Nur 34 Prozent der weniger erfolgreichen.

Die Entscheidung über den Kauf findet im Kopf des Kunden statt. Damit Sie diesen Prozess beeinflussen können, sollten Sie möglichst viel über den Kunden wissen. Also fragen Sie ihn:

Zuhören entscheidet.

- Wie wichtig ist Ihnen ...?
- Was halten Sie von ...?
- Worum geht es Ihnen, wenn ...?
- Wie häufig nutzen Sie ...?
- Wer greift auf das Gerät sonst noch zu ...?

Achten Sie darauf, dass Sie bei den Antworten wirklich gut zuhören. Denn wie gesagt, der Automat im Gehirn neigt dazu, schon vorwegzunehmen, was Sie an Informationen erwarten. Aufmerksames Zuhören können Sie sich aber ganz bewusst vornehmen. Und Sie zeigen damit wirkliches Interesse. Die besten Fragen nützen Ihnen nichts, wenn Ihr Gegenüber spürt, dass Sie schablonenhaft sind. Er oder sie hat ein äußerst feines Gespür dafür! Erinnern Sie sich, Ehrlichkeit ist das Top-1-Kriterium bei Einkäufern.

Um mehr über Ihren Gesprächspartner zu erfahren, steht Ihnen noch ein kraftvolles Zusatzinstrument zur Verfügung: Ihre Spiegelneuronen. Sie machen Ihnen ja die Bewertungen Ihres Gegenübers unmittelbar verfügbar. Allerdings sind das meist schwache Signale, auf die Sie daher umso mehr achten sollten.

Sind Sie an einfacheren Lösungen interessiert, wie Sie andere für Ihre Produkte, Dienstleistungen oder Projekte begeistern? Suchen Sie nach dem Knopf im Kopf, der Ihre Projekte durchwinkt oder zielsicher zum Kauf führt? Der Knopf heißt Nutzen. Aber er ist in hohem Maße individuell. Deshalb ist die Lösung zwar einfach, aber zumindest am Anfang viel Arbeit! In jedem Fall wird es sich für Sie lohnen. Denn Ihr Wissen sichert Ihren langfristigen Erfolg.

Auf dem Merkzettel:

- Der Kunde kauft nur, wenn das Produkt oder die Dienstleistung für ihn mit einem Nutzen verbunden ist.
- Die Entscheidung darüber findet im Kopf statt. Sie können ihn umso besser unterstützen, je mehr Sie seinen Blickwinkel einnehmen und seine Bewertungen kennen.
- Beachten Sie Ihr eigenes Schubladensystem. Lernen Sie Ihr Gegenüber noch besser kennen, indem Sie sich seine oder ihre Verhaltensweisen bewusst machen.
- Ehrlichkeit, Kundenorientierung und innere Überzeugung sind Schlüsselfaktoren, an denen Sie arbeiten sollten. Selbstbewusstsein oder rhetorische Fähigkeiten spielen nur eine untergeordnete Rolle.

Warum Verkaufen nicht beim Nein beginnt: Mit Neuro-Vertrieb in sechs Schritten zum wirkungsvollen Kundengespräch

»Verkaufen beginnt, wenn der Kunde ›Nein‹ sagt.« Ein klasse Spruch, denken viele. Weil er scheinbar die Qualität eines guten Verkäufers auf den Punkt bringt. Vertriebsmitarbeiter brüsten sich ja gern damit, den Kunden «umgedreht» zu haben. Lassen Sie mich ehrlich sein. Das sind Relikte aus längst vergangenen Zeiten. Verkaufen beginnt eben nicht, wenn der Kunde Nein sagt. Sondern viel früher.

Die Vorbereitung: Wenn Sie bei Ihrem Gegenüber Interesse für Ihr Projekt oder Produkt wecken wollen, sollten Sie möglichst genau wissen, wo ihm oder ihr der Schuh drückt. Das ist der Knackpunkt. Finden Sie die richtige Lösung für sein Problem, dann werden Ihnen alle Türen offen stehen. Dumm ist nur: Sie haben meist nur einen Schuss frei. Führungskräfte haben wenig Zeit und meist keine Lust, langes Blabla anzuhören. Genauso sieht es bei den Kunden aus. Vor allem, wenn der erste Kontakt übers Telefon er-

Lernen Sie Ihren Kunden kennen.

folgt. Eine exzellente Vorbereitung ist daher das A und O. Überlegen Sie: Wie geht es Ihrem Ansprechpartner in seinem Umfeld, seiner Abteilung oder der Branche, in der er arbeitet?

Sie können Ihre Vorbereitung systematisch verbessern, indem Sie Ihre Gespräche im Anschluss reflektieren. Überlegen Sie, was hilfreich war und was nicht. Es bringt zum Beispiel wenig, stundenlang im Internet zu recherchieren, wenn Sie die Informationen danach nicht einsetzen. Achten Sie auf Informationen,

Systematisieren Sie Ihre Gespräche.

die Ihnen ein Gefühl für die Situation und das Unternehmen oder die Abteilung geben – verinnerlichtes Wissen, das Ihre ganze Haltung und Ausstrahlung beeinflusst. Das macht Sie attraktiv. Je mehr Sie sich in die Situation Ihres Gesprächspartners hineinversetzen können, umso besser ist Ihre Ausgangsposition für die wichtigste Frage im Verkaufsgespräch: Wo liegt der maximale Nutzen für ihn?

Erwarten Sie nicht, dass Ihr Gesprächspartner diese Frage beantwortet! Das kann er nämlich gar nicht. Er kennt Ihr Produkt ja nicht. Zumindest nicht so gut wie Sie selbst. Ziehen Sie die fünf Bewertungskategorien heran und überlegen, in welchen Dimensionen Ihr Produkt welchen Nutzen erfüllt.

Nehmen wir noch einmal das Beispiel des neuen Internetauftrittes: Stability-Bewertungen könnten durch die verbesserten Sicherheitsstandards und das neue Bezahlsystem angesprochen werden. Die neuen Gestaltungsmöglichkeiten bringen den Glanz des Unternehmens besser zur Geltung (Domination-Bewertungen), oder Sie haben die Möglichkeit, ein Forum einzurichten und so Kunden stärker an das Unternehmen zu binden (Cooperation-Bewertungen). Interaktion (Play) und die neue Gestaltung (Seek) vervollständigen Ihren Argumentenkoffer.

Erst wenn Sie die bestmöglichen Argumente gesammelt haben und dann auch noch die Konsequenzen (Kostenersparnis, Erhöhung der Kundenzufriedenheit, Kundenbindung) abgeleitet haben, sollten Sie zum nächsten Punkt übergehen.

Der erste Kontakt: Schnell auf den Punkt zu kommen wird immer entscheidender, denn ob Vorgesetzter oder Kunde: Die Menschen sind immer weniger bereit zuzuhören.

Deshalb wird es immer wichtiger, schon zu Beginn des Gespräches zumindest eine Ahnung davon zu geben, warum Ihr Produkt oder Ihre Dienstleistung für Ihr Gegenüber einen Nutzen hat und welchen Vorteil ihm oder ihr das bietet. Dann werden Sie eine Chance haben.

Besonders deutlich wird das beim Telefonverkauf. Denn hier ist es sehr einfach für Ihr Gegenüber, Sie ohne eigenen Gesichtsverlust abzulehnen. Deshalb ist es wichtig, die wesentlichen Punkte kurz und prägnant zu formulieren, ein Beispiel:

>*Hallo Herr Maier. Mein Name ist Norbert Müller von der Eco-Hausbau GmbH. Wir bieten jungen Familien einen kostengünstigen Weg, um sich mit staatlicher Förderung den Traum vom eigenen Haus zu erfüllen. Wäre das für Sie interessant?*«

Das ist die Basisfrage. Je nachdem welche Bewertungen des Neuro Code bei Herrn Maier angesprochen werden sollen, können Sie diesen Satz noch wirkungsvoller machen:

Für die Domination-Bewertungen: »*Guten Tag, sehr geehrter Herr Maier. Mein Name ist Norbert Müller von der Eco-Hausbau GmbH. Wir bieten Ihnen als einer der führenden Anbieter auf dem Markt die individuelle und persönliche Beratung, um Ihr Bauvorhaben schnell und reibungslos zu realisieren. Wäre das für Sie interessant?*«

Für die Play-Bewertungen: »*Hallo Herr Maier, schön, dass ich Sie erreiche. Mein Name ist Norbert Müller von der Eco-Hausbau GmbH. Wir bieten anspruchsvollen Bauherren die Möglichkeit, durch unsere Unterstützung ihr individuelles Traumhaus zu realisieren und dabei die staatlichen Fördergelder besonders clever zu nutzen. Wäre das für Sie interessant?*«

Für die Seek-Bewertungen: »*Hallo Herr Maier. Mein Name ist Norbert Müller von der Eco-Hausbau GmbH. Wir bieten Bauherren mit dem neuen Eco-Plus-System eine innovative Möglichkeit, kostengünstig, effizient und zukunftsorientiert zu bauen. Wäre der Einsatz dieses Systems nicht auch bei Ihrem Projekt interessant?*«

Für die Stability-Bewertungen: »*Hallo Herr Maier. Mein Name ist Norbert Müller von der Eco-Hausbau GmbH. Wir bieten jungen Familien als erfahrenes Unternehmen eine Rundumbetreuung beim Hausbau, die verdeckte Risiken meidet und Sie garantiert und kostengünstig in die eigenen vier Wände bringt. Wäre das für Sie interessant?*«

Für die Cooperation-Bewertungen: »*Hallo Herr Maier. Hier ist Norbert Müller von der Eco-Hausbau GmbH. Vielleicht haben Sie auch schon daran gedacht, mit Ihrer Familie in den eigenen vier Wänden zu wohnen und mehr Platz für Hobbys, Verwandte und Freunde zu haben. Mit unserem Team an Fachleuten erhalten Sie schnell und kostengünstig die Unterstützung, um diesen Traum zu realisieren. Wäre das für Sie interessant?*«

Das Beispiel macht deutlich, wie unterschiedlich man die Frage nach dem Kundennutzen beantworten kann. Versuchen Sie doch ruhig mal, Ihr Produkt oder Projekt aus diesen verschiedenen Blickwinkeln heraus zu beschreiben. Und kommen Sie direkt auf den Punkt. Wenn Sie also wissen, dass der Kostendruck für Ihren Chef entscheidet, könnte Ihre Frage lauten: »*Herr Schuster, ich bin gerade dabei, unsere Marketingaktivitäten unter Kostengesichtspunkten zu prüfen. Im Web erscheint mir da erhebliches Potenzial zu liegen. Durch die Überarbeitung unserer Homepage könnten wir den Web-Shop besser einbinden und die Bestellungen kostengünstiger abwickeln. Was meinen Sie?*«

Es steckt natürlich ein gewisses Risiko darin, sich auf ein Argument festzulegen. Schließlich **Kein Blabla** könnten Sie Ihren Gesprächspartner ja völlig falsch eingeschätzt haben. Doch je allgemeiner Sie kommunizieren, umso größer ist die Gefahr, dass Ihr Gegenüber das Gespräch beendet, noch bevor es begonnen hat. Machen Sie es also so konkret und verständlich wie möglich. Kein oberflächliches Blabla. Die Vielfalt an Angeboten erzeugt im Gehirn eine Reizüberflutung. Muten Sie Ihrem Gesprächspartner also nicht zu viel zu! Entweder Sie haben das für seinen Nutzen passende Produkt oder nicht. Variieren Sie doch einfach mal die Nutzenbeschreibungen. Sie werden schnell für Ihre typischen Situationen die richtigen Elemente finden und sehen: Je besser Sie vorbereitet sind, umso höher ist Ihre Erfolgsquote.

In diese erste Gesprächsphase sollten Sie aber auf keinen Fall zu viele Nutzenargumente packen. Beschränken Sie sich auf möglichst wenige Fakten. Je mehr Informationen Sie in den Eröffnungssatz packen, umso unwichtiger werden die einzelnen Bestandteile. Je unspezifischer Sie bleiben, je länger Sie reden, umso größer ist die Gefahr, dass Ihr Gesprächspartner abschaltet. Sicher kennen Sie solche Anrufe, bei denen Sie nach kurzer Zeit den Hörer weghalten: »Danke, kein Bedarf.« Und dabei hatten Sie erst gar nicht richtig hingehört.

Ihr Gehirn hat in diesem Fall die Signale schnell in die Kategorie »kein Interesse« eingeordnet. Ist es einmal so weit, geht es nur noch darum, den Gesprächspartner möglichst schnell wieder loszuwerden. Deshalb gibt es für den ersten Eindruck keine zweite Chance. Seien Sie kurz und prägnant. Der Kontaktierte muss vom ersten Augenblick an den Eindruck haben, dass sich die nächsten Minuten für ihn lohnen werden. Dann haben Sie eine echte Chance.

Pause: Erstaunlich, wie schwer es vielen Menschen nach der ersten Frage fällt, eine Pause zu machen. Vielleicht ist es Unsicherheit oder die Angst vor einem »Nein«. Dabei ist diese

Zeit geben

Pause absolut entscheidend. Es geht gar nicht so sehr darum, ob der Kunde »Ja« oder »Nein« sagt. Der wirkliche Erfolg kommt dadurch zustande, dass im Gehirn des Kunden bereits vorhandene Gedanken über das Produkt oder seinen Bedarf durch das Gespräch wachgerufen werden. Ein »Ja« oder »Nein« bedeutet, dass ab hier von einer gemeinsamen Gesprächsgrundlage ausgegangen werden kann. Nichts torpediert den Verkauf mehr, als wenn der Kunde »Nein« denkt, Sie als Verkäufer aber dem Kunden munter weitere Vorteile aufzählen. Bevor Sie nicht seine offenen Punkte oder die Gründe für das »Nein« kennen und diese entkräften können, wird Ihnen der Kunde nicht weiter folgen. Mit dem »Nein« steht eine Schublade in seinem Kopf offen. Bevor ein Kauf von ihm in Erwägung gezogen wird, müssen Sie diese erst bedienen!

Selbst vor einem »Nein« sollten Sie keine Angst haben. Im Gegenteil, Sie erhalten dadurch ein wichtiges Signal, denn offenbar haben Sie Ihren Kunden mit der ersten Frage nicht angesprochen und wohl falsch eingeschätzt. Nutzen Sie die Gelegenheit, mehr über ihn zu erfahren. Denn auch für Sie geht es in dem Augenblick um wertvolle Zeit. Überprüfen Sie Ihren Weg in einem solchen Fall noch einmal. Fragen Sie das nächste Mal bei Ihrem Chef nach, welche Aspekte bei einem abgelehnten Projekt für ihn von besonderer Bedeutung sind. Und mit diesen neuen Informationen können Sie einen erneuten Versuch starten.

Auf dem Merkzettel:

- Konzentrieren Sie sich auf den Nutzen – vor allem beim Erstkontakt, denn Ihnen bleibt immer weniger Zeit. Die fünf Bewertungszentren bieten Ihnen hier wichtige Hilfestellungen.
- Das Gehirn ist nicht bereit, aus einer Fülle von Informationen auszuwählen. Bringen Sie den Nutzen auf den Punkt. So steigern Sie Ihre Wirkung.

Das Gespräch: Im Vergleich zur Eröffnung ist das eigentliche Gespräch ein Leichtes. Vorausgesetzt Sie beachten, dass es vor allem darum geht, mehr über den Gesprächspartner zu erfahren. Überlegen Sie, welche Bewertungen er **Gespräche führen** zu Ihrem Produkt hat und was ihm sonst noch **ohne (viel) zu reden** wichtig ist. Sie müssen für ihn eine Lösung erarbeiten, zu der er nicht Nein sagen kann. Weil sie für ihn die beste Alternative ist.

Entscheidend ist, dass Sie kurz und prägnant agieren. Je weniger Arbeit das Gehirn hat, umso eher werden Ihre Informationen dort bearbeitet. Ihr Redeanteil sollte deutlich unter einem Drittel der gesamten Gesprächsdauer liegen. Allerdings trifft das Wort Redeanteil nicht ganz den Kern der Sache. Entscheidend ist Ihr *Zuhören*! Es gibt nichts Schlimmeres als einen Verkäufer, der durch unendliche Schulungen seine Play-Bewertungen in den Griff bekommen hat und ungeduldig darauf wartet, wann er endlich wieder loslegen darf. Was Sie sagen, spielt im Vergleich zu dem, was der Kunde sagt, eine untergeordnete Rolle für Ihren Erfolg.

Der Verkaufsabschluss: Obgleich der Übergang zum Verkaufsabschluss häufig fließend ist, möchte ich ihn hier als eigenständigen Abschnitt markieren. Viele Mitarbeiter zieren sich, ein Gespräch vernünftig zu beenden. Auch **Kaufsignale** hier ist die Angst vor dem Misserfolg sicher einer der Hauptgründe. Doch nicht zum Abschluss zu kommen, ist ein Kardinalfehler! Dadurch ziehen sich Gespräche unnötig in die Länge oder werden ohne Ergebnis vertagt. Das ist unbefriedigend für beide Seiten, vor allem, wenn das Gespräch vorher gut geführt wurde.

Erkennen Sie die Signale! Sucht Ihr Gegenüber verstärkt Blickkontakt oder rückt auch körperlich näher, so sind das deutliche Signale, dass er oder sie zum Abschluss kommen möchte. Auch Fragen, die in die Zukunft weisen, etwa: »Wie würde denn die Umsetzung im Alltag aussehen?«, oder Detailfragen sind dafür klare Hinweise.

Der Gesprächsabschluss ist ein wichtiger Schritt auf dem Weg zum Erfolg, deshalb trauen Sie sich. Wenn Ihr Gesprächspartner darauf mit weiteren Fragen reagiert und noch nicht so weit ist, vorbehaltlos »Ja« zu sagen: kein Problem. Vielleicht müssen Sie noch einmal einen Schritt zurück und zusätzliche Informationen sammeln, bevor Sie erneut nach dem Kauf fragen können. Eventuelle Einwände bedeuten längst nicht das Scheitern des Gesprächs!

Entscheidend ist, dass Sie auf diese Einwände richtig reagieren. Auf keinen Fall sollten Sie ihnen widersprechen oder sie ignorieren. Ihr Gesprächspartner sieht gute Gründe in seinen Einwänden. Und das sollten Sie akzeptieren.

Im Vertrieb sollten Sie sich einfach mal eine Liste mit möglichen Einwänden anlegen und daran gezielt Ihre Reaktion üben. Das Vertrauen entsteht ja gerade durch die Sicherheit, die Sie ausstrahlen. Deshalb ist es wichtig, dass Sie ein Einwand nicht gleich aus der Bahn wirft. Wenn Ihr Produkt Schwächen hat, und das hat es ganz sicher, suchen Sie für jedes Bewertungsprofil entsprechende Stärken, die diese Schwächen kompensieren. Das Gehirn ist daran gewöhnt, Alternativen zu vergleichen. Es erwartet nicht Überlegenheit in allen Bereichen. Aber Sie sollten die Kompensationen deutlich kommunizieren.

Anders verhält es sich mit Vorwänden wie »Das kann ich ohne meine Kollegen nicht entscheiden«. Oder: »Heute habe ich zu wenig Zeit, um mir das anzusehen.« Entweder steht hinter dem Vorwand ein Einwand, den Sie lösen müssen: »Wann können wir einen gemeinsamen Termin vereinbaren? Ich würde Anfang nächste Woche vorschlagen.« Oder: »Wann passt es Ihnen, dass wir uns einmal ausführlich darüber unterhalten können?« Oder der Vorwand ist tatsächlich nur ein Vorwand, und Ihr Gegenüber möchte Ihnen einfach nicht sagen, weshalb er oder sie nicht kaufen will. Häufig ist dies der Anfang einer einseitigen Beziehung, die Sie viel Zeit und

Kraft kosten kann. Vielleicht ist es dann besser, Sie suchen sich ein anderes Projekt oder einen Kunden mit wirklichem Interesse.

Die richtige Rolle finden – Weiterdenker und Vordenker: Langfristig liegt Ihr Erfolg im Erkennen dessen, was Ihr Gesprächspartner für sich gebrauchen kann. Sie sind für ihn von besonderem Wert, schließlich haben Sie Wissen über ein Gebiet, das er nicht hat. Sie kennen vergleichbare Projekte. Wenn Sie weit genug vorausdenken, können Sie ihn mit genau den Informationen versorgen, die ihn seinem Ziel näher bringen. Machen Sie sich Gedanken darüber, welche Informationen, Lösungen oder Konsequenzen ihn weiterbringen. Beachten Sie dabei die Besonderheiten, die sich aus den Bewertungen des Neuro Code ergeben:

Einem Menschen mit hohen Domination-Bewertungen sollten Sie möglichst knappe Informationen liefern, die dieser direkt für seine Entscheidungsfindung gebrauchen kann. Details oder unnötige Aspekte vermeiden Sie lieber. Auf **Die Zukunft im Blick** »unnötige« Informationen reagiert er nämlich ziemlich allergisch. Kommen Sie gleich zur Sache und seien Sie direkt! Das schätzt er. Sie sollten sich nur nicht anbiedern. Partnerschaftliches Getue ist hier völlig fehl am Platz. Stellen Sie deutlich heraus, wer die Entscheidungen trifft: er.

Bei Menschen mit hohen Seek-Bewertungen, sollten Sie die Innovationskraft Ihrer Projekte oder Produkte in den Mittelpunkt stellen. Mögliche weitere Ausbaustufen oder in der Entwicklung befindliche Features sind gute Verkaufsargumente. Der Umgang mit diesen Menschen ist meist recht informell. Sie legen selten Wert auf Förmlichkeiten. Auch sie mögen es, wenn man direkt zur Sache kommt. Wichtig sind für diesen Typus die Chancen. Restriktionen empfinden sie wenig attraktiv.

Hohe Stability-Bewertungen erfordern, dass Sie einem solchen Menschen vor allem Details zum Produkt anbieten. Weisen Sie zudem auf mögliche Konsequenzen seiner Entscheidung hin. Auch unabhängige Tests weiß er zu schätzen. Wichtig sind für ihn schriftliche Unterlagen. Sprechen Sie die Risiken einer Entscheidung an und unterstützen Sie ihn mit Lösungen, die diese Risiken minimieren. Dann werden Sie für ihn Bedeutung erlangen – auch wenn er Ihnen das vielleicht nie zeigen wird.

Vorsicht vor der Sprunghaftigkeit bei hohen Play-Bewertungen! Dieser Mensch ist selten ein verlässlicher Partner, wenn es um eine langfristige Beziehung geht. Unterstützen Sie soweit möglich seinen Hang, vor anderen glänzen zu wollen. Lassen Sie ihn ruhig vor seinem Team gut aussehen, dann wird er Sie in sein Herz schließen – zumindest vorübergehend.

Am angenehmsten sind Menschen mit hohen Cooperation-Bewertungen. Allerdings haben sie meist keinen allzu großen Entscheidungsspielraum und sind deshalb unter den Entscheidern selten anzutreffen. Sie denken vor allem an andere. Deshalb sollte bei den Informationen, die Sie ihnen zur Verfügung stellen, immer auch an die Konsequenzen für ihre Mitarbeiter oder das Unternehmen gedacht werden. Hat ein solcher Vertrauen gefasst, lässt er Ihnen weitestgehend freie Hand. Dann gehören Sie quasi zur Familie.

 Auf dem Merkzettel:

- Geben Sie Ihrem Gegenüber Zeit, Informationen zu verarbeiten. Bei Überforderung schaltet das Gehirn ab und er oder sie wird gar keine Entscheidung treffen.
- Gespräche aktiv zu führen, in denen Sie wenig reden, aber sehr genau zuhören, ist der Schlüssel, um Kunden zu erkennen.
- Der Verkaufsabschluss ist nicht Endpunkt, sondern Teil des Prozesses.
- Wer seine Kunden kennt, hat auf enger werdenden Märkten Erfolg und liefert den richtigen Nutzen für den Bedarf.

Die Hirnforschung zeigt, dass es zur Nutzenorientierung keine Alternative gibt. Nur wer erkennt, welche Bewertungen im Gehirn wichtig sind, kann die richtigen und entscheidungsrelevanten Informationen gezielt an den Mann bringen. Achten Sie also darauf, dass Ihnen Ihr Schubladendenken nicht im Weg steht! Setzen Sie das REFLECT-Prinzip ein, um Ihr Gegenüber besser zu erkennen. Konzentrieren Sie sich in Ihren Gesprächen auf die so identifizierten Punkte – mit Informationsflut erreichen Sie nichts.

Diese Konsequenzen können Sie ziehen:

- Vorbereitung wird immer wichtiger. Orientieren Sie sich an den fünf Bewertungen von RULE. So finden Sie die relevanten Argumente und bringen den Kundennutzen auf den Punkt.
- Sparen Sie sich unnötiges »Blabla«. Sie haben bei Kontakten nur wenige Sekunden Zeit, um den Nutzen klarzumachen, den Sie ermöglichen.
- Haben Sie Mut zu Pausen, das Gehirn muss Ihre Informationen verarbeiten. Wenn Sie diese Zeit nicht geben, wird es abschalten und Sie ignorieren.
- Lernen Sie aktive Gespräche zu führen, in denen Sie trotzdem so wenig wie möglich reden, aber sehr genau zuhören.
- Machen Sie sich fit für die Zukunft. Wenn Sie die Situation des Kunden begreifen, sind Sie als Experte für ihn unersetzbar.

Kapitel 9
So lösen Sie Krisensituationen

Kreativität erfordert das Überschreiten
bestehender Grenzen. Krisen bieten dazu
die beste Gelegenheit.

*Besprechungsraum, Montag 16:00 Uhr. Gleich treffen wir uns mit
den anderen Abteilungsleitern. Die Zeichen in der Wirtschaft sind schon
seit Wochen beängstigend. Bisher haben wir ja noch ganz gut dagegenge-
halten. Aber Müller hat vorhin schon durchblicken lassen, dass sich jetzt
auch unsere Zahlen negativ entwickeln. So ein Mist! Um Einschnitte werden wir wohl nicht herumkommen. Hoffentlich müssen wir niemanden entlassen. Vor vier Jahren war es heftig. Ich hatte ganz schön Angst. Meine
privaten Ausgaben steigen, erst recht seitdem unser zweites Kind da ist.
Schon erstaunlich, wie schnell damals die Stimmung im Betrieb gekippt
ist. Und dann? Hat jeder nur noch auf sich geschaut. Von Teamgeist und
Zusammenhalt war da nicht mehr viel übrig. Diesmal müssen wir es besser machen. Wir haben doch schließlich auch eine Verantwortung für die
Mitarbeiter. Aber ich sehe schon: Das wird ein Drahtseilakt. Auf der einen
Seite notwendige Einschnitte durchsetzen und auf der anderen Seite erwarten, dass alle an einem Strang ziehen. Dabei sind wir gerade jetzt auf ein
kreatives Miteinander angewiesen, um da schnell wieder rauszukommen.*

Erinnern Sie sich noch? Im Jahr 2008 platzte die Immobilienblase in
den USA. Eine weltweite Bankenkrise und fast der Zusammenbruch
des gesamten Finanzsystems folgten. Umsatzzahlen in praktisch allen Bereichen gingen dramatisch zurück. Ein weltweites ökonomi-
sches Beben mit bislang ungeahntem Ausmaß. Auch wenn es am
Ende nicht so schlimm kam, wie manche Katastrophenszenarien es
voraussagten: Krisen gehören zum Auf und Ab der Wirtschaft ganz
offensichtlich dazu. Wichtig ist, wie Unternehmen auf solche außer-
gewöhnlichen Situationen reagieren. Was erwarten Kunden oder Mitarbeiter und was kann die Führungskraft mit Hilfe der 5R-Prinzipien
tun, damit Unternehmen Krisen besser bewältigen? Und vielleicht
sogar gestärkt daraus hervorgehen?

Führen beginnt im Kopf des anderen. Körner
Copyright ©2011 WILEY-VCH GmbH & Co. KGaA, Weinheim
ISBN: 978-3-527-50599-9

Konjunkturkrisen sind keine Chancen – es geht ums Überleben

Konjunkturelle Krisen und Aufschwünge kommen und gehen. Auch wenn die Einbrüche nicht immer so stark sind wie in der letzten großen Finanz- und Wirtschaftskrise, die 2008 begann. In dem Maße, in dem die Einflüsse der globalen Märkte zunehmen, wird es für Unternehmen immer schwieriger, sich vor Krisen abzusichern. Dabei lässt sich ein immer gleiches Muster beobachten: Kaum gibt es erste Anzeichen einer zurückgehenden Konjunktur, beginnen Verbraucher wie Unternehmen ihr Geld zu sichern. Produkte, die nur »nice to have« sind, werden kaum noch gekauft, große Investitionen erst einmal zurückgestellt. Autoindustrie, Restaurants oder Reiseveranstalter gehören meist zu den ersten Verlierern. Ganz schnell erwischt es auch die Zulieferindustrien und damit ist die Krise in der breiten Masse angekommen. Fallen dann, mit etwas Verzögerung, die ersten Arbeitsplätze weg, dreht sich die Spirale der konjunkturellen Abwärtsentwicklung. Die Leute sparen noch mehr und geben immer weniger Geld aus. Verstärkt wird diese Entwicklung dadurch, dass die Banken die Kreditvergabe an Unternehmen wie den privaten Verbraucher restriktiver handhaben. Die Lage spitzt sich zu.

Krisen zielen bei Mitarbeitern wie Kunden auf Stability-Bewertungen, dem Angstzentrum der Bewertungen. Gehaltseinbußen, der Wegfall von Statussymbolen oder gar der Arbeitsplatzverlust und in dessen Folge sozialer Abstieg sind düstere Szenarien, die durch die Medien gern noch verstärkt werden. Unzählige Berichte breiten die Not der Häuslebauer nach einer Zwangsversteigerung vor einem Millionenpublikum aus. Und legen damit entsprechende Schubladen im Kopf an. Droht die nächste Krise, werden diese schnell geöffnet. Zumal die Medien schnell mit entsprechenden Bildern zur Stelle sind. Je nach individueller Erfahrung und Stärke des Reizes lösen diese Informationen dann Bewertungen aus, die im Extremfall zu einer Flucht- oder Kampf-Reaktion führen. Flucht kann sich dabei auch durch den Rückzug nach innen äußern. Kampf hingegen in einer größeren Aggressivität oder blindem Aktionismus. Für beides haben Sie als Führungskraft in einem solchen Moment keine Zeit. Denn Sie brauchen klare Erkenntnisse und eine entschlossene

Horrorszenarien lähmen.

Umsetzung ohne Fehler. In Zeiten einbrechender Umsätze werden solche nicht verziehen.

Sie sollten sich vor Augen führen: Eine Krise wie in 2008 ist ein Problem. Ein Problem, das Ihre Abteilung bedroht oder sogar das Unternehmen an den Rand des Ruins bringen kann, wenn Sie nicht die richtigen Maßnahmen einleiten. Dazu müssen Sie sich zuerst die richtigen und vor allem realistischen Ziele setzen. Krisen sind für Betroffene zunächst eben nicht Chance. Sondern es geht darum, wieder festen Boden unter den Füßen zu gewinnen und Ihren Mitarbeitern Sicherheit zu geben. Aus Sicht der Mitarbeiter geht es ums Überleben. Wenn Sie diese Sicht nicht berücksichtigen, werden Ihre Mitarbeiter nicht mit Ihnen an einem Strang ziehen.

Nehmen Sie Krisen ernst.

Das wird auch an der Einführung einer Maßnahme wie die viel gelobte Kurzarbeit deutlich, die als probates Mittel in einer Unternehmenskrise gilt. Viele der dabei erzielten Einsparungen gehen nämlich auch zu Lasten der Mitarbeiter. Wodurch sich diese mit ihren Erwartungen an die Krise bestätigt sehen. Zumal die Einschränkungen für die Mitarbeiter meist deutlicher zu spüren sind als für die Führungskräfte. Die 10-prozentigen Gehaltseinbußen bedeuten in der Realität eben nicht für jeden das Gleiche. Der eine muss auf seine Urlaubsreise verzichten, für den anderen ist es vielleicht mit einer sozialen Bloßstellung verbunden, wenn das Kind nicht mit ins Schullandheim kann. Erklären Sie Ihren Mitarbeitern offen und genau was, wie viel und warum Sie kürzen. Und beachten Sie, wo es vielleicht zu Härtefällen kommt.

Klassische Reaktionen in Unternehmen beziehen sich meist auf Kosten- und Preissenkungen. Fast reflexartig versuchen sie dadurch, den Absatz zu halten. In den meisten Fällen ist das jedoch weder möglich noch sinnvoll. Eine Preissenkung schlägt im Gegensatz zum Absatzverlust voll auf den Gewinn durch. Denn die Herstellungskosten bleiben unverändert. Eine Senkung des Absatzes hingegen reduziert auch die variablen Kosten. Und je nach Produkt ist das die deutlich bessere Alternative. Gerade im Vertrieb herrscht eine viel zu große Fixierung auf die Menge, anstatt den Deckungsbeitrag im Auge zu behalten. Hinzu kommt, dass Preissenkungen nur für Produkte aus dem Niedrigpreissegment glaubwürdig sind. Nur dort führen sie zu einer

Preise verteidigen

höheren Bindung an die Marke. Ihre Produkte haben sich über viele Jahre hinweg einen Platz im Kopf Ihrer Kunden erobert. Wenn Sie die Erwartungen Ihrer Kunden nicht mehr bedienen, verwirren Sie, statt Orientierung zu geben. Premium- und Mainstream-Marken erhalten deshalb erhöhten Zuspruch, weil der Konsument weiß, dass ihre Qualität auch in schlechten Zeiten hält. Hersteller könnten das Preisniveau solcher Marken nur dann glaubwürdig senken, wenn sie eine günstige Variante des Produkts auf den Markt bringen. Und sich damit für jedermann sichtbar auf die neue Realität einstellen – allerdings mit den entsprechenden Kosten, mit denen eine solche Markteinführung verbunden ist.

Die jüngste Vergangenheit zeigt, dass die klassischen Mittel wie Kurzarbeit oder Preissenkung sowie mehr Anstrengung im Vertrieb nicht mehr ausreichen. Denn eine Krise findet vor allem auch in den Köpfen statt. Die schon erwähnte Medienmacht mag dafür ein Grund sein, die weltumspannende Vernetzung ein anderer.

Die Bewertungen des Neuro Code fördern dabei unterschiedliche Sicht- und Reaktionsweisen.

Domination: Menschen mit hohen Domination-Bewertungen neigen dazu, die Anzeichen einer Krise unterzubewerten oder gar zu negieren. Werden sie darauf angesprochen, reagieren sie oft engstirnig oder gar aggressiv, insbesondere dann, wenn die Krise eventuell auf eigene Versäumnisse zurückzuführen ist. So geht wertvolle Zeit verloren und das Unternehmen beschäftigt sich mit sich selbst, anstatt die richtigen Maßnahmen einzuleiten.

Seek: Menschen mit hohen Seek-Bewertungen fühlen sich schnell als die ersten Verlierer. Denn meistens werden in Krisensituationen als Erstes Forschungs- und Entwicklungsabteilung zusammengestrichen oder Budgets für die Fortbildung gekürzt. Menschen mit hohen Seek-Bewertungen werden zwar selten aggressiv, aber sie igeln sich ein oder suchen sich eine andere Alternative. Dann aber verliert das Unternehmen viel an Kreativitätspotenzial und das bedroht seine Zukunftsfähigkeit.

Play: Hohe Play-Bewertungen sind in Krisenzeiten eher Unterstützer als Hemmschuh, solange die Lage nicht aussichtslos ist. Indem Sie Wege aufzeigen, die trotz Anstrengung zum Ziel führen, werden Sie hier wertvolle Begleiter und Treiber finden.

Cooperation: Diese Bewertungen sind auf der einen Seite wichtiges verbindendes Element, um mit Teamgeist und Zusammenhalt die schwierigen Zeiten zu meistern. Aber sie können auch zur Blockade und Verweigerungshaltung führen, wenn nicht an alle gedacht wird.

Stability: Führt dazu, dass Menschen wegsehen, sich einigeln oder gar blockieren, wenn die Angst langsam in ihnen hochkriecht. Dabei müssen die Impulse nicht einmal aus dem Unternehmen kommen. Schon eine Krise in ihrer Umgebung aktiviert diese Bewertungen und entsprechende Reaktionen.

 Diese Konsequenzen können Sie ziehen:

- Absatzzahlen durch Ausweitung des Vertriebs zu verteidigen, kann sehr kostspielig werden. Suchen Sie neue Wege, um durch die Krise zu kommen.
- Auch bei Ihren Kunden existieren höhere Stability-Bewertungen. Passen Sie Ihre Angebote an oder kreieren Sie neue.
- Wahrnehmung und Reaktionen auf Krisen sind sehr unterschiedlich. Deshalb sollten Sie schon bei den ersten Anzeichen reagieren und sich einen Plan zurechtlegen, der die verschiedenen Bewertungen berücksichtigt.

Erfolgreich aus Krisen führen – so machen Sie es richtig

Verschiedene Studien und Untersuchungen zeigen: Unternehmen, die auch in normalen Zeiten gut dastehen, bewältigen Krisen besser als andere. Es geht also nicht darum, alles anders zu machen, sondern sich auf das zu konzentrieren, worauf es auch sonst ankommt: hohe Kundenorientierung, exzellente Geschäftsprozesse, anpassungsfähige Organisation mit guten Mitarbeitern und klare Strategie sowie das »richtige« Kerngeschäft. Das zumindest zeichnet laut der Untersuchung der Wirtschaftswoche[1] »Die Krisenstrategie der Wachstumschampions« erfolgreiche Unternehmen aus. Manches da-

---

1 Leendertse, J., www.wiwo.de, 2009

von lässt sich nur langfristig beeinflussen, das wird Inhalt von Kapitel zehn sein, aber ein paar Dinge können Sie auch sofort tun, selbst wenn Sie noch kein Wachstumschampion sind.

Klare Kommunikation: Eine Krise nimmt einen breiten Raum im Kopf der Betroffenen ein, vor allem bei Stability- und Cooperation-Bewertungen. Zu stark sind die Schubladen, die sich durch die Berichterstattung oder Gespräche im Bekanntenkreis gebildet haben. Neben dem Verlust des Einkommens ist es die Angst vor dem Makel der Arbeitslosigkeit, verbunden mit den Bedenken, einen neuen Job zu finden. Da mögen die Betroffenen nach außen Zuversicht zeigen. Aber von den Bildern im Kopf, die teilweise unbewusst ablaufen, können sich die wenigsten befreien. Deshalb ist für Sie als Führungskraft der erste Schritt, eine deutliche Sprache zu sprechen. Machen Sie den Mitarbeitern die Situation so klar, dass diese sie nachvollziehen können. Sodass sie spüren, worauf es ankommt. Vielleicht gilt es, mehr Engagement beim Kunden zu zeigen und das Einsparpotenzial Ihrer Produkte noch besser zu kommunizieren oder zeitweise auf liebgewonnene Sozialleistungen zu verzichten. Klarheit ist die beste Waffe gegen verborgene Ängste!

Ehrliche Analyse, klare Kommunikation

Authentizität: Verborgene Ängste bekämpfen Sie auf der unbewussten Ebene. Mit eigener Überzeugung, Zuversicht und Entschlossenheit. Dazu gehört es, dass Sie für sich selbst einen Weg aus der Krise gefunden haben. Nehmen Sie sich dazu Zeit. Aber dann sollten Sie entschlossen handeln. Nur wenn Sie sich selbst im Klaren über den einzuschlagenden Weg sind, können Sie auch andere davon überzeugen. Natürlich können Sie den Weg gemeinsam mit Ihren Mitarbeitern ausloten, auch das ist möglich. Wie weit Sie dabei andere beteiligen, hängt von der Art Ihrer Führung ab. Aber Sie sollten sich gerade in der Krise treu bleiben. Wenn Sie bisher alles alleine entschieden haben, bringt es nichts, jetzt einen runden Tisch einzuberufen. Wenn Sie etwas ändern, dann so, dass es langfristig wirkt. Es kommt noch mehr als sonst auf maximale Verlässlichkeit an.

Harte, schnelle Schnitte: Entlassungen sind Gift für Stabilty- und Cooperation-Bewertungen. Wenn Sie dennoch nicht drum herumkommen, sollten Sie schnell reagieren. Und stellen Sie die Mitarbeiter umgehend frei. Das mag herzlos wirken. Aber je schneller Sie ein sta-

Basis bilden

biles Team bilden, umso eher bekommen Sie die Kurve. Angst in Form von starken Stability-Bewertungen blockiert. Negative Cooperation-Bewertungen ebenso. Es kann daher passieren, dass Sie Mitarbeiter »verlieren«, die gar nicht direkt betroffen sind, sondern nur mitfühlen. Solange Entlassungen nicht abgeschlossen sind, solange sich die Mitarbeiter also noch begegnen, wird das Thema im Raum schweben. Ein Thema, das alles andere blockiert. Und diskutieren Sie nicht. Domination-Bewertungen stehen einer Einsicht in eigene Fehler entgegen. Dafür haben Sie jetzt keine Zeit mehr. Deshalb: So schwer es fällt, machen Sie den erforderlichen Schnitt! Lieber mit einem kleinen Team voller Einsatz, Engagement und Enthusiasmus Überstunden machen, um den Kahn wieder flott zu kriegen, als mit einer trägen Masse vor sich hinzudümpeln, wo der eine auf den anderen schaut und jeder aufpasst, dass er gut wegkommt.

Perspektive zeigen: Wollen Sie Ihren Mitarbeitern das Gehalt kürzen und dennoch erreichen, dass sie motivierter arbeiten als vorher? Dann sollten Sie Ihre Wahrnehmung neu justieren. Denn die Bewertungen Ihrer Mitarbeiter haben sich verändert. Und das ist Ihre Chance! Vorausgesetzt, Sie sprechen die Bewertungen klar an. Wenn Sie ein Mehr an Sicherheit bieten – was in einer Krise sehr viel zählt –, können Sie weniger Geld einsetzen. Das funktioniert allerdings nur, wenn Sie tatsächlich höhere Stabilty-Bewertungen bieten. Und zwar aus der Sicht Ihrer Mitarbeiter! Setzen Sie sich intensiv mit der Lage des Einzelnen auseinander. Jede Lebenssituation ist unterschiedlich. Sie werden keine Freude an einem Mitarbeiter haben, der zwar einem Gehaltsverzicht zustimmt, aber in permanenter Angst um sein Eigenheim lebt. Oder an einem, für den eben nicht das Gehalt, sondern die persönliche Entwicklung im Vordergrund steht. Finden Sie im Gespräch die jeweils richtige Lösung und stellen Sie anschließend in den Gruppen Konsens her. Cooperation-Bewertungen werden in der Krisenbewältigung eine Hauptmotivation für das Handeln sein. Allerdings nur, wenn sich alle auch aus ihrer jeweiligen Perspektive im selben Boot sehen.

 Auf dem Merkzettel:

- Kommunizieren Sie klar und nehmen Sie Ängste ernst. Sonst reagieren die Mitarbeiter mit Starre oder Flucht.

- Glaubwürdigkeit entsteht durch Authentizität. Nur wenn Sie selbst vom Ausweg überzeugt sind, können Sie andere mitnehmen.
- Legen Sie schnell eine neue Basis. Endloses Hin und Her kostet Zeit und schafft Verunsicherung, die beim Aufbruch blockiert.
- Menschen können mit Einschnitten leben. Aber sie benötigen eine Perspektive für sich, um alle Kräfte zu mobilisieren.

Entschlossenheit: Ist das Ziel einmal definiert, das Team zusammen und Sie legen los, dann gibt es kein Zurück. Das sollte Ihnen klar sein. Ihre Chancen, die Krise zu meistern, steigen, wenn alle Mitarbeiter mitziehen. Sie dürfen nur nicht mittendrin wieder die Richtung wechseln. Denn dann werden Sie Ihre Mitarbeiter schnell verlieren. Deshalb suchen Sie sich das richtige Ziel: Absatz-, Preis- oder Kostenziele – alles ist möglich. Es muss nur eben realistisch, greifbar und dokumentierbar sein. Es gibt keinen stärkeren Sog als eine Gemeinschaft, die sich einmal in Bewegung gesetzt hat. Nutzen Sie diese Chance! Untermauern Sie die Bewegung durch die Dokumentation der Stationen. So sichern Sie sich gegen Angriffe von Play- und Domination-Bewertungen ab, die vielleicht nur auf Ihre Schwäche lauern. Kurven und Bögen sind möglich – aber wechseln Sie nicht die Grundrichtung. Vorher sollten Sie lieber abtreten!

Kundennutzen in den Fokus: Kunden wollen immer das eine: Nutzen. Das gilt genauso in Krisenzeiten. Nur dass sich ihre Bewertungen

»Neue« Orientierung

und damit ihr Nutzen geändert haben. Das bietet Möglichkeiten für schnelle, flexible und kreative Lösungen. Denn letztlich hat Ihr Kunde die gleichen Probleme wie Sie. Mit der Folge, dass seine Stability-Bewertungen hoch sind und sein Nutzen sich verschoben hat. Vielleicht haben Sie ein Produkt, dessen Herstellungskosten für Sie gering sind. Zum Beispiel bei einer Software. Dann bieten Sie doch eine Erfolgsgarantie an! Der Käufer kann das Produkt zurückgeben, wenn sich durch dessen Einsatz der Umsatz nicht verdoppelt. Ein großes Risiko? Nein, denn die meisten Unternehmen geben die Software auch dann nicht zurück, wenn die Verdoppelung des Umsatzes nicht erreicht wurde, sich aber signifikant erhöht hat.

Auch könnten Sie eine Versicherung anbieten. Etwa als Reiseunternehmen, das eine Rücktrittsmöglichkeit bei eintretender Arbeitslosigkeit einräumt, oder Sie Maschinen an Ihre Kunden vermieten, mit der Möglichkeit, diese zurückzugeben, wenn sie keine Vorteile bringen. Vielleicht ist das eine bessere Situation für beide Parteien, als wenn Maschinen ungenutzt im Lager stehen. Es kommt darauf an, neue Lösungen zu finden, Alternativen, an die Sie bisher nicht gedacht haben.

In Krisen bewerten viele Menschen kurzfristige Ereignisse höher als solche, die weiter in der Zukunft liegen. Es fließen hier Unsicherheiten über das kommende Leben ein. Gerade in Krisenzeiten liegt der Fokus auf kurzfristigen Zielen. Reagieren Sie darauf! Beim Kauf eines Autos etwa interessiert den Kunden in einer solchen Situation weniger der Umweltgedanke, als vielmehr die Ersparnis bei Sprit oder Kfz-Steuer. Obgleich für beides der Benzinverbrauch und die PS-Ausstattung maßgeblich sind. Die Fakten sind die gleichen, aber der Nutzen ein anderer! Es kommt eben immer auf die Perspektive an. Beachten Sie dies in Ihrer Kommunikation.

Konzentration: Beschränken Sie sich auf den Kern Ihrer Tätigkeit. Darauf, was das Unternehmen ausmacht. Das ist die Keimzelle für den Erfolg. Hier liegen Kraft und Ausstrahlung, die Kunden wie Mitarbeiter folgen lassen. Hier **Den Kern in den Fokus** können Sie mit viel mehr Glaubwürdigkeit und Ausstrahlung kommunizieren – und überzeugen. Hier liegt das Potenzial, die Krise zu meistern. Starten Sie deshalb nicht zu früh Experimente und verzetteln Sie sich nicht. Es geht in der Krise ums Überleben. Erst wenn Sie gestärkt daraus hervorgegangen sind, sollten Sie sich nach Entwicklungsmöglichkeiten umsehen. Denn die benötigen Kraft, Zeit und Geld.

Kontrolle und Konsequenz: Es gibt nur einen gemeinsamen Weg. Deshalb ist es so wichtig, dass Sie die einzelnen Stationen kontrollieren und für alle sichtbar machen. Das gilt insbesondere für Play-, Domination- sowie Stability-Bewertungen. Dulden Sie keinen Stillstand oder gar Rückschritt. Dazu ist der volle Einsatz aller Beteiligten im Rahmen der vereinbarten Leistungen nötig. Auch darauf sollten Sie achten. Sonst riskieren Sie negative Cooperation-Bewertungen. Die Krise ist ein machtvoller Gegner in den Köpfen. Erfolg werden Sie nur haben, wenn Sie diese mit aller Kraft bekämpfen. Deshalb sollten Sie Mitarbeiter, die nicht mitziehen, schnell und unnachgiebig aussortieren. Es ist keine Zeit für Bewährungsproben und endlose Diskussionen. Sonst erleidet Ihr Unternehmen wie Sie selbst Schaden, der letztlich zum Scheitern führen wird.

Vertrauen: Vertrauen entsteht durch die Konsistenz Ihrer Handlungen. Tun Sie das, was Sie sagen! Zeigen Sie, wer Sie sind! Sie brauchen Vertrauen, aber das erzielen Sie nicht durch Reden. Überzeugung entsteht von innen heraus, auf beiden Seiten. Und gerade gegenüber Play- und Domination-Bewertungen ist die eigene Überzeugung ein ganz wichtiger Schlüssel, um diese mitzunehmen. Deshalb sind klare Kommunikation, Authentizität, Entschlossenheit und Konsequenz so wichtig.

 Auf dem Merkzettel:

- Entschlossenheit ist die Basis dafür, dass alle an einem Strang ziehen und sich nicht verzetteln.
- Kundennutzen verändert sich in Krisenzeiten. Nur wer nah am Kunden ist, kann diese Veränderungen aufnehmen und richtig reagieren.
- Krise heißt, sich auf seine Stärken zu besinnen. Was Abteilung oder Unternehmen stark macht, sollten Sie unbedingt stärken. Hier ist der Kern für das Überleben.
- Kontrolle und Konsequenz ist zum Halten des Kurses unbedingt erforderlich und wird letztlich zum Erfolg führen.

 Diese Konsequenzen können Sie ziehen:

- Sprechen Sie Klartext. Durch innere Überzeugung und Glaubwürdigkeit bieten Sie die Orientierung, die unverzichtbar für Ihre Mitarbeiter ist.
- Schnelle Schnitte schaffen die Basis für neue Perspektiven. Sie sind unverzichtbar, wenn Sie Einsatz und Zuversicht wollen.
- Aktualisieren Sie gemeinsam den veränderten Kundennutzen und lassen Sie sich nicht durch eigene Schubladen täuschen. Hier liegen die größten Chancen.

- Konzentrieren Sie sich auf den Unternehmenskern. Es ist weder überschüssige Zeit noch Kraft für Experimente vorhanden.
- Entschlossenheit und Konsequenz sind unverzichtbar. Starke Führungskräfte bieten Orientierung und lassen kein Abweichen vom Kurs zu. Ohne klares Profil haben Sie kaum eine Chance.

Wie Ihnen Kreativität helfen kann – auch in Krisen

Die Luft scheint zum Schneiden. Seit Stunden sitzen wir jetzt schon zusammen und brüten über neue Möglichkeiten, den Vertrieb anzukurbeln. Die Zahlen sind in den letzten Monaten immer weiter zurückgegangen, obwohl der Markt insgesamt wächst. Allen ist klar: Wenn nicht schnell was passiert, wird das einschneidende Konsequenzen haben. Für manche der Anwesenden kann das richtig bitter werden. Aus Schmitts Augen spricht schon pure Angst. Er ist ja noch nicht so lang hier. Ihn wird es wohl als Ersten erwischen. Andere reagieren auf den Druck zunehmend aggressiv. Es muss jetzt einfach eine Lösung her!

Krisen sind immer bitter. Aber ganz besonders, wenn sie hausgemacht sind. Wenn der Umsatz gegen den allgemeinen Trend zurückgeht, ist es ein Zeichen für eigene Fehler. Egal, ob es an der Entwicklung, am Produktmanagement, dem Marketing oder am Vertrieb liegt: Jetzt sind schnelle Lösungen gefragt! Wenn Sie sehen, dass die bisherigen Rezepte nicht mehr funktionieren, wenn Sie vermeiden wollen, dass sich die schwachen Zahlen aufs ganze Unternehmen auswirken und Sie den Boden unter den Füßen verlieren: Suchen Sie nach kreativen Lösungen! Überlassen Sie das nicht dem Zufall, Kreativität können Sie fördern.

Entgegen der verbreiteten Meinung ist Kreativität nicht eine Eigenschaft, die nur einige wenige besitzen. Kreativität gehört zur Grundausstattung des Menschen. Biologen sehen das Leben insgesamt als kontinuierlichen, kreativen **Kreativität ist natürlich.** Anpassungsprozess des Individuums an seine Umgebung. Sozialwissenschaftler betrachten die kreative Gestaltung der Wirklichkeit als eine grundlegende Aufgabe des Menschen. Schon das kindliche Spiel gilt als Grundmodell kreativen Verhaltens.

Unter der Lupe: Kreativität

Kreativität ist die menschliche Eigenschaft, neue Problemlösungen für bereits bekannte oder neue Aufgabenstellungen zu erzeugen (produktive Kreativität) und völlig neue originäre Ideen hervorzubringen (expressive Kreativität). Eine neue Problemlösung kann dabei auch dadurch entstehen, dass bereits bestehende Komponenten neu arrangiert oder auf originelle Weise umstrukturiert werden.

Manchmal ist es ja so: Da tauchen wie aus dem Nichts die rettenden Gedanken auf. Gestern haben Sie noch verzweifelt nach einer Lösung für Ihr Problem gesucht. Und nun: ein Geistesblitz! Was ist in Ihrem Kopf passiert? Vereinfacht könnte man sagen, dass neue Lösungen nichts anderes als neue Verbindungen zwischen Nervenzellen sind, die bisher nur nicht aktiviert waren. Jede Nervenzelle ist mit einer Vielzahl anderer Nervenzellen verbunden, die sich gegenseitig stimulieren. Das Problem dabei: Je stärker eine Nervenzelle aktiviert wird, desto stärker auch die Erregung, die sie weitergibt. Wenn in Ihrem Gehirn aber ohnehin starke Impulse vorherrschen, weil Sie gerade verzweifelt nach einer Lösung suchen, geben die so äußerst erregten Nervenzellen diesen starken Impuls weiter. Ihr Gehirn ist quasi im Alarmzustand. Die Folge: Schwächere, neue Signale werden weniger beachtet. Deshalb ist Druck, Verzweiflung oder jeder andere starke Erregungszustand absolut kontraproduktiv für Kreativität! Doch es gibt Möglichkeiten gegenzusteuern.

Neue Ideen heißt, neue Vernetzungen im Kopf entstehen zu lassen. Gehen Sie also sorgsam mit neuen Gedanken um. Sie sind oft flüchtig, weil sie noch nicht über ein stabiles Netz an Absicherungen und Argumenten verfügen.

Zarte Pflanze

Gerade deshalb müssen Sie sie erkennen und nach ihnen »greifen«. Seien Sie sensibel für Geistesblitze!

Intuition zulassen. Neue Ideen tauchen durch bislang nicht bewusst wahrgenommene neuronale Verbindungen auf. Erwarten Sie nicht von sich und anderen, dass diese Ideen sofort begründbar sind.

Wenn Sie Ideen auch ohne Begründung ausdrücklich zulassen, geben Sie Ihrem unbewussten Wissen eine größere Chance.

Schubladen verlassen, vom Problem lösen. Starke Schubladen verhindern Kreativität. Denn sie überstrahlen neue Ideen. Deshalb sollten Sie versuchen, sich aus Ihren beherrschenden Situationen zu lösen. Andere Räume, andere Gesprächspersonen sind Möglichkeiten, um neue Impulse zu setzen und eingefahrene Strukturen zu verlassen und damit neue Gedanken zuzulassen.

Freiräume. Erwarten Sie nicht, dass Sie einfach nur einen Schalter umlegen müssten. Solange in Ihrem Kopf »Problem-Gedanken« kreisen, werden Ihnen kreative Einfälle nicht bewusst. Schaffen Sie sich gezielt Freiräume im Alltag. Gehen Sie in der Mittagspause spazieren oder schalten Sie das Handy während der Autofahrt für einen definierten Zeitraum aus. Dann werden Sie merken, dass auch Sie kreativ sind.

Konventionen abbauen. Je weniger Sie sich um Konventionen kümmern, desto mehr Freiräume schaffen Sie sich im Kopf und umso weniger sind Konventions-Schubladen aktiv. Diese verstopfen Ihren Kopf nur unnötig mit den immer gleichen Nervenaktivierungen. Flache Hierarchien können so dafür sorgen, dass mehr Kreativität entsteht.

Angst nehmen. Stability-Bewertungen sind hinderlich für die Entfaltung der Kreativität. Denn Flucht- oder Kampf-Überlegungen werden alle Lösungsansätze übertönen, die in Ihrem Kopf auftauchen. Deshalb sollten Sie sich und anderen die Angst nehmen. Manchmal kann es helfen, sich das Worst-Case-Szenario auszumalen, um sich klarzumachen, dass die Lage gar nicht so verzweifelt ist. Erst wenn Sie den Angstzustand überwunden haben, ist Ihr Kopf wieder frei, neue Lösungen zu entdecken.

 Auf dem Merkzettel:

- Kreativ kann jeder sein, es ist eine natürliche Fähigkeit.
- Neue Ideen sind schwache neuronale Verbindungen und basieren häufig zunächst auf Intuition.
- Starke Schubladen blockieren Intuition, Freiräume lassen sie zu.

Austausch mit anderen. Ein Team bietet oft die Möglichkeit, Kreativität zu steigern. Denn im Gehirn werden durch Ideen oder auch nur Bemerkungen andere Nervenzellen angeregt, die genau auf jene Nervenzellen treffen, die bei Ihnen für die geniale Idee nötig waren. Untersuchungen zeigen, dass heterogene Teams mit 6-8 Teilnehmern die besten Ergebnisse liefern.

Neue Teams bieten neue Impulse.

Hohe Qualifikation. Je besser Sie über einen Bereich Bescheid wissen, umso höher wird der Nutzen Ihrer Ideen sein. Einfach weil das Verständnis der Zusammenhänge besser ist.

Querdenken. Sitzen in Ihrer Kreativrunde nur Menschen mit den gleichen vorgefertigten Schubladen, macht es Sinn, Experten aus anderen Gebieten hinzuzuziehen, die unvoreingenommen mit dem Problem konfrontiert werden. So entstehen neue Impulse für alle.

Zeit. Erwarten Sie nicht, dass der erste neue Gedanke passt. Investieren Sie Zeit, um diesen auszubreiten und wirken zu lassen. Er kann der Ausgangspunkt für neue Ansätze sein. Eventuell müssen Sie mehrere Schleifen gehen, um zu einem greifbaren Ergebnis zu kommen.

Kritik. Wichtig ist, neue Ansätze nicht gleich zu kritisieren. Auch wenn die erste Idee, die entstanden ist, Sie nicht weiterbringt: Entwickeln Sie ihre positiven Aspekte weiter. So kommen Sie zu einer Vielzahl von Möglichkeiten, die Sie dann, aber auch erst dann, bewerten können. Die meisten Kreativmethoden verfolgen genau diesen Weg: Zunächst das freie Assoziieren neuer Möglichkeiten und erst in einem zweiten Schritt die Bewertung und Anpassung an das eigentliche Problem.

Keine schnellen Bewertungen

 Unter der Lupe: Kreativworkshops

So geht's: Für Kreativworkshops gibt es viele Methoden, die Prinzipien sind immer die gleichen. Vier goldene Regeln sind dabei wichtig:

- Jede Idee ist erlaubt.
- Keine Wertung, insbesondere keine Abqualifikation, sondern gegenseitiger Zuspruch und Ermunterung.

- Ideen dürfen aufgenommen und weiter entwickelt werden.
- Quantität geht vor Qualität.

In der Praxis hat sich eine Gruppengröße von 4-8 Personen bewährt. Wichtig ist, dass die Gruppe eine gemeinsame Grundlage und ein gemeinsames Problembewusstsein hat, sonst gibt es viele Missverständnisse, die viel Zeit kosten können.

Ein Beispiel ist die Methode 6-3-5: Sechs Personen äußern jeweils drei Ideen zur Lösung eines Problems innerhalb von fünf Minuten. Danach werden die Zettel an den Nächsten weitergegeben. Jeder hat jetzt wieder fünf Minuten Zeit, um die Idee des Nachbars weiter zu entwickeln. So entsteht in nur 30 Minuten eine Vielzahl von Ideen, die danach überprüft, diskutiert und bewertet werden.

Mut. Sie brauchen Mut! Gar nicht so sehr, um Ideen zu formulieren, die Sie in einem geschützten Kreis äußern. Mut brauchen Sie vor allem, um Ihre Idee nach außen zu »verkaufen«. Denn viele Menschen sperren sich gegen neue Ideen und Veränderungen. Gehen Sie trotzdem raus und setzen das in der Praxis um, wozu Sie sich entschlossen haben! Sie laufen sonst Gefahr, das Kreativpotenzial, das Sie gerade in Gang gesetzt haben, zu blockieren. Hier liegt vielleicht auch jener Punkt der »Krise als Chance«, von dem so gern gesprochen wird. Weil es in einer Krise irgendwann, für jeden sichtbar, kein »Weiter-so« gibt. Durch die Krise werden Ihre Mitarbeiter deshalb Widerstände schneller aufgeben und für Veränderungen bereit sein. Diese Chance auf Veränderung ist die Chance in der Krise.

 Auf dem Merkzettel:

- Neue Gedanken entstehen durch veränderte Impulse. Unter Umständen auch aus völlig fremden Gebieten.
- Planen Sie ausreichend Zeit für den Veränderungsprozess ein. Niemand kann auf Kommando kreativ sein.
- Vermeiden Sie vorschnelle Wertungen. Neue Gedanken müssen bei allen wirken können, ohne gleich in entsprechende Schubladen gepresst zu werden.

- Beharrungs- und Durchsetzungsvermögen gehören dazu. Nur wenn Kreativität auch eine Konsequenz hat, werden sich Mitarbeiter auf Veränderungen einlassen.

Was bedeutet eine Krise wie die 2008–2010 tatsächlich? Ein Umsatzrückgang auf das Niveau von 2006 ist dramatisch. Keine Frage. Aber kann man nicht erwarten, dass ein fittes, wandlungs- und anpassungsfähiges Unternehmen das hinbekommt? Betreiben Sie keine Schwarzmalerei, sondern zeigen Sie die richtigen Reaktionen: Reduzieren Sie Ängste und schaffen Sie eine produktive Nüchternheit, damit man klaren Kopfes den Freiraum für Kreativität und neue Lösungen hat und die richtigen Entscheidungen trifft. So werden Sie die Krise erfolgreich meistern.

 Diese Konsequenzen können Sie ziehen:

- Jeder kann kreativ sein, denn es ist eine natürliche Fähigkeit. Stärken Sie das Zutrauen in sich und Ihre Mitarbeiter.
- Schaffen Sie Freiräume, indem Sie Druck wegnehmen, Schubladen schließen, und sorgen Sie für ausreichend Zeit. So geben Sie den Platz, um schwache neuronale Verbindungen zuzulassen und zu erkennen.
- Stellen Sie ein Team aus Mitarbeitern unterschiedlicher Richtung, aber gleichen Niveaus zusammen. So ermöglichen Sie Querdenken und Transformationen, die zu wirklich neuen Ideen führen.
- Neue Gedanken benötigen Zeit, um ihrerseits neuronale Verbindungen zu aktivieren. Wertungen führen zu Verstärkungen oder Abschwächungen. Setzen Sie diese nur gezielt und keinesfalls vorschnell ein.
- Machen Sie sich vorher klar, wie wichtig ein solcher Prozess ist. Denn Sie enttäuschen und demotivieren Ihre Mitarbeiter, wenn Sie kreative Prozesse anstoßen, die dann in der Schublade verschwinden.

Kapitel 10
So machen Sie Unternehmen wandlungsfähig

Wo Veränderung zur Konstanten wird,
entsteht langfristiger Erfolg.

Im Büro, Montag 17:00 Uhr. *Ständig wird alles auf den Prüfstand gestellt. Nach dem Projekt von 2008 haben wir jetzt die Strategie 2015 ins Leben gerufen. Ja klar, der Markt verändert sich. Schon verrückt, wenn man fünf Jahre zurückschaut. Ich hätte damals nie gedacht, dass der Vertriebsweg übers Internet so eine Bedeutung kriegt. Gut, dass wir die Weichen rechtzeitig gestellt haben. Hätten wir nicht regelmäßig den ganzen Arbeitsprozess überprüft, hätten uns andere schon längst überholt. Leider sehen das hier nicht alle so. Diese Starrköpfe wollen nur in ihren alten Bahnen bleiben! Wenn wir unsere Energie gleich richtig fokussieren würden, das wäre schon die halbe Miete. Aber nein, das sei zu riskant und Risiken können wir gerade am wenigsten gebrauchen. Es sträuben sich eh immer dieselben. Langsam nerven sie. Diese quälenden Diskussionen. Ich sollte einfach mal mit der Faust auf den Tisch hauen.* »*So wird's gemacht.*« *Basta. Wir sind doch hier nicht im Kindergarten! Andererseits: Ich kann doch Veränderungen schlecht* »*anordnen*«. *Gibt's keine anderen Möglichkeiten?*

Veränderungen scheinen im Alltag vieler Führungskräfte einen immer größeren Raum einzunehmen. Wichtig ist für Sie, dass Sie diesen Veränderungen Rechnung tragen. Dass Sie Ihre Abteilung, Ihr Unternehmen fit machen für eine vom Wandel geprägte Zeit. Neue Aufgaben und Herausforderungen, denen Sie sich stellen sollten, wenn Sie erfolgreich und wirkungsvoll sein wollen.

Führen beginnt im Kopf des anderen. Körner
Copyright ©2011 WILEY-VCH GmbH & Co. KGaA, Weinheim
ISBN: 978-3-527-50599-9

Führung heißt Wandel managen –
das ist eine zentrale Aufgabe

Der Wandel verläuft scheinbar immer schneller und wird immer komplexer. Ein sichtbares Zeichen ist: Die Lebensdauer von Produkten wird immer kürzer. 25 000 neue Produkte, die Jahr für Jahr auf den Markt geworfen werden, aber innerhalb der ersten sechs Monate wieder verschwinden.

Als Motor der Veränderung gilt die Globalisierung. Und die sorgt auch in den Köpfen von Konsumenten wie Mitarbeitern für einen weltweiten Austausch von Ideen und Lebenskonzepten. Durch die Datennetze rauschen immer neue, immer buntere Möglichkeiten. Sie wecken neue Wünsche und Vorstellungen. Unternehmen müssen sich damit auseinandersetzen. Denn jeder Mensch will das vermeintlich Beste aus seinem Leben machen. Nicht selten orientiert er sich dabei an von den Medien verbreiteten Idealbildern oder zur Schau gestellten Lebenskonzepten. Der Erfolg von Sendungen wie *Germany's Next Topmodel, Deutschland sucht den Superstar* oder *Wer wird Millionär* sind Belege dafür, wie sehr sich Menschen den Aufstieg wünschen. Boulevard-Sendungen wie *Brisant* oder *Prominent* zeigen, wie stark die Suche nach Vorbildern und Vergleichen ist. Durch die technischen Innovationen ist ein permanenter Vergleich überall und jederzeit möglich. Für Kunden, Mitarbeiter und Investoren.

Wandel ist permanent.

Mit gewaltigen Folgen. Früher zog der Bauer scheinbar zufrieden aufs Feld und erwirtschaftete in mühseliger Arbeit sein Auskommen. Heute ist ein solcher Lebensstil nicht mehr vorstellbar. Weil sich der moderne »Bauer« nicht mehr nur mit anderen »Bauern« vergleicht. Stattdessen trifft er bei seinem Urlaub auf Mallorca den Sachbearbeiter aus Münster. Abends chattet er mit der Marketingangestellten aus Hannover. Kann er trotzdem seinen Beruf weiter als attraktiv empfinden? Er hat zwei Möglichkeiten: Entweder er industrialisiert seinen Betrieb, um in einer normalen Arbeitszeit ein adäquates Einkommen zu erwirtschaften. Oder er sucht sich eine Alternative, die leicht erreichbar scheint. Leistung muss sich lohnen – vor allem im Vergleich. Play und Domination sind die Antriebsfedern, die uns deshalb immer weiter treiben. Je mehr Vergleiche wir haben, umso schwieriger wird es jedoch, Ruhe zu finden. Menschen mit hohen Cooperation-

Bewertungen steigen aus und wenden sich anderen Lebenskonzepten zu. Aber auch hier sind Globalisierung und technische Entwicklung spürbar, denn es ist immer häufiger die exotische Reglion, die anstelle des lokalen Klosters fasziniert.

Es geht nicht darum, diese Entwicklung zu kritisieren. Sie hat ungeahnten technischen, medizinischen und auch kulturellen Fortschritt gebracht. Abgesehen davon ist sie unausweichlich und wird sich fortsetzen. Es geht lediglich darum, zu verstehen und akzeptieren, was gerade vor sich geht. Denn nur dann können Sie Veränderung als natürlichen Prozess begreifen. Erkennen Sie den Menschen, dann erkennen Sie sein Bestreben nach mehr. Das gilt für Mitarbeiter wie für Kunden. Beide Parteien zu befriedigen, ist Ihre Aufgabe. Dies zu begreifen ist der erste Schritt. Der zweite: sich der Herausforderung stellen, denn Anpassung ist heute wichtiger denn je. Sonst gerät das Unternehmen schnell in die Krise – Mitarbeiterfluktuation, stagnierende Umsatzzahlen, schlechtes Image inklusive.

Nun könnte man annehmen, dass angesichts der Veränderungswünsche in der Gesellschaft auch in Unternehmen Veränderungen leichter durchzusetzen sind. Dass Mitarbeiter gerne ihre Position oder ihren Aufgabenbereich wechseln, wo sie doch heute in einer Welt leben, die sich tagtäglich verändert. Doch immer wieder stellen Führungskräfte fest, dass es gerade Veränderungen sind, die nur ungern gemacht und deshalb blockiert und ausgesessen werden oder dass gegen sie gar offen gemeutert wird. Ganz wie im Beispiel zu Beginn des Kapitels. Wo es scheinbar immer die Gleichen sind, die sich einem erforderlichen Wandel entgegenstellen. Der häufige Misserfolg von Firmenfusionen zeigt, welche großen Probleme in Veränderungsprozessen auftauchen: Über 60 Prozent der Fusionen können als gescheitert betrachtet werden, wenn man berücksichtigt, dass die neuen Unternehmen nach drei Jahren weniger wert sind als die Summe der beiden ursprünglichen Unternehmen. Befragungen unter Managern zeigen ein ähnliches Bild: 80 Prozent aller Veränderungsprojekte im Unternehmen scheitern.[1]

1   IBM Global Business-Service 2007

Doch wie passt das zusammen? Veränderungs- und Entwicklungswunsch auf der einen und Beharrungsvermögen auf der anderen

Wandel mit Hindernissen

Seite? Tatsächlich ist der Mensch zur Veränderung geboren. Play- und Seek-System sind sichtbare Zeichen für den Reiz an neuen Situationen. Doch es gibt offenbar Bewertungen, die dem entgegenstehen. Sofern Sie nicht bessere Alternativen bieten.

Stability: Es sind die Stability-Bewertungen, die Veränderungen am stärksten im Wege stehen. Sie äußern sich in Gesprächen unter anderem am Festhalten an scheinbar Bewährtem und daran, dass eher Risiken als Chancen gesehen werden. Überall dort, wo der Aufbau eines stabilen Umfelds mit geregelten Abläufen und Zuständigkeiten erfolgt, können Sie diese Bewertungen antreffen. Nehmen Sie dies ernst. Wenn Sie diese Bewertungen nicht abmildern, die Mitarbeiter durch andere Bewertungen aktivieren oder den Bedürfnissen durch weitreichende Garantien Rechnung tragen, werden diese die offene Konfrontation suchen. Oder – und das ist die weit häufigere Reaktion – sich abducken und versuchen, die Entwicklung zu verhindern. Stability-Bewertungen sind auch deshalb so gefährlich, weil diese bei Mitarbeitern meist viel stärker vorhanden sind als bei Führungskräften. Deshalb werden sie von der Führung oft übersehen oder gar negiert. Mit fatalen Folgen für die Kommunikation. Ein Gegensteuern ist kaum mehr möglich. Ein Scheitern des Projektes vorprogrammiert.

Cooperation: Teamgeist und Wir-Gefühl, über Jahre gepflegt und aufgebaut – bei Veränderungen kann gerade hieraus ein wirklicher Hemmschuh erwachsen. Cooperation-Bewertungen lassen mitfühlen und zusammenhalten. Wenn es darum geht, Arbeitsplätze abzubauen oder Produktionen zu verlagern, gehen auch Menschen, die es nicht direkt betrifft, auf die Barrikaden. Egal, wie viele Mitarbeiter eine Veränderung als Nachteil empfinden. Jeder Einzelne ist für diese Bewertungen zu viel. Bei Fusionen wird häufig eine vermeintliche Unternehmenskultur ins Feld geführt, um zu unterstreichen, wie wenig der neue Partner zu einem passt oder die Gemeinschaft Schaden erleidet. Rechnen Sie mit Cooperation-Bewertungen als Hindernis insbesondere, wenn Teams neu zusammengestellt werden und Mitarbeiter sich aus ihrem gewohnten menschlichen Umfeld lösen müssen.

Play: Hohe Play-Bewertungen verhindern Veränderungen nicht, aber sie können das Zusammenwachsen enorm erschweren. Nämlich dann wenn Führungskräfte im permanenten Wettstreit Einflusskanäle und Prozeduren neu etablieren und dabei vor lauter Wettkampf sich mehrere Monate mit sich selbst beschäftigen. Dabei gerät völlig aus dem Fokus, dass sie eigentlich den Veränderungsprozess bei ihren Mitarbeitern anleiten und diese überzeugen müssten. Versäumnisse, die zum Scheitern des Projekts führen können. Denn wenn die Führung aufwacht, ist es oft zu spät.

Domination: Weil originäres Wachstum in Zeiten weitgehend gesättigter Märkte so schwierig ist, entscheiden sich immer mehr Unternehmen, ihre Expansionsstrategie durch Zukäufe zu realisieren. Status, Besitz und Einfluss können so ausgebaut und abgesichert werden. Sie finden deshalb sehr häufig bei den Unterstützern solcher Entwicklungen starke Pro-Bewertungen für Veränderungen. Nur: Oft werden dabei jene Mitarbeiter übersehen, die sich einen Einflussbereich bereits gesichert haben. Und nun um diesen Einfluss fürchten. Versuchen Sie nicht, dies durch Geld zu kompensieren. Denn das führt meist nicht zu wirklicher Unterstützung. Geld ist nur ein minderwertiger Ersatz für wirklichen Status und Einfluss. Vielleicht deshalb werden oft zusätzliche Vorstandspositionen geschaffen. Zumindest für eine Übergangszeit.

Seek: Diese Bewertungen sind oft der Antrieb für Veränderungen – zumindest bis deren Umsetzung erreicht ist. Doch Vorsicht! Immer dann, wenn die Umsetzung nicht schnell genug erfolgt, können diese Bewertungen zu Unzufriedenheit oder gar Resignation führen. Mit der Folge, dass die Mitarbeiter in andere Projekte, zur Konkurrenz oder in die »innere Kündigung« flüchten.

Machen Sie sich bewusst, wie stark sich die Rolle der Unternehmen durch Globalisierung und Individualisierung verändert hat. Führung heißt heute vor allem Leiten und Anführen von Veränderungsprozessen. Deshalb ist es so wichtig, dass Sie Ihren Blick frei bekommen vom Alltagsgeschäft. Es geht eben nicht darum, alltägliche Prozesse zu überwachen. Plakativ:

Wandel managen ist zentrale Führungsaufgabe.

Verabschieden Sie sich davon, die Arbeiter beim Bäumefällen anzuleiten und zu kontrollieren, wie die Schneise geschlagen wird. Nein, es ist Ihre Aufgabe, den Wald zu erkennen, dessen Strukturen und dessen Gesetzmäßigkeiten. Dazu müssen Sie verstehen, welche besonderen Fähigkeiten und Motivationen Ihre Mitarbeiter, Ihr Unternehmen haben. Definieren Sie den einzuschlagenden Weg. Nehmen Sie die richtigen Werkzeuge zur Hand. Und wappnen Sie Ihr Team für den Marsch.

Seien Sie sich dieser Verantwortung bewusst und nehmen Sie sich die dafür notwendige Zeit. Oft wird diese Arbeit, die ja hauptsächlich aus Kommunikation besteht, von Führungskräften als unbefriedigend wahrgenommen. Sie haben den Eindruck, »gar nichts Richtiges getan zu haben«. Doch das Gefühl, etwas Konkretes, Produktives zu leisten, muss im Kopf durch langfristige Orientierung am Ergebnis ersetzt werden. Wandel zu organisieren, ist eine Ihrer zentralen Aufgaben. Und eine wirkliche Herausforderung.

 Auf dem Merkzettel:

- Wandel ist permanent und Teil der natürlichen Entwicklung. Sie können ihm nicht ausweichen. Also stellen Sie sich der Herausforderung!
- Globalisierung, Individualisierung und technische Entwicklung verstärken diesen Wandel.
- Wandel trifft häufig auf Hindernisse. Vor allem Stability- und Cooperation-Bewertungen versuchen Wandel zunächst zu verhindern. Das ist eine natürliche Reaktion. Stellen Sie sich darauf ein.
- Führung bedeutet, Wandel zu managen.

Veränderung ist schwer zu organisieren – so schaffen Sie es besser

Ich verstehe überhaupt nicht, warum alle unsere neuen Ideen sofort zerreden. Wird doch höchste Zeit, ein neues CRM-System einzuführen. Damit werden die Gespräche endlich transparent! Außerdem können wir mit Innen- und Außendienst noch mehr Kunden in kürzeren Zyklen ansprechen. Damit werden wir ganz sicher zum Marktführer aufschließen. Unser Produkt ist klar besser! Und nächstes Jahr werden wir die anderen überholen.

Selbst eine vergleichsweise banale Veränderung wie die Einführung einer neuen Software kann viele Gegner haben. Für Sie mögen die Vorteile auf der Hand liegen, weil Sie mit Hilfe der neuen Software schneller und effizienter Ihre Kunden bedienen können. Für manchen Mitarbeiter hat dieses Projekt ganz andere Aspekte: *»Die Transparenz meiner Gespräche mit den Kunden macht mich ersetzbar.«; »Der Druck wird höher, das schadet dem Arbeitsklima.«; »Wenn alles standardisiert ist, kann ich nicht mehr so individuell auf meine Kunden eingehen.«* Alles ernstzunehmende Argumente oder doch nur vorgeschobene Einwände? Die 5R-Prinzipien können Ihnen helfen, sich darauf vorzubereiten.

Sinnhaftigkeit für alle: Menschen wählen die für sie beste Alternative (ROTATE). Deshalb muss Wandel für alle Sinn machen. Und vor allem: Er muss kommuniziert werden. Auch wenn Veränderung nicht begeistert. Sie muss **Sinn geben** doch überzeugen und gegenüber vergleichbaren Alternativen besser bewertet werden. Deshalb gehen Sie die fünf Bewertungskategorien des Neuro-Code durch. Suchen Sie gezielt nach Fakten, Vorteilen und Nutzen. So bereiten Sie Ihre Kommunikation optimal vor. Zur Überzeugung benötigen Sie nicht notwendigerweise Emotionen, aber Bewertungen in den relevanten Kategorien! Sich schon hier von einzelnen Mitarbeitergruppen zu verabschieden *(»Die blockieren sowieso immer ...«; »Die brauchen wir dazu nicht ...«; »Die sollen machen, was man ihnen sagt.«)*, ist ein großer Fehler! Unterschätzen Sie nicht die Cooperation-Bewertungen in Ihrem Betrieb. Veränderungen sind gegen die Mitarbeiter nur mit großen Einbußen in allen Bereichen durchsetzbar.

Fokus: Lassen Sie sich nicht durch Ihre eigenen Schubladen täuschen (RESORT), denn die bestimmen ganz wesentlich Ihre Wahrnehmung. Wenn Sie Ihre Chancen in den Prozessen entdecken wollen, sollten Sie sich dafür öffnen. Machen Sie deshalb erst sich selbst die verschiedenen Implikationen von Veränderungen bewusst. Und lassen Sie sich dabei nichts von Ihren eigenen Schubladen vorgaukeln. Seien Sie achtsam und befreien Sie immer wieder Ihren Blick. Sonst sehen Sie den Wald vor lauter Bäumen nicht. Und Ihnen entgehen wichtige Aspekte, die zum Scheitern des Projekts führen können.

Problembewusstsein: Der größte Feind einer erfolgreichen Veränderung ist der Glaube, dass eine Anordnung genügt, oder davon auszugehen, dass bei allen die gleichen Bewertungssets aktiv sind. Gehen Sie deshalb systematisch die fünf Bewertungskategorien durch und notieren Sie sich, welche möglichen Vorbehalte existieren. Jeder Mensch trifft aus seiner Sicht rationale Entscheidungen. Nur wenn Sie Ihre Mitarbeiter verstehen, können Sie diese führen.

Wenn Sie so vorbereitet sind, erwarten Sie fünf Stufen, die Sie in einem Veränderungsprozess antreffen werden:

- **Phase 1 – Widerstand:** Ob Rückzug oder Kampf. Rechnen Sie mit Widerständen! Vor allem dann, wenn Veränderungen in Ihrem Unternehmen noch nicht als Teil des Alltags begriffen werden. Das führt schnell zu negativen Bewertungen. Sie können sich darauf verlassen: Was gedacht werden kann, wird auch gedacht.

Vorbereitet sein, heißt Widerstand erwarten.

Mag es aus Ihrer Sicht auch noch so abwegig sein: Verlust an Einfluss oder mehr Verwaltung (Domination), geringerer Entwicklungsetat oder schlechtere Weiterbildungsmöglichkeiten (Seek), Änderung der Abläufe und Vorschriften (Stability), Störung der Unternehmenskultur oder Einsparungen in den freiwilligen Leistungen (Cooperation), Prozessoptimierung oder Verschlankung des Unternehmens (Play). Ob bei der Einführung einer neuen CRM-Software, neuer Abteilungsstruktur oder gar einer Fusion, mit solchen Reaktionen sollten Sie rechnen. Ignorieren Sie das nicht. Sonst werden auch Sie die Reaktionen durch Verzögerungs- und Behinderungstaktiken spüren: Von den vorgeschobenen Terminproblemen, dem permanenten Hinterfragen von Anordnungen oder Fakten, Diffamierungen, organisatorischer Überladung bis hin zur offenen Meuterei reichen die Möglichkeiten Ihrer Mitarbeiter. Und sie werden dies mehr oder weniger offensichtlich einsetzen. Deshalb ist es für Unternehmen so wichtig, Veränderungen zu »trainieren« und gezielt als eigenständige Schublade mit positiven Bewertungen in den Köpfen zu etablieren. Das wird die Anlaufschwierigkeiten deutlich reduzieren. Veränderungen werden somit leichter umsetzbar.

- **Phase 2 – Bewusstsein:** Nach dem ersten Schock der Ankündigung beschäftigt sich Ihr Mitarbeiter mit seiner Situation. Auf der Basis seiner Erfahrungen und seiner Informationen leitet er Alternativen und Konsequenzen ab (RULE). Sie führen häufig zu »Ja-aber-Schleifen«. Argumente wie *»Früher war es doch auch* *gut ...«, »Es kann nicht alles schlecht gewesen sein ...«* oder *»Was wissen die denn schon von unserer Arbeit ...«* sind die Folge. Hier sollten Sie vordenken. Überlassen Sie es nicht jedem Einzelnen, seine individuellen Konsequenzen abzuleiten. Machen Sie die Alternativen aus der Perspektive der Betroffenen klar.

Klare, bewusste Informationen

Zeigen Sie die positiven Aspekte der von Ihnen vorgeschlagenen Alternative auf: zum Beispiel die Steigerung des Forschungsetats, die bessere Wahrnehmung in der Öffentlichkeit, größere Reputation, mehr Macht am Markt und dadurch höhere Absatzgarantien, oder neue Impulse im Unternehmen durch neue Denk- und Sichtweisen. Denken Sie noch mal an das Beispiel mit der neuen Software: *»mehr Zeit für den Kunden, statt für lästige Verwaltungsarbeit«; »mehr Sicherheit beim Kunden, da alle relevanten Aspekte auf einen Blick verfügbar sind«; »souveränes Auftreten beim Kunden, da die komplette Historie der Termine immer greifbar ist«.*
Je besser Sie sich hier vorbereiten, je genauer Ihre Szenarien zu den Bewertungen der Mitarbeiter passen, umso schneller und reibungsloser wird die Veränderung möglich sein.
Denken Sie auch an die Dinge, die sich nicht verändern! Veränderungssituationen führen immer wieder dazu, dass Umstände in der Belegschaft diskutiert werden, die Sie gar nicht verändern wollen. Deshalb sprechen Sie auch das an, was sich nicht verändern wird, aber für die Mitarbeiter hohe Bewertungen hat: soziale Leistungen, Altersvorsorge, gleitende Arbeitszeit. Irritationen sind schnell entstanden und verselbstständigen sich. Steuern Sie hier von Anfang an konsequent dagegen!
Machen Sie den Menschen bewusst, was sie erwartet und worauf sie sich verlassen können. Dazu gehört es, die Schubladen zu beachten und die Bewertungen anzusprechen. Nur so kommen Sie überhaupt durch den Wahrnehmungsfilter. Nur so kann das richtige Bild im Kopf entstehen. Entwicklung und Veränderung, je anstrengender oder komplizierter sie sind, müssen immer über das Bewusstsein erfolgen. Das ist wie beim Fahrradfahrenlernen. Deshalb müssen Sie das Bewusstsein Ihrer Adressaten erreichen. Sie sollten daher Ihre Botschaften gezielt ausrichten, fokussiert sein und sich permanent wiederholen. So können Sie gegen unbewusste Schubladen angehen.

Auf dem Merkzettel:

- Suchen Sie nach den Konsequenzen, die für Ihre Mitarbeiter Sinn machen.
- Die Ankündigung von Veränderungen führt immer zu Widerstand, denn das Gehirn will Energie sparen. Stellen Sie sich darauf ein.
- Rücken Sie die Veränderungen mit Konsequenzen und möglichen Bewertungen in das Bewusstsein Ihrer Adressaten. So haben Sie die besten Chancen, gegen unbewusste Schubladen anzukommen.
- Haben Sie Geduld und erwarten Sie nicht ein sofortiges Umdenken. Wiederholen Sie Ihre Szenarien immer und immer wieder.

- **Phase 3 — Persönliche Betroffenheit:** Die Übergangsphase zwischen dem Verharren und emotionalen Klammern in der Vergangenheit auf der einen und dem Loslassen und Annehmen des Neuen auf der anderen Seite, wird bestimmt durch die persönliche Betroffenheit. Aber genau dieses Loslassen ist wichtig. Wenn Ihre Mitarbeiter Chancen und Verbesserungen nicht erkennen, wird ihre Veränderung immer halbherzig sein. Und sie werden nicht ihre volle Kraft einsetzen. Mit der entsprechenden negativen Ausstrahlung auf alle anderen Mitarbeiter und zukünftige Projekte. Erst wenn sie wirklich mit den alten Verhältnissen abschließen, können sie sich kraftvoll den neuen Wegen zuwenden und ihre Energie dort einsetzen. Führen Sie deshalb Veränderungen möglichst nicht scheibchenweise ein. Ein »Big Bang«, vielleicht in Form einer Veranstaltung, ist eine sehr gute Gelegenheit, alle Mitarbeiter zu erreichen. Außerdem profitieren Sie zusätzlich von den hohen Cooperation-Bewertungen. Inszenieren Sie dies so breit wie möglich, indem Sie möglichst viele Unterstützer einbinden, jemand der für die Bewertungen glaubwürdig steht. Meinungsführer, Betriebsrat oder andere Arbeitnehmervertreter. So machen Sie das Beste aus Ihren Möglichkeiten. Über die Spiegelneuronen findet ja eine direkte, unverfälschte und damit glaubwürdige Kommunikation statt. Setzen Sie hier Ihre ganze Ausstrahlung und Vorbildfunktion ein, um den entsprechenden Sog zu erzeugen. Vielleicht lassen Sie einmal erfolgreiche Anwender Ihrer Software zu Wort kommen. Die können unter Umständen viel authentischer sein als Sie und sind deshalb auch überzeugender. Sprechen Sie den Nutzen für die Mitarbeiter an. Gehen Sie also sehr konkret auf die Vorzüge in den jeweiligen Bewertungskategorien ein: Das gute Gefühl, alle Informationen auf einem Blick zu haben, die Freiheit, die entsteht, wenn man sich auf die Kür konzentrieren kann, weil die Pflichtaufgaben endlich von der Software übernommen werden. Wecken Sie Vorfreude, loben Sie für erste Schritte und betonen Sie immer wieder die positiven Seiten der Veränderung. Dann werden Sie gewinnen.

Viele Führungskräfte meinen, dass die einmalige, sachliche Auflistung der Vorteile ausreicht. Am liebsten durch eine Betriebsinformation oder gar einen Aushang am schwarzen Brett. Aber dies funktioniert nicht. Sie vergessen dabei, dass sie mit machtvollen Schubladen konkurrieren, die sich über einen langen Zeitraum gebildet haben. Deshalb ist es Ihre Aufgabe, diese Konsequenzen immer und immer wieder zu wiederholen. In Interviews, Mitarbeitergesprächen oder dem Big Bang, bei dem Sie alle Mitarbeiter zugleich erreichen. Schnelligkeit und Konsequenz sind dabei sehr wichtig. Denn alles andere führt dazu, dass der Sinn der Veränderung immer wieder aufs Neue diskutiert und in Frage gestellt wird (»Ja, wenn wir das gewusst hätten ...«). Wenn Sie wirklich Neues schaffen wollen, dann müssen Sie das Alte zerstören. Bauen Sie nicht auf alten Ruinen, sondern auf starken neuen Fundamenten. Doch dazu benötigen Sie Mut. Der neue Baum kann unter dem alten so lange nicht wachsen, bis dieser gefällt ist. Dann entsteht sogar Humus, der die kleine Pflanze düngt. Ob eine Veränderung langsamer Wandel oder Zerstörung ist, ist eine Frage des Blickwinkels. Ein Wald mag sich wandeln und entwickeln. Bäume sterben und entstehen neu. Vielleicht kommen Sie an einen Punkt, an dem Sie in dem Beispiel die alte Software aus dem Netz nehmen müssen, weil ansonsten eine wirkliche Neuausrichtung nicht erfolgt. Manchmal muss man die Menschen zum Umstieg zwingen, weil die geübten Verhaltensweisen immer bequemer sind. Suchen Sie die richtige Perspektive, um das richtige Maß an

Permanente Wiederholungen

kreativer Zerstörung zu finden, und setzen Sie es dann entschlossen durch.

- **Phase 4 — Entscheidung zum Handeln:** Je früher Sie diese Phase erreichen, umso leichter werden Veränderungen realisierbar sein. Es wird weniger Kraft verbraucht und allen Beteiligten macht es mehr Spaß. Sorgen Sie dafür, dass durch Phase 1-3 die richtige Erwartungshaltung gelegt ist. Denn diese bestimmt ganz wesentlich die Wahrnehmung. Es ist klar, dass nicht alles von Beginn an klappt. Fehlleistungen werden dann gern als Beleg für die falsche Richtung der Veränderung genommen.

Erfahrungen machen

Lassen Sie das nicht zu! Dulden Sie keinen Rückfall in das alte System. Rufen Sie von Beginn an eine »Trainingsphase« aus, die mit klar definierten Zielen versehen ist. Kommunizieren Sie eventuelle Fehler und Probleme schnell und offen. Und zeigen Sie Lösungswege auf, die Sie terminlich und vom Umfang her auch zu 100 Prozent einhalten. Wenn also Mitarbeiter immer wieder an Punkten gestoppt werden, die noch nicht funktionieren oder noch angepasst werden müssen, sollten Sie damit sehr vorsichtig umgehen. Sonst verlieren sie schnell die Lust und es erfordert viel Aufwand, den ins Stocken geratenen Prozess wieder in Gang zu setzen.

Überlassen Sie die Kommunikation nie den Gegnern des Projekts. Kommunizieren Sie mit noch größerer Intensität die Meilensteine, die Sie gemeinsam erreicht haben. Keine Frage, Sie sollen nicht übertreiben oder gar falsche Informationen streuen. Aber welche Betonung Sie legen, welche dramaturgischen Effekte Sie einsetzen, liegt an Ihnen. Verlieren Sie auch hier nie die Bewertungskategorien aus den Augen. Stellen Sie die Fakten in den Vordergrund und leiten Sie die richtigen Konsequenzen ab. Vordenken und andauernde Wiederholungen sind auch in dieser Phase sehr wichtig. Sie sollten nicht vergessen: Schubladen bilden sich nur durch permanente Wiederholung. Das wird immer wieder unterschätzt. Berücksichtigen Sie, dass Sie und Ihre Kollegen viel früher in den Prozess gestartet und schon allein deshalb innerlich weiter als Ihre Mitarbeiter sind. Deshalb dürfen Sie nicht von sich auf andere schließen, wenn Sie beurteilen, ob schon alle überzeugt sind. Natürlich können Sie in dieser Phase nicht jeden Handgriff kontrollieren und überprüfen, ob jede neue Anweisung auch umgesetzt wird. Deshalb ist es so wichtig, dass Sie auf zweifache Weise gestärkt

werden: zum einen durch den Kreis Ihrer Unterstützer, der von Anfang an die Veränderung trägt und vorantreibt; zum anderen durch
den Geist des Unternehmens. Dieser Geist als unsichtbare Klammer
aus Vision und Unternehmenskultur, die das Miteinander regelt und
zeigt, welches übergeordnete Ziel gemeinsam verfolgt wird.

- **Phase 5 – Neue Handlungskompetenz:** Je mehr Sicherheit Ihre
  Mitarbeiter erlangen, umso mehr Spaß werden sie an Veränderungen haben. Neue Felder tun sich auf, an die sie Handlungsmuster
  und Methoden anpassen. Die Mitarbeiter empfinden Freude an
  dem, was sie tun, und hängen nicht mehr alten Zeiten nach. Eben
  weil sie jetzt die von Ihnen angesprochenen Verbesserungen auch
  spüren: die Sicherheit beim Kunden oder die neuen Freiräume,
  weil die Routinearbeiten viel schneller und noch dazu sicherer
  ablaufen. Machen Sie das aber auch in dieser Phase immer wieder
  deutlich. Es stärkt das Erfolgsbewusstsein der Mitarbeiter und
  legt den Grundstein für die nächste Veränderung, die bald vor
  der Tür steht. Ihre Aufgabe ist, den Fortschritt permanent zu
  dokumentieren und zu kommunizieren. Eventuelle Abweichler
  zu finden und im Sinne der Unternehmensphilosophie auf die
  gemeinsame Linie zu bringen.

Wichtig: Geschwindigkeit. Es kann nicht schnell genug gehen. Je
schneller die Ergebnisse greifbar werden und je deutlicher Sie diese
kommunizieren, desto spürbarer wird der Erfolg
Ihrer Maßnahme. Hinzu kommt der Harmoni-   **Geschwindigkeit zählt.**
sierungseffekt im Gehirn. Wie bei RESORT ge-
sehen, hält sich das Gehirn nicht mit unpassenden Gedanken auf.
Um Energie zu sparen, passt es Informationen an, auch im Nachhinein. Deshalb vergessen Mitarbeiter schnell, dass sie selbst Gegner des Veränderungsprozesses waren, und messen Ihre Führungs-
stärke im Nachhinein auch daran, wie schnell Sie blockierende Regeln
verändert haben.

Auf dem Merkzettel:

- Klare Schnitte und eine deutliche Kommunikation verhindern
  ein Verharren oder Rückfall in alte Positionen.
- Permanente Wiederholungen erzeugen neue Schubladen und
  stärken diese.

- Gezielt eigene Erfahrungen ermöglichen und moderieren. Eventuelle Probleme offen ansprechen, ohne die Veränderung zu zerreden.

Veränderungen bringen nicht selten Verschiebungen in der Führungsstruktur mit sich. Ob Sie Abteilungszuschnitte verändern, Aufgabenbereiche neu definieren oder gar bei Fusionen ganze Unternehmen integrieren. In solchen Phasen sind Führungskräfte oft mit sich selbst beschäftigt. Insbesondere dann, wenn die »Hackordnung« in Frage gestellt wird. Dann geht es primär darum, Erbhöfe zu halten oder neue Einflussbereiche hinzuzugewinnen. Darunter leidet nicht nur die Konzentration auf das Geschäft. Den Mitarbeitern fehlt es auch an Orientierung und Vorbild. Auch deshalb: Klare Ansagen und feste Zuteilung der Positionen sind wichtig! Integration kann nicht heißen, dass Positionen nach Proporz, statt nach Fähigkeiten verteilt werden. Sie sind auf den Respekt Ihrer Mitarbeiter angewiesen. Achten Sie dabei auch auf eventuelle Unterschiede in den Unternehmenskulturen und sorgen Sie dafür, dass diese weiter wertgeschätzt und respektiert werden. Ansonsten stellen Sie den Wert des bisher Geleisteten in Frage. Und das bringt negative Stability- und Cooperation-Bewertungen.

 Diese Konsequenzen können Sie ziehen:

- Fassen Sie Wandel als permanenten Prozess auf. So verhindern Sie, von Ihren eigenen Schubladen getäuscht zu werden.
- Rechnen Sie mit Widerständen, denn Wandel löst bei vielen Menschen zunächst negative Stability-Bewertungen aus.
- Wandel bietet eine neue Alternative. Indem Sie Konsequenzen ableiten und Bewertungen suchen, können Sie diese attraktiv machen.
- Wandel trifft immer auf bestehende Schubladen. Appellieren Sie nicht an Einsicht, Verständnis oder Rationalität.
- Nur eine deutliche Kommunikation und permanente Wiederholung kann erreichen, dass Ihre Alternativen sich gegen bestehende Schubladen durchsetzen.

Anpassungsfähigkeit ist zentrale Erfolgsposition – machen Sie Veränderung zur Konstanten

Haben Sie es auch so satt? Immer wieder machen Sie die gleichen Anstrengungen, immer wieder versuchen Sie das gleiche Zureden und immer wieder erhalten Sie die gleichen Bedenken, Einschränkungen und Blockaden? Erleben Sie Veränderungen bei sich oder in Ihrem Unternehmen als Projekte, die nicht Spaß machen, sondern Verdruss bringen? Hören Sie auch immer wieder Reaktionen wie »*Was das nun schon wieder soll?*«. Wäre es nicht viel schöner, wenn Veränderungen als etwas Alltägliches erkannt werden? Dass jeder mit Freude und Einsatz täglich sich und seine Tätigkeiten optimiert? Ein Wunschtraum – nein, ich denke nicht.

Im Grunde sind Führungskräfte, die nicht gegensteuern, selbst schuld am Dilemma. Veränderungswille und Freude an Entwicklung sind ja eigentlich in jedem Menschen angelegt. Seek ist ein Bewertungszentrum, das uns die Welt mit Begeisterung entdecken lässt – trotz Widerständen, natürlichen Ängsten oder Bedenken. **Wandlungsfähigkeit ist vorhanden.** Aber die Lust an der Entdeckung, die Lust, sich auf Veränderungen einzustellen und zu lernen, bekommen viele im Laufe ihrer beruflichen Entwicklung vermiest. Durch eine Erziehung und ein Schulsystem, das nicht Kreativität und Veränderung, sondern Uniformität und Reproduktion von Wissen schult. Aber auch in Unternehmen stehen viele Regelungen der Veränderungsfähigkeit im Wege. Haben Sie Mut, das zu verändern! Sie werden sehen: Der Weg hin zu mehr Freiheit und Verantwortung für den Einzelnen wird schnell Früchte tragen. Manche Vorschläge mögen nicht in Ihrem Kompetenzbereich liegen. Aber hier zählt ganz stark auch das, wofür Sie sich einsetzen. Der Geist, in dem Sie handeln. Denn Ihre Mitarbeiter erkennen, wofür Sie stehen.

Für den Kunden statt für das Unternehmen: Dort wo der Kontakt zum Kunden verloren geht, verliert das Unternehmen als Ganzes. Denn es führt zu einer Reduktion auf sich selbst und einer Entkopplung von der Realität. Es entstehen Schubladen, die zwar viel mit dem Unternehmen, aber sehr wenig mit dem Kunden und seinen Bedürfnissen zu tun haben. Deshalb sollten alle Mitarbeiter in Kontakt zum Kunden und zum Markt stehen. Feedback, Lob wie Kritik, gehören unbedingt dazu. Regelmäßige Berichte des Vertriebs oder gemeinsame Veranstaltungen wie Kundenforen, bei denen ein gezielter Austausch stattfindet, sind gute Möglichkeiten, das Unternehmen mit Leben aus der Marktrealität zu erfüllen. Die Bereitschaft zu Veränderung entsteht so fast wie von selbst.

Wirksamkeit statt Handlungsanweisungen: Je stärker das Handeln von Verwaltungsvorschriften dominiert wird, desto größer sind die Vorbehalte gegenüber Änderungen. Wenn Sie

Handlungsspielräume Mitarbeiter erst einmal auf einen eingefahrenen Weg gezwungen und diese sich daran gewöhnt haben, bestimmt genau diese Schublade deren Wahrnehmungen und Entscheidungen. Öffentliche Körperschaften liegen auf dem letzten Platz, was Verbesserungsvorschläge von Mitarbeitern angeht. Eben weil die Wege dort betoniert scheinen und ein Ausscheren kaum möglich ist. Zukunftsfähige Unternehmen sollten eingefahrene Prozesse permanent in Frage stellen und immer wieder an neue Gegebenheiten anpassen. Bringen Sie Ihre Mitarbeiter dazu, selbstverantwortlich Entscheidungen zu treffen. Und lassen Sie sich dabei nicht entmutigen.

Beitrag statt Position: Starre Prozesse gehen meist mit unbeweglichen und starken Hierarchien einher. Wenn der Aufstieg ans Lebensalter statt an die persönliche Entwicklung gekoppelt ist, kann Veränderungswille nicht entstehen. Verzichten Sie so weit wie möglich auf die Benennung von Positionen. Definieren Sie Arbeitsplätze durch Aufgaben und Wirksamkeit. Mitarbeiter sind das, was sie leisten und erreichen, und nicht, welche Position sie einnehmen. Schreiben Sie deshalb Stellen von der Wirkung her aus. Mitarbeiter argumentieren oft, sie brauchen Titel auf der Visitenkarte, um beim Kunden entsprechenden Einfluss zu haben. Aber der Mensch erkennt sofort, wen er vor sich hat (REFLECT). Der eindrucksvolle Titel hilft nichts, wenn die Person nichts für den Kunden bewirkt. Für den, der aber den Nutzen des Kunden in den Mittelpunkt stellt und seine Kompetenz für den Kunden einbringt, für den ist unerheblich, welche Position er innehat. Kurzfristig gesehen, mögen Positionen wichtige Argumente sein, um Mitarbeiter zu halten oder zu gewinnen. Eben weil Domination-Bewertungen in unserer Gesellschaft zu einem starken Statusdenken führen. Gehen Sie hier voran! Vertreten Sie eine

Unternehmenskultur, die weiter denkt und die Zukunft schon heute im Miteinander lebt. So gehören Sie zu den Trendsettern!

Auf dem Merkzettel:

- Kundenorientierung kann nur im Kontakt mit dem Kunden und seinen Problemen entstehen.
- Veränderung entsteht am Markt. Machen Sie diesen für alle transparent.
- Veränderung braucht Freiheit – im Kopf wie im Handeln. Deshalb sollten Sie Hierarchien abbauen und Mitarbeiter nach ihrer Wirksamkeit statt der Position betrachten.

Freie Zeit statt immer mehr vom Gleichen: Rationalisierung und Optimierung von Handlungsabläufen mögen ein Weg zu höherer Produktivität sein. Aber Kundenorientierung, Flexibilität und Veränderungsfähigkeit bleiben auf der Strecke. Machen Sie sich bewusst, dass immer weitere Rationalisierung Sie und Ihre Mitarbeiter in die Starre zwängt. In immer kürzerer Zeit immer mehr vom Gleichen zu tun, lässt keinen Raum für Fantasien. Rationalisierung wird nur dann zum Helfer von Kreativität, wenn diese bestehende Abläufe um Überflüssiges bereinigt, um wieder mehr Zeit für Freiräume zu gewinnen. Vielleicht gehen gerade deshalb Unternehmen wie Google einen anderen Weg und geben ihren Mitarbeitern Zeit für eigene Projekte, für Entwicklung und Kreativität. Vielleicht ist das auch eine Möglichkeit für Sie!

Mehr Denken als Handeln: E-Mails, Meetings, Telefonkonferenzen. Der Tag ist voller Informationen. Aber kluge Entscheidungen benötigen mehr als das. Sie basieren eben auch auf dem Einsatz unbewussten Wissens. Und das **Datenflut begrenzen** lässt sich nicht durch ein Mehr an Leistung in immer kürzerer Zeit aktivieren. Nur wenn Sie in Ruhe die Alternativen abwägen, werden Sie die beste Möglichkeit auswählen. Vermeiden Sie hektischen Aktionismus. Beschränken Sie sich auf das Wichtige. So erlangen Sie Handlungsfreiheit und werden wirkungsvoll.

Fragen statt Sagen: Die richtig gestellten Fragen sind der erste Schritt zur Erkenntnis. Denn damit leiten Sie Ihr Bewusstsein und das Ihrer Mitarbeiter in die richtige Richtung. So haben Sie die Chance, die Schubladen des Alltags zu verlassen und kreative Ideen zu entwickeln. Und letztlich sind es ja die kreativen Veränderungen, mit denen Sie die Wünsche Ihrer Kunden erfüllen und die Märkte von Morgen gewinnen. Nur wenn Sie die Kunst des Zuhörens auch gegenüber Ihren Mitarbeitern pflegen, werden diese ihrerseits mehr auf das achten, was draußen vorgeht. So gehen Sie den Weg zu einem wirklich kundenorientierten Unternehmen.

Zukunft statt Alltag: Für Führungskräfte sollte die Kernherausforderung sein, Veränderungen, Turbulenzen und neue Entwicklungen zu bewältigen, statt den Alltag zu managen. Die Gegenwart beruht jedoch vielfach auf alten Methoden. Begreifen Sie die Gegenwart als Entwicklungsbasis der Zukunft und nicht schon als Zukunft selbst. Haben Sie Mut zur Unvernunft! Denn es ist immer die Gegenwart, die der Mehrheit als vernünftig erscheint. Auch deshalb werden Veränderer oft von der Welt als »Spinner« wahrgenommen. Das sollten Sie aushalten.

Wie statt Was: Menschen empfinden »das Neue« als bedrohlich, weil sie nicht wissen, ob sie dafür fit sind. Als Reaktion auf Stability-Bewertungen erfolgt meistens die Flucht, auch

Fit im Wie

wenn Sie es nicht bemerken. Indem Sie Ihre Mitarbeiter darin schulen, eigenständig Prozesse zu erkennen, ihre Arbeitsmethoden anzupassen und sich zu entwickeln, machen Sie sie fit für die Zukunft. Trainieren Sie, »wie« Veränderungen beherrscht werden, anstatt immer das in den Vordergrund zu stellen, »was« konkret getan werden muss. Denn in dem Maße, in dem sie Zuversicht und Sicherheit im »Wie« erlangen, werden sie Veränderungen als Chance und neue Erfahrung mit hohen Seek-Bewertungen spielend bewältigen.

Entwicklungshelfer statt Imperator: Aus den abgeleiteten Konsequenzen der 5R-Prinzipien resultiert ein neues Verständnis von Führung. Denn nur aus dem eigenständigen Machen kann für den Mitarbeiter Sicherheit entstehen. Schaffen Sie Freiheiten, damit Ihre Mitarbeiter selbst aktiv werden und das verändern können, wo sie Experten sind. So werden die Mitarbeiter in doppelter Hinsicht profitieren: Zum einen durch die wachsende Zuversicht und das steigende Selbstvertrauen in ihre eigenen Fähigkeiten. Zum anderen in die bessere Ausgestaltung der Prozesse. Vertrauen Sie in den Wunsch der Mitarbeiter nach mehr. Sie wollen das Beste. Genau wie Sie auch.

Stolz statt Bedrohung: Viele Vorgesetzte empfinden Verbesserungsvorschläge von Mitarbeitern als Kritik an ihrer Arbeit. Nicht immer bewusst. Aber ein Großteil von Veränderungsvorschlägen wird zerredet, statt die Ideen aufzugreifen. Doch gerade neue Mitarbeiter können unvoreingenommen Arbeitsabläufe bewerten und Verbesserungsmöglichkeiten erkennen. Entmutigen Sie diese nicht, weil Sie als alter Hase vermeintlich alles besser wissen. Seien Sie stolz auf Ihre Mitarbeiter, statt Positionen zu verteidigen.

 Auf dem Merkzettel:

- Die richtigen Fragen öffnen die richtigen Schubladen.
- Führungskräfte müssen Zukunft ermöglichen und nicht Alltag managen.
- Erfolgreiche Führungskräfte sind heute Katalysatoren für ihre Mitarbeiter und schaffen einen Rahmen, in dem diese Höchstleistung bringen können.

Die Welt ist schon immer ein Prozess permanenten Wandels und nie endender Veränderung gewesen. Genau hierin liegt die Konstanz für die Stability-Bewertungen der Mitarbeiter. Es mag Ihnen zunächst unmöglich erscheinen, das **Führung soll** Menschen begreifbar zu machen. Aber das ist es **ermöglichen.** nicht. Wenn in unserer Gesellschaft die Kinder schon in der Familie, im Kindergarten und in der Schule erleben, dass sie mit Kreativität, Intelligenz und Erfahrung Veränderungen anstoßen und beherrschen können, dann entstehen aus dieser Zuversicht positive Erfahrungen für die Stability-Bewertungen. Die Grundlage sind aber nicht immer mehr Informationen einer Wissensgesellschaft, davon gibt es eher zu viel. Es ist vielmehr Verständnis und Erkenntnis gefordert, wie Veränderungen funktionieren und man derer Herr wird. Aber dazu ist Praxis nötig: Erfahrungen, wie sich Veränderungen anfühlen und diese zu bewältigen sind, wie man Menschen einbindet und führt, Bewertungen erkennt und Alternativen und Konsequenzen unter den verschiedenen Blickwinkeln betrachtet. Unsere

Gesellschaft krankt daran, dass Menschen immer noch zu wenig in Kreativität und der Ermöglichung des Neuen geschult werden.

Um diesen Weg gehen zu können, bedarf es einer neuen Art von Führung. Führung, die sich nicht länger als Machtinstrument versteht, um eigene Erbhöfe zu sichern — Führung, die vielmehr ermöglicht, Talente auszuleben, zu fördern und in einen gemeinsamen Prozess einzubringen. Führung als Dienstleistung am Team und nicht als herrschende Funktion.

 Diese Konsequenzen können Sie ziehen:

- Machen Sie Kundenkontakt zur Pflicht. Nur so entsteht wirkliche Kundenorientierung und Wandel wird erlebbar.
- Wandel braucht Erkenntnis. Stellen Sie die richtigen Fragen und hören Sie zu.
- Verändern Sie Ihre Rolle. Werden Sie Katalysator und managen Sie die Entwicklung.
- Beidseitiges Vertrauen ist Grundvoraussetzung, um neues Terrain betreten zu können. Ihre Verlässlichkeit ist dafür unverzichtbar.
- Legen Sie Ihr Augenmerk nicht auf die Stärkung Ihrer Position. Entwickeln Sie Stolz aus der Entwicklung des Teams.

Kapitel 11
So bewirken Sie dauerhaft Erfolg

Der verlässliche Rahmen für Mitarbeiter
und Kunden macht Unternehmen
zukunftsfähig.

Besprechungsraum Vorstandsetage, Montag 19:00 Uhr. *Das Gespräch mit dem Vorstand dreht sich im Kreis und ich muss aufpassen,
dass ich mir nicht den Mund verbrenne. Die Zahlen sind in Ordnung, aber
die Projekte dauern einfach zu lange und bringen nicht den gewünsch-
ten Erfolg. Darüber sind sich alle einig. Nur woran liegt es? Aus Sicht
des Vorstandes ist alles klar. Aber wie konkret die Themen »Steigerung
der Kundenorientierung« und »Erhöhung der Innovationsfähigkeit« ange-
packt werden, da gehen die Meinungen auseinander. Lässt sich sowas von
oben verordnen? Ich bin der Ansicht, wenn Mitarbeiter nicht aus ihrem
Inneren heraus das Unternehmen bejahen, wird sich das auf ihre Arbeit
übertragen. Deshalb wäre es wichtig, das Klima und den Umgang untereinander schrittweise zu verbessern. Aber das darf man hier am Tisch
nicht laut äußern, das gilt gleich als Führungsschwäche. »Haben Sie Ihre
Leute nicht im Griff?«, das musste sich Kollege Schmitz gerade erst letzte
Woche anhören. Aber ist die Sache so einfach? Inwieweit strahlen die Mitarbeiter die gelebte Unternehmenskultur nach außen eigentlich aus und
wie kommt sowas wie Unternehmenskultur überhaupt zustande? Wir haben ja vor zwei Jahren eine Unternehmensvision und Leitlinien in einem
mehrtägigen Workshop ausgearbeitet und im ganzen Betrieb ausgehängt.
Außerdem musste jeder Mitarbeiter in einem Zusatz zu seinem Arbeits-
vertrag diese anerkennen. Nur geholfen hat das anscheinend nicht allzu
viel. Haben wir da was falsch gemacht?*

Unternehmenskultur, Leitbild oder Leitlinie. Jedes Unternehmen,
das etwas auf sich hält, verfügt mittlerweile darüber. Überall ist von
Corporate Identity, Corporate Behavior oder Corporate Design die
Rede. Visionen und Leitbilder des Unternehmens werden an promi-
nenter Stelle in Hochglanzbroschüren oder auf Websites platziert.
Aber vielfach sind es eben nur Modewörter ohne wirkliche Kraft!

Führen beginnt im Kopf des anderen. Körner
Copyright ©2011 WILEY-VCH GmbH & Co. KGaA, Weinheim
ISBN: 978-3-527-50599-9

Warum Corporate Identity ein Schlüsselmerkmal für Zukunftsfähigkeit ist und worauf es dabei ankommt

Auch wenn es der englische Begriff anders vermuten lässt, Corporate Identity (CI) ist nicht neu. Denn die Ursprünge der CI gehen bis ins Mittelalter zurück. Bereits auf den Wappen der Fürsten und Städte, den Uniformen der Armeen und bei den Bücherzeichen der Buchdrucker im Mittelalter waren Identitätszeichen zu finden, welche man auch immer mit inhaltlichen Aussagen verband. So sollten zum Beispiel die Losungen in den Wappen einen gemeinsamen Geist und eine einheitliche Zielorientierung vermitteln sowie die Uniformen der Armee das Zusammengehörigkeitsgefühl stärken. Damit eben einer für den anderen einsteht. Auch die Übertragung auf die heutige Zeit macht in mehrfacher Hinsicht Sinn. Denn das, was das Unternehmen ausdrückt, seine Identität, seine Corporate Identity, bestimmt insbesondere durch die angesprochenen Schubladen die Wahrnehmung von Kunden wie Mitarbeitern.

 Unter der Lupe: Corporate Identity

Corporate Identity ist der abgestimmte Einsatz von Verhalten, Kommunikation und Erscheinungsbild nach innen und außen, auf der Basis eines sich dadurch mit Leben füllenden Unternehmensleitbilds mit dem Ziel einer nachhaltigen Unternehmensentwicklung.

Letztlich sind Unternehmen wie Menschen: cool, jung, aufregend oder unkonventionell; bieder, langweilig oder berechenbar. Das Unternehmen kann Beziehungen zu Lieferanten, Mitarbeitern oder Kunden eingehen. Manchmal ist es wie ein Freund (Henkel – A brand like a friend), ein Kumpel (Virgin – gemeinsam Spaß haben) oder ein Berater wie Morgan Stanley. Unternehmen tragen Lebewesen als Symbole: das Michelin-Männchen, Herr Kaiser von der Hamburg-Mannheimer, der Tiger von Esso. Sie nutzen Personen als Gesichter der Marke und werden dadurch in der Kommunikation lebendig: wie KiK mit Verona Poth, Haribo mit Thomas Gottschalk

Unternehmen verhalten sich wie Menschen.

oder O2 mit Franz Beckenbauer. Das macht sie greifbarer, vielleicht sympathischer.

Sich um das Bild des Unternehmens zu kümmern macht Sinn, denn im Kopf des Kunden und Mitarbeiters entsteht immer ein Bild. Immer dann, wenn er mit dem Unternehmen oder seinen Produkten in Kontakt kommt. Immer entsteht ein Abbild seiner Erfahrungen, Vorstellungen und Erwartungen.

Eine solche Identität ist nichts anderes als eine Schublade im Kopf des Konsumenten. Sie besteht aus einem Netz miteinander verbundener Neuronen. Deshalb gilt eben auch für Unternehmen: Jeder Mensch hat Vorstellungen von dem, was ein Gegenstand, eine Situation,

Identität = Schublade

ein Unternehmen darstellt und was er davon zu erwarten hat. Ganz gleich, ob ein Unternehmen etwas dafür tut oder nicht. Auch Unternehmen können eben nicht nicht kommunizieren. Diese Vorstellung beeinflusst die Wahrnehmungen und Entscheidungen des Menschen in erheblichem Maße. Deshalb ist es so wichtig, die Identität eines Unternehmens zu managen. Die Identität oder Schublade kann stark oder schwach, eindeutig oder widersprüchlich, positiv oder negativ sein. Das hängt ganz von den Informationen ab, die der Konsument oder Mitarbeiter in der Vergangenheit erhalten hat. In jedem Fall prägt sie seine Erwartungen in der Zukunft. Sie beeinflusst sogar seine Wahrnehmung. Hat er in seiner Schublade viele positive Erfahrungen abgelegt, wird er weniger kritisch sein. Vielleicht übersieht er sogar mal einen Fehler, weil das Gehirn ein solches Verhalten gar nicht für möglich hält. Im Zweifel nimmt ein solcher Kunde das Unternehmen in Schutz und verteidigt es gegen seiner Ansicht nach unberechtigte Angriffe. Umgekehrt haben Kunden weniger Geduld, wenn sie bereits einen schlechten Service erwarten oder, schlimmer noch, schon erfahren haben. Sie sind schneller gereizt und werden früher unfreundlich. Denken Sie nur an die berüchtigten Service-Hotlines. Oder neulich auf dem Bahnhof. Da wurde wieder einmal eine Verspätung durchgegeben. Nur fünf Minuten, aber die Leute am Bahnsteig echauffierten sich lautstark. Nicht weil fünf Minuten die Welt sind, sondern weil es irgendwie immer Verspätungen gibt. Für die Deutsche Bahn ein echtes Dilemma, aus dem sie so schnell keinen Ausweg finden wird. Denn dazu sind eine Menge positiver Kundenerfahrungen nötig, um die Schublade »Typisch. Verspätung«

wieder zu schließen. Das Beispiel macht auch deutlich, wie wichtig es ist, dass jeder Mitarbeiter sich mit dem Unternehmen identifiziert und die Firmenphilosophie aktiv vertritt. Würden die Bahnmitarbeiter auf die Stimmung selbst noch gereizt reagieren, wäre der Schaden noch größer.

Die CI wird auch deshalb immer wichtiger, weil sich allein über die Produkte immer weniger eine starke Kundenbindung erzielen lässt:

- Produkte sind austauschbar, da praktisch alle in ihrer Funktionalität die Bedürfnisse der Konsumenten erfüllen oder gar übertreffen.
- Qualität, entsprechende Garantien und ein umfassendes Fachwissen bei Verkäufern werden mittlerweile als selbstverständlich angesehen.

Deshalb werden positiv besetzte Schubladen im Kopf der Kunden immer wichtiger. Mehr und mehr Informationen überfordern den Wahrnehmungsapparat des Kunden. Das Gehirn sortiert aus und konzentriert sich auf das Vertraute. Um Chancen zu erkennen und nicht zu verpassen, ist aber eine schnelle Zuordnung von Reiz zu Information und Bewertung wichtig. Genau das leisten Schubladen. Außerdem geben gut ausgebaute, widerspruchsfreie und positiv bewertete Schubladen Vertrauen und Orientierung.

Aber Schubladen brauchen Zeit und Konsistenz der Botschaften. Sonst können sie nicht entstehen. Betrachtet man die Geschwindigkeit, in der Produkte heute entwickelt und wieder vom Markt genommen werden, so wird klar, dass Produkte sich immer weniger für den Aufbau von Schubladen eignen. Zumal die Kosten für die Informationsübermittlung enorm gestiegen sind. Allein die Aufspaltung der Fernsehsender in eine Vielzahl an Programmen hat dafür gesorgt, dass heute zehnmal so viel Sendezeit und ein dreimal so hohes Budget nötig sind, um die gleiche Anzahl von Menschen zu erreichen wie vor 20 Jahren. Budgets, die kaum noch vorhanden sind, und Investitionen, die angesichts der Verfallzeiten der Produkte kaum noch zu rechtfertigen sind. Investieren Sie diese Gelder lieber gleich in die Organisation statt in einzelne Produkte. Einige Unternehmen gehen diesen Weg schon: So hat Henkel in den letzten Jahren mehrere Millionen Euro aufgewendet, um das Unternehmen hinter den Marken wie Persil, Perwoll oder

Produkte eignen sich immer weniger als Schublade.

Weißer Riese bekannter zu machen (»A brand like a friend«). Andere Unternehmen setzen bereits von Anfang an auf die langlebige und konsistente Strahlkraft des Unternehmens. Eine Laptop GmbH oder Walkman AG hätte sich kaum so eingeprägt wie SONY (»It's not a trick«). Und ein Imagetransfer von einem Produkt zum anderen wäre kaum möglich, in jedem Fall enorm kostspielig.

So müsste eine iBook AG sich als iPhone GmbH völlig neu in den Köpfen verankern, Apple muss dies nicht. Gerade dieses Beispiel zeigt: Durch den markanten Stil des Unternehmens bieten sich enorme Möglichkeiten, den bereits angelegten Platz im Kopf der Konsumenten erneut zu nutzen. Es ist für Apple also spielend leicht, immer neue »i«-Produkte auf den Markt zu bringen, die sofort vom Kunden identifiziert werden. Selbst wenn sich das Produkt radikal verändert.

Starbucks ist ein weiteres gutes Beispiel dafür, wie wenig Sinn es machen würde, sich über einzelne Produkte zu definieren. Kaum jemand verbindet mit dem Namen Starbucks nur einen Latte Macchiato oder Espresso. Es ist viel- **Das Wie steht hinter** mehr der Look, die Art Kaffee zuzubereiten, das **den Produkten.** Personal. Es ist »wie« der Kaffee gemacht und präsentiert wird und nicht der Kaffee an sich. All das bestimmt das Label, das Starbucks unverwechselbar macht. Klare Erwartungen, die nicht enttäuscht werden. Klare Schubladen im Kopf und Reize, die dazu passen. Das lässt sich Ihr Gehirn gerne einen preislichen Aufschlag kosten. In der Summe ist es für Sie trotzdem die beste Alternative mit dem größten Nutzen. Und darauf kommt es letztlich an!

Weil Produkte heute immer mehr können, nimmt die Bedeutung der Funktionalität ab. Aber es entsteht zusätzlicher Nutzen vor allem über Imagegewinn. Viele identifizieren sich weit mehr mit den Werten von Produkten als über deren tatsächliche Funktion. Deshalb müssen diese zum Konsumenten passen. Und das möglichst langfristig. Verlässliche Werte sind ein wesentlicher Kaufanreiz und für diese Verlässlichkeit kann das Unternehmen heute glaubwürdiger stehen als ein kurzlebiges Produkt.

Auf dem Merkzettel:

- Produkte werden immer austauschbarer und eignen sich immer schlechter, um eindeutige Schubladen zu erzeugen.
- Das Wie hinter den Produkten ermöglicht Kontinuität und zeichnet das Unternehmen aus.
- Das Wie unterstützt den Wunsch der Konsumenten nach Imagetransfer und bietet Orientierung und Verlässlichkeit.

Geht es um die Wirkung nach außen, um den Marktauftritt, ist vielen Führungskräften die Notwendigkeit, Identität zu vermitteln, bewusst. Nur längst nicht, wenn es darum geht,

Identität zur Mitarbeiterorientierung

dies auch nach innen zu leben und zu kommunizieren. Dabei ist das für den Erfolg mindestens genauso wichtig. Denn Einstellung und Motivation der Mitarbeiter haben direkten Einfluss auf Krankenstand, Fluktuation und Arbeitsleistung. Mit konkreten Kosten für das Unternehmen.

Mitarbeiter werden aber immer noch weitgehend alleine gelassen mit der Frage, wie sie die Identität des Unternehmens oder der Abteilung, den Geist ihrer Arbeitswelt sozusagen, in ihr individuelles Lebenskonzept integrieren und davon profitieren können. Dabei will jeder nur das Beste: Menschen wollen gute Arbeit machen, sich entwickeln (Seek), suchen Herausforderungen (Play). Sie wollen Ziele erreichen und Anerkennung erhalten (Domination) sowie ein geregeltes Einkommen und Sicherheit in ihrer Lebensplanung haben (Stability). Wenn Sie als Abteilung oder Unternehmen hier Antworten geben, üben Sie direkten Einfluss auf die Motivation Ihrer Mitarbeiter aus. Das Managen von Identität sollte zu einer Ihrer zentralen Führungsaufgaben werden.

 Unter der Lupe: Leitbild, Vision, Mission & Leitlinien

Das Leitbild ist eine schriftliche Erklärung einer Organisation über ihr Selbstverständnis und ihre Grundprinzipien. Es formuliert einen Zielzustand, der innerhalb eines überschaubaren Zeitraumes zu erreichen ist. Öffentlichkeit und Kunden wird deutlich gemacht, für was die Organisation steht, welchen Sinn und welche Aufgabe sie erfüllt. Nach innen gibt das Leitbild Orientierung. Leitlinien sind handlungsweisend und motivierend für die Organisation als Ganzes und die einzelnen Mitglieder. Es ist Basis für die Corporate Identity einer Organisation.

Das Leitbild eines Unternehmens und die daraus formulierten Leitlinien können dabei helfen. Sie können den Mitarbeitern eine Idee davon geben, was das Unternehmen im Alltag erwartet und bietet. Das bringt beiden Seiten eine Menge. Die Vielzahl unterschiedlicher Lebenskonzepte und daraus resultierende Ideen und Kreativität der Mitarbeiter lassen sich so bündeln. Das ist effizienter und zielführender, als einander widersprechende Konzepte mit großen Reibungsverlusten stets aufs Neue zu diskutieren. Aber auch für den Mitarbeiter ist eine Richtschnur wertvoll. Denn er kann sich daran seinerseits orientieren, um seine Entwicklung voranzutreiben. Ihm hilft es nicht, wenn Leitlinien nur allgemein formuliert sind und von den Führungskräften noch dazu einseitig zu deren Nutzen ausgelegt werden. Das führt ihm nur vor Augen, dass er Spielball ist und Antworten erhält, auf die er sich nicht verlassen kann.

Die Konsequenzen aus diesen Überlegungen sind offensichtlich: Organisieren Sie die Zusammenarbeit im Unternehmen transparent. Mit möglichst niedrigen Hierarchiestufen und den Menschen zugewandt. Denn auch hier geht **Menschen passen** das, was Sie sagen, mit dem, wie Sie es leben, **sich an.** einher. Es sollte sich jeder Ihrer Mitarbeiter auf das verlassen können, was Sie sagen. Die Atmosphäre intern entscheidet wesentlich darüber, ob Ihr Mitarbeiter zuvorkommend oder mürrisch, aufgeschlossen oder abweisend, zuverlässig oder unzuverlässig, motiviert oder frustriert, leistungs- oder statusorientiert ist.

Es geht nicht darum, ein scheinbares Arbeitnehmerschlaraffenland zu zeichnen. Im Gegenteil: Mit der Freiheit wächst die Verantwortung. Machen Sie sich klar, dass Verantwortung, Motivation, Chancen und Kreativität nur mit Freiheit und Vertrauen möglich sind. Führung sollte Antwort darauf geben, was der Mitarbeiter an Stability, Domination, Cooperation, Play und Seek erwarten kann.

Und wo es dies zu entdecken gibt. Genau das sollten Leitbild und Leitlinien können.

Das eigentliche Problem in vielen Unternehmen ist das falsche Verständnis von Führung. Erfolgreiche Führung heute muss sich auf Offenheit und Transparenz einlassen und begreifen, dass sie Übersetzer und Katalysator ist. Dazu sollte sie die Sichtweise der Mitarbeiter berücksichtigen. Das kostet zunächst Zeit, Zeit, die scheinbar nicht vorhanden oder zumindest zu knapp ist, als dass man sie damit verschwenden könnte. Häufig können sich Führungskräfte gar nicht vorstellen, dass es eine andere Sicht als die ihre gibt. Nicht, dass sie das nicht grundsätzlich für möglich erachten. Aber als weltoffene, kommunikative Führer haben sie das Gefühl, alles getan zu haben, um Mitarbeiter mitzunehmen. Ich bin immer wieder fasziniert, mit welch großen Augen diese Führungskräfte die Ergebnisse von Meinungsumfragen lesen, in denen die Mitarbeiter ihre Vorstellungen artikulieren und inwieweit sie sich mitgenommen fühlen oder eben nicht.

Leitlinien legen durch Werte und Bekenntnisse Normen für das Verhalten der Organisation fest. Doch leider informieren sie Kunden und Mitarbeiter oft mehr über wünschenswerte Werte, Einstellungen und Umgangsweisen, anstatt den tatsächlichen Status quo wiederzugeben. Aber damit entfernen Sie sich von der Realität der Mitarbeiter. Es mag am Anfang ein schmerzhaftes Eingeständnis sein, ehrlich aufzulisten, was funktioniert und was nicht. Aber das ist der Startpunkt, die Basis für eine Entwicklung, die die Menschen mitnimmt. Ihre Mitarbeiter erkennen im täglichen Umgang sehr genau, was wirklich passiert. Enttäuschen Sie sie nicht. Sie werden sich sonst anderen Alternativen zuwenden. Und wenn Sie Pech haben, bleiben sie trotzdem in Ihrem Unternehmen.

Leitlinien müssen auf den Status quo anwendbar sein.

 Auf dem Merkzettel:

- Die Identität des Unternehmens liefert eine wichtige Richtschnur, damit nicht jeder Mitarbeiter seine individuellen Interpretationen lebt.

- Mitarbeiter wollen Orientierung und Verlässlichkeit. Leitlinien und Leitbild sollten das erfüllen.
- Leitlinien müssen den Status quo abbilden, um wirksam zu sein. Bloße Wunschvorstellungen frustrieren.

Machen Sie sich klar: Das, was das Unternehmen ausmacht, kommt von den Mitarbeitern. Sie stehen dafür mit all ihren Stärken und Schwächen, mit ihrer Sorge und Begeisterung. Erfolg auf den enger werdenden Märkten wird es in dem Maße geben, wie die Identität des Unternehmens Ihre Mitarbeiter erreicht. Wenn das Unternehmen die Lebensentwürfe des Einzelnen in das Leitbild integrieren kann und ihm den Raum gibt, sich zu entwickeln. Dann wird er mit vollem Einsatz die Entwicklung des Unternehmens vorantreiben.

Leitbild und Leitlinien: Entwickeln Sie Unternehmenskultur mit Wirkung

Laut einer Erhebung der Beratungsgesellschaft Stach's Kommunikation & Management unter 56 ertragsstarken Unternehmen Deutschlands aus dem Jahr 2009[1], sind 54 Prozent der Leitbilder ohne Unternehmensbezug. Sie entstehen besonders dann, wenn es den Unternehmen sehr gut geht. Während in schlechten Zeiten das Leitbild verschwindet. Dazu passt, dass die Leitbilder in 75 Prozent der Fälle von der Geschäftsführung vorgegeben werden. Und nur in 25 Prozent der Fälle unter Beteiligung der Mitarbeiter entwickelt wurden.

Warum haben Leitbilder und Leitlinien eine so geringe Wirkung, vor allem in Situationen, in denen es darauf ankommt? Sind Führungskräfte einfach zu blind, die positiven Elemente für Motivation und Kundenbindung zu erkennen? Oder spüren sie, dass das, was auf dem Papier steht, Sonntagsreden sind? Doch Leitbild und Leitlinien sind für das Unternehmen sehr wichtig. Entscheidend ist, wie sie gestaltet werden, um einen Beitrag zur Unternehmensentwicklung zu leisten.

---

1 Stach, T. 2009

Fragen nach der Identität treten meist bei Veränderungen wie Wachstum, starkem Wettbewerb oder geplanten Fusionen auf.

Identität ist wichtiger Krisenhelfer.

Gerade in solchen Prozessen ist eine starke Identität gefragt. Um diese Prozesse, ob Problem oder Herausforderung, mit mehr Schwung, Zuversicht und weniger Angst zu lösen – als feste Basis, um Veränderungen als Teil des Lebens begreifen zu können. Und diese mit Begeisterung und innerer Motivation zu realisieren. Deshalb sollten Sie sich der Frage der Identität annehmen, erst recht in guten Zeiten.

Identität ergibt sich aus dem gemeinsamen Selbstverständnis aller Mitarbeiter. Über das, was sie tun, und über die dabei geltenden Regeln. Ob sichtbar oder nicht, ob ausformuliert oder nicht, ob widersprüchlich oder verbindend. Aber nur, wenn Sie diese Identität bewusst machen, entsteht die Möglichkeit, diese auch zu managen. Ein Prozess, der umso komplexer und langdauernder ist, je mehr Menschen davon betroffen sind. Weil diese Identität eine Schublade im Kopf von Kunden, Mitarbeitern und Gesellschaft ist, setzt sie sich nur langsam durch. Sie kann verändert werden, aber nie von heute auf morgen. Und schon gar nicht auf Befehl.

Sicher fragen Sie sich, wie denn ein Leitbild entstehen kann, dessen Umsetzung mehr ist als bloße Lippenbekenntnisse? Sieben Schritte sind dabei besonders wichtig:

1. **Erkenne den Kern:** Es ist äußerst wichtig, dass Sie formulieren können, wodurch sich Ihr Unternehmen auszeichnet, wo der Kern liegt, was es unverwechselbar macht. Oft hört man Aussagen wie: »*Wir haben Tradition und Erfahrung.*«; »*Wir sind Marktführer.*«; »*Wir haben diese und jene Kunden.*« Wirklich begeisternd klingt das nicht.

Identität wächst aus dem Kern.

Doch was steckt hinter solchen Floskeln? Nehmen Sie ruhig die Bewertungsbrille des Neuro Code zur Hand und fragen Sie sich, welche Bewertungen sich hinter Floskeln wie »*Die Mitarbeiter sind das höchste Gut des Unternehmens*« verbergen. Vielleicht finden Sie Aussagen, die wirkliche Bewertungen transportieren:

- Seek: »*Die Arbeit bietet den notwendigen Freiraum und die Unterstützung für neue Erfahrungen und die individuelle Entwicklung.*«

- Play: »*Wir vertrauen in die Leistungsbereitschaft und Leistungsmöglichkeit des Einzelnen und sorgen dafür, dass er über die notwendigen Ressourcen verfügt, sich im Wettbewerb zu behaupten.*«
- Domination: »*Wir liefern exzellente Arbeit und sind auf dem Weg an die Spitze. Wir teilen Erfolg und Status mit den Mitarbeitern, die es verdienen.*«
- Cooperation: »*Wir verstehen uns als lebendige Gemeinschaft von Menschen, einander zugewandt, kooperativ und als Team füreinander einstehend.*«
- Stability: »*Wir sind für jeden Mitarbeiter verlässliche Heimat und bieten Sicherheit, Stärke und Schutz.*«

Schon auf den ersten Blick fällt auf, wie unterschiedlich die einzelnen Aspekte sein können. Es ist wichtig, dass Sie hier sehr konkret werden. Denn dann wird im Kopf der Mitarbeiter eine eindeutige Vorstellung ausgelöst. Und zwar eine, die auch in schwierigen Situationen ihre Wirkung entfaltet.

Vielleicht macht es Sinn, zum Auftakt des Prozesses eine Befragung unter den Mitarbeitern durchzuführen. Hier können Sie Fragen zum Umgang miteinander stellen, wie: *Wie ist das Verhalten untereinander? Ist der Alltag von Teamgeist oder Karrieredenken geprägt? Schlägt sich das bei Einstellung und Beförderung nieder? Werden Mitarbeiter im Vergleich zum Wettbewerber besser gefördert und weitergebildet? Ist das ausreichend?* Und Fragen darüber, wie die Mitarbeiter das Unternehmen am Markt sehen, wie: *Inwieweit werden Produkte an Kundenbedürfnissen ausgerichtet? Wird die Einhaltung von Qualitätsgrundsätzen und Leistungsversprechen überwacht? Gibt es bedeutsame Kundenbeschwerden? Wie sind die Verkaufspraktiken, ehrlich, solide und transparent? Wie geht das Unternehmen mit Garantie- und Serviceleistungen um, werden Lieferungen zuverlässig und termingerecht vorgenommen?*

So holen Sie die Mitarbeiter ab, so legen Sie eine gemeinsame Basis für den Ist-Zustand. Am Ende sollten Sie Antworten in den verschiedenen Bewertungskategorien haben:

- Wo liegt unsere Kernkompetenz, was können wir besonders gut und was unterscheidet uns vom Wettbewerb?
- Was fehlt uns, wo liegt Potenzial?
- Was wollen wir nicht, was unsere Mitbewerber bieten?
- Wie klar definiert sich unsere Organisation?

- Wie eindeutig ist unser Auftritt?
- Wie stark identifizieren sich die Mitarbeiter mit der Organisation und warum (nicht)?
- Wie qualifiziert sind die Produkte und Dienstleistungen?
- Wie verhalten sich Führungskräfte und Mitarbeiter?
- Wie gehen wir intern miteinander um?

Teilen Sie die Antworten nach den fünf Bewertungskategorien auf. Denn das Bild im Inneren wird langfristig immer das Verhalten nach außen beeinflussen. Deshalb gehören die Aussagen *»im Unternehmen herrscht ein permanenter Druck«*, *»wir Mitarbeiter empfinden eine individuelle Unsicherheit hinsichtlich unseres Arbeitsplatzes«* und *»das Unternehmen garantiert eine qualifizierte Hotline und 72-Stunden-Reparaturservice«* zusammen zu den Stability-Bewertungen.

Anschließend können Sie leichter die Ergebnisse analysieren und Widersprüche erkennen. Sie werden realisieren, dass auf Dauer ein solcher Spagat kaum funktionieren wird. Ein Mitarbeiter, der mit der Anforderung an einen qualifizierten Service konfrontiert ist, muss Einsatz, Flexibilität und Know-how einbringen. Er wird das jedoch kaum unter anhaltend schlechten Arbeitsbedingungen tun, die seinen Bewertungen entgegenstehen. Damit ergeben sich Konsequenzen: Ist Service eine wichtige Facette im Abteilungsprofil, so sollten dies auch die Mitarbeiter ausstrahlen. Die Kategorie Stability zeigt in diesem Beispiel, wo es klemmt: Nehmen Sie also Druck weg. Geben Sie den Mitarbeitern Sicherheit und Vertrauen.

Diese Vorgehensweise hat mehrere Vorteile: Sie setzen einen klaren »Markstein«: Die Mitarbeiter sind wichtig! Sie bekommen ein klares Bild aus der Sicht der Mitarbeiter und Sie beteiligen sie an einem Prozess, dessen Ergebnis sie direkt betrifft.

Damit ist der erste Schritt getan. Der Ist-Zustand liegt vor. Vielleicht treten Differenzen zu Tage, vor denen Sie lieber die Augen verschlossen hätten, es ist aber ein wichtiger Anfang, eine gemeinsame Basis, die eine gemeinsame Vision entstehen lassen kann.

2. Entwickeln Sie Perspektive: Gibt es eine gemeinsame Zukunft?
Das ist eine der zentralen Fragen, wenn es um
eine nach vorn gerichtete Partnerschaft geht.   **Vom Ist zur Perspektive**
Mit der Vision geben Sie darauf eine Antwort.
Sie setzen einen Orientierungspunkt für Kunden wie Mitarbeiter.
Sie geben Auskunft darüber, was das Unternehmen leisten wird.
Worauf sich Menschen einstellen und verlassen können.

Aber Leitbilder und Visionen können nicht verordnet werden!
Sie müssen gemeinsam entwickelt werden. Das ist schwierig und
kostet Zeit. Aber Schubladen funktionieren so. Deshalb sollten
Sie mit Ihren Zielen sehr vorsichtig sein. Damit Sie Erfolg haben,
sollten diese auch erreicht werden. Machen Sie deshalb den Ab-
stand zwischen Wunschvorstellung und Basis nicht zu groß. Viele
Leitbilder werden auch deshalb nicht gelebt, weil sie zu weit von
der Realität entfernt sind. Beschränken Sie sich auf einen Zeitrah-
men von zwei, maximal drei Jahren, in denen Sie die anvisierten
Ziele erreicht haben wollen. Dann werden sie auch als realisierbar
angesehen. Bei Ihren Mitarbeitern werden Sie so leichter Zustimmung erzielen. Beachten Sie dabei: Ziele sollten handhabbar,
präzise, messbar und zeitlich befristet sein. Damit Sie immer
wieder Auskunft darüber geben können, welche Zwischenstatio-
nen sie gemeinsam schon erreicht haben. Das macht Entwicklung
greifbar. So entsteht Zuversicht, Stolz und Spaß. Das sind wichtige
Bewertungen in den Kategorien Stability, Domination, Seek und
Play. Wenn Ihre Mitarbeiter starre Hierarchien und mangelnden
Teamgeist kritisieren, bringt es nichts, flache Hierarchien als
Vision zu formulieren. Machen Sie Zwischenschritte. Verankern
Sie zum Beispiel persönliche Erreichbarkeit, Jahresgespräche oder
offene Türen als Ziel. Es ist wichtig, am Anfang sehr konkret zu
sein.

3. Gießen Sie es in eine Form: Geben Sie Ihrem
Leitbild drei Ebenen. Das Leitmotiv bringt das   **Prägnant, konkret und**
auf den Punkt, was Sie ausmacht und wohin   **individuell**
Sie steuern – also Sätze wie »Henkel – A
brand like a friend« oder die eines fiktiven Forschungsunterneh-
mens »Aus Verantwortung für die Region: innovative Technik
für Sicherheit und Umweltschutz«. Auf der nächsten Ebene sollten Sie die Leitsätze formulieren. Aber Vorsicht! Aussagen wie

»Wir stehen für exzellente Qualität.« oder »Wir sind erfolgreich durch unsere Mitarbeiter.« sind zwar beliebt, aber nur wenig wirkungsvoll. Auf der einen Seite sollen solche Sätze kurz und prägnant sein, damit sie einprägsam sind. Auf der anderen Seite sollten sie gleichzeitig auch das Unternehmen definieren. Aber das können solche Sätze kaum. Sie klingen beliebig. Besser wäre es, Bewertungsdimensionen des Neuro Code hinzuzufügen.

Also statt »Wir stehen für exzellente Qualität.« könnte man mit Play und Domination-Bewertungen umformulieren in: »Als selbstbewusster Marktführer stehen wir für exzellente Qualität bei Produkten wie Mitarbeitern – daran lassen wir uns jederzeit messen.« Der Sinn wird konkreter, griffiger und herausfordernder. Damit können Sie Wirkung erzielen.

Der Satz »Wir sind erfolgreich durch unsere Mitarbeiter.« drückt eine gewisse Distanz zu den Mitarbeitern aus, obgleich das vermutlich gar nicht beabsichtigt ist. Besser für Cooperation-Bewertungen könnte sein: »Das Unternehmen und sein Erfolg entsteht nur durch das Schaffen aller Mitarbeiter – gemeinschaftlich, unterstützend und zukunftsorientiert.« Eine ganz andere Verbindlichkeit für alle. Natürlich müssten die Sätze noch weiter geschärft und stärker auf die Besonderheiten des Unternehmens zugeschnitten werden. Aber die Beispiele machen deutlich, wie groß der Hebel ist.

Das Beispiel gilt nicht nur für ganze Unternehmen, sondern lässt sich genauso auf einzelne Abteilungen übertragen. Verlässlichkeit oder der Umgang miteinander ist keine Frage der Größe. Im Gegenteil.

Auf der dritten Ebene geht es um konkrete Handlungsempfehlungen, wie die Leitbegriffe umgesetzt werden. Noch einmal zu den Leitlinien des angesprochenen Konzerns:

- Wir achten und respektieren unsere Mitarbeiter. Ihre Talente und ihre Fähigkeiten sind unsere Stärke.
- Fundament unseres Erfolgs sind Wissen, Kreativität, soziale Kompetenz und hohes Engagement unserer Mitarbeiter.
- Wir schaffen ein Arbeitsumfeld, in dem sich individuelle Leistung und Teamarbeit optimal entfalten können.
- Von unseren Mitarbeitern erwarten wir, dass sie an ihr Verhalten im Tagesgeschäft den höchsten Maßstab an Aufrichtigkeit und Integrität legen.

- Wir unterstützen unsere Mitarbeiter dabei, ihr Engagement im Beruf mit ihrer individuellen Lebensplanung in Einklang zu bringen.
- Wir erwarten Spitzenleistung und honorieren Erfolg.

Auch hier ist die Distanz zu den Mitarbeitern spürbar. Zudem hört man nichts darüber, wie das geschehen soll. Besser ginge es, indem man beispielsweise bei Satz fünf Seek-Bewertungen hinzufügt: »Als modernes Unternehmen erhalten unsere Mitarbeiter flexible und individuelle Möglichkeiten, Spitzenleistungen im Beruf mit ihrer persönlichen Lebensplanung in Einklang zu bringen.« Merken Sie, wie viel konkreter und ansprechender die Aussage wurde? Wie stark sich die Wirksamkeit erhöht hat? Und genau darauf kommt es an.

Besonders fatal ist, dass in dem gesamten Abschnitt fast keine Stability-Bewertungen angesprochen werden. Außer dem »*Respekt*« im ersten Satz, also dem warmen Händedruck bei der Verabschiedung, hat der Mitarbeiter nichts zu erwarten. Das ist ein Fehler. Sie wollen ja schließlich, dass sich der Mitarbeiter bei konkurrierenden Alternativen für Ihre Belange entscheidet. Dabei geht es weniger um einen Arbeitsplatzwechsel als um Überstunden, Urlaubs- oder Krankheitstage. Ein Mitarbeiter will sich mit seiner Arbeit identifizieren. Er muss wissen, ob er sich auf seine Umgebung verlassen kann. Ein Punkt, den Sie einfach beantworten könnten. Zum Beispiel so: »*Die Tradition des Unternehmens ist Anspruch und Verpflichtung. Deshalb sind wir gleichermaßen innovativer Vordenker für die Gesellschaft wie verlässlicher Arbeitgeber.*«

Integrieren Sie Bewertungen!

Analysieren Sie die Bedürfnisse und übersetzen Sie das, worauf es ankommt, für den Mitarbeiter – konkret. Wahrscheinlich können Sie ihm aus Ihrer Position heraus keine Arbeitsplatzgarantie geben. Aber Sie können ihm vermitteln, dass Sie sich für ihn und die Abteilung einsetzen, wenn Sie von seiner Leistung überzeugt sind. Das größte Versäumnis entsteht nicht dadurch, dass Führungskräfte nicht gewünschte Zusagen geben können. Sondern darin, dass sie sich der Bedürfnisse der Mitarbeiter nicht bewusst sind.

Diese Konsequenzen können Sie ziehen:

- Identität erwächst aus dem Kern. Je besser Sie diesen erkennen, umso wirkungsvoller wird die Identität werden.
- Anonyme Befragungen aller Mitarbeiter bieten eine gute Ausgangsbasis für den Prozess zu wirkungsvollen Regeln. Sie bilden so den Status quo ab und nehmen alle mit.
- Leitbilder beinhalten Perspektiven, die auf dem Ist aufbauen. Sie haben Strahlkraft, sind aber so realistisch, dass sie in zwei bis drei Jahren zu erreichen sind.
- Formulieren Sie Leitlinien so, dass diese konkret und anwendbar das Wie regeln. Je mehr Interpretationsspielraum sie lassen, umso mehr Angriffsstellen bieten Sie.
- Die Leitlinien und deren Umsetzung regeln die Bedeutung, die die Arbeit im Leben des Mitarbeiters einnimmt. Adressieren Sie gezielt an die Bewertungen und beachten Sie die Nutzenbedürfnisse der Mitarbeiter.

4. **Passen Sie an:** Sie können Identität nicht verordnen. Identität muss sich entwickeln und vor allem zu den Menschen passen, die sie bilden. Haben Sie den Mut, den ersten Entwurf von Leitbild und Leitlinien anzupassen. Fragen Sie nach missverständlichen oder störenden Formulierungen und korrigieren Sie eventuelle Fehler. Das sollte innerhalb kürzester Zeit geschehen. Wenn Sie nicht schnell sind, wird es zerredet.

5. **Machen Sie es verbindlich:** Gestaltung ist wichtig, aber eben nicht Kern. Corporate Identity betrifft alle und muss so gestaltet sein, dass sie auch für alle verständlich ist und als verbindlich empfunden wird. Dazu muss sie ein Abbild der Realität sein. Auch in der Darstellung. Da mag das Corporate Design mehr die Zukunft betonen, wichtig ist, dass Mitarbeiter und Kunden das Unternehmen wiedererkennen. Immer wieder erliegen Unternehmen der Versuchung, interne oder externe Dienstleister die Darstellung der Corporate Identity übernehmen zu lassen. Am Schluss entsteht etwas, das zwar hübsch aussieht, aber mit

Leitlinien müssen alle ansprechen.

der gelebten Realität im Unternehmen wenig zu tun hat. Damit die Mitarbeiter mit ihrem Selbstverständnis und Stolz hinter der abgebildeten Identität stehen, müssen sie sich darin wiederfinden.

6. **Vermitteln und übersetzen Sie für jeden:** Hier entscheidet sich, ob Leitlinien mehr sind als Schönwetterparolen. Denn sie müssen auf der Handlungsebene in konkrete Anweisungen überführt werden, wie etwas in Zukunft gemacht werden soll. Ansonsten hat Ihr Unternehmen ein Problem: In Ermangelung einer verbindlichen Umsetzung der Leitidee überträgt jeder Mitarbeiter seine persönliche Vorstellung im besten Sinne auf seine tägliche Arbeit. Treffen dann unterschiedliche Interpretationen aufeinander, kommt es zu Irritationen. Eine Seite muss ein mühselig erarbeitetes Verhalten erneut anpassen. Die Irritation wandelt sich in Frustration. ROTATE zeigt: Jeder will das Beste aus seiner Sicht. Die Sichtweisen zu synchronisieren und aufzuzeigen, wo in der Leitidee für den Einzelnen Platz ist, um mit seinen Fähigkeiten, Ideen und Engagement das Unternehmen voranzubringen, ist die Aufgabe von Führung. Nehmen Sie deshalb Ihre Mitarbeiter an die Hand. Das Lernen unter schwierigen Bedingungen, nichts anderes ist der Wegfall alter Gewohnheiten, geht nur mit Unterstützung. Als Führungskraft geben Sie die notwendige Orientierung, wenn Sie gemeinsam oder im Team erarbeiten, wo die Leitlinien ihre Lebensentwürfe unterstützen. Das ist manchmal mühselig. Aber es gibt keine andere Möglichkeit.

Stellen Sie den konkreten Bezug her!

7. **Schaffen Sie Anwendungen und kontrollieren Sie:** Vertrauen entsteht nicht durch Fantasie, sondern durch aktiven Gebrauch. Es geht nicht um Bekanntheit, sondern um die konkrete Erfahrung, dass Erwartungen erfüllt werden. Das schafft Vertrauen, das stärkt Schubladen.

Schaffen Sie Kontakt und Anwendungen.

- Ermöglichen Sie eigene Erfahrung: Machen Sie den Einsatz einfach, bauen Sie Hürden ab. Bei Produkten können das vergünstigte oder kostenlose Probepackungen sein. Bei neuen Regeln einfache, überschaubare Projekte für die Mitarbeiter. Kontrollieren Sie deshalb die Rahmenbedingungen von Projekten zu Beginn akribisch darauf, inwieweit die neuen Regeln anwendbar sind. So setzen Sie die richtigen Impulse.

- Ermöglichen Sie intensive Kommunikation unter den Nutzern. Fördern Sie gezielt den Austausch und moderieren Sie. Dabei behalten Sie auch noch die Kontrolle über eventuelle Problemfelder. Möglichkeiten sind auch Workshops, User-Foren im Internet oder Anwendertreffen in Rahmen von Messen oder Vortragsveranstaltungen.
- Geben Sie Einblick in die Arbeitsabläufe und Produktionsprozesse. So entsteht ein besseres Verständnis dafür, was die Identität im Unternehmen ausmacht. Success-Storys, unabhängige Untersuchungen oder Gütesiegel können Ihre Behauptungen stützen.

Machen Sie Erfolgs-erlebnisse möglich.

Machen Sie Erfolgserlebnisse möglich. Denn das Eintreffen der eigenen Vorhersagen schafft eine Wohlfühl-Atmosphäre im Gehirn. Es korrigiert sich nicht gern. Dagegen belohnt es, wenn die Annahmen tatsächlich bestätigt werden. Das führt letztlich auch zu einer Stärkung der neuronalen Verbindungen.

 Diese Konsequenzen können Sie ziehen:

- Identität wird in der Umsetzung lebendig. Deshalb müssen Sie Formulierungen so anpassen, dass die Mitarbeiter etwas damit anfangen können.
- Leitlinien gelten für alle und sind kein einseitiges Marketingtool. Deshalb muss Corporate Design sich dem Sinn unterordnen und darf nicht zu einem Selbstläufer werden.
- Kommunizieren Sie zu Beginn den Kern immer und immer wieder. Erst dadurch bildet sich eine starke Schublade, auf der Sie aufbauen können.
- Leitbilder müssen im gesamten Unternehmen gelten. Wie aus dem Wie das Was entsteht, gilt es für die einzelnen Prozesse und Positionen zu entwickeln. Das ist Arbeit und kostet Zeit. Aber so verhindern Sie, dass Ihre Identität ein leere Hülse bleibt.
- Machen Sie die Anwendung der Identität greifbar und transparent. Kommunizieren Sie immer wieder Erfolge und machen so die Entwicklung spürbar. Dann werden Sie erfolgreich sein.

Alles bleibt anders: So verändern Sie Bewertungen

Bewertungen sind wichtiger Baustein in unseren Entscheidungsprozessen. Sie sind Ausdruck unserer Erfahrungen und lassen sich deshalb kaum kurzfristig ändern. Dennoch sollten Sie sich die Mühe machen und den Mitarbeitern innerhalb des Unternehmens die Möglichkeit geben, ihr individuelles Bewertungsprofil durch neue Erfahrungen weiter zu entwickeln.

Die Vorteile liegen dabei für beide Seiten auf der Hand:

- Der Mitarbeiter erlebt eine erfülltere Arbeitszeit, wenn seine Bewertungen mit dem Angebot des Unternehmens übereinstimmen.
- Das Unternehmen muss nicht Nutzen im Kopf des Mitarbeiters teuer erkaufen, um einen Ausgleich für vermeintlich nutzlose Arbeit zu schaffen.

Zweifelsfrei hat ein Unternehmen bei der Einstellung neuer Mitarbeiter die große Chance, Menschen an das Unternehmen zu binden, die über eine passende Bewertungspräferenz verfügen. Dazu gehört allerdings, dass das Unternehmen über ein Profil und eine Identität verfügt. Die Führungskräfte müssen sich darüber klar sein, welche Bewertungskategorien für die Stelle besonders relevant sind und die Personalabteilung muss genügend fähige Bewerber für das Auswahlverfahren zur Verfügung stellen. Auch hierfür ist ein klares Unternehmensimage in der Öffentlichkeit hilfreich, da so die Attraktivität auf die richtigen Bewerber ausgeübt wird. Nur Unternehmen, die in diesem Bereich ihre Hausaufgaben gemacht haben, werden sich bei der schrumpfenden Zahl von Bewerbern in den nächsten Jahren überhaupt noch Mitarbeiter aussuchen können.

Mitarbeiter müssen zur Identität passen.

Indem Sie aber darüber hinaus Mitarbeiter in deren Bewertungen weiter entwickeln, gelingt es, für beide Seiten eine Nutzenmaximierung zu ermöglichen. Und so können Sie dabei vorgehen:

Schaffen Sie eine stabile Basis: Scheinbar unsicheres Terrain betritt nur jemand, der sich in seinem Bereich aufgehoben fühlt. Aufgehoben sein bedeutet aber für jeden etwas anderes: Die richtige Position (Domination), Teamorientierung (Cooperation) oder die Sicherheit des Arbeitsplatzes (Stability) sind einfache Beispiele dafür. Suchen Sie nach den individuellen Bewertungen im Alltag, die die Basis jedes Mitar-

Position Stärke

beiters ausmachen, und stärken Sie diese gezielt. Sie können den Rahmen so setzen, dass sich Ihre Mitarbeiter angenommen und aufgehoben fühlen, und legen den Grundstein für Entwicklung.

Strahlen Sie Zuversicht und Zukunftsorientierung aus: Der Mensch orientiert sich an seiner Umgebung und daran, was Sie, das Team und das Unternehmen als Ganzes vorleben, beeinflusst. Deshalb ist Zukunftsorientierung und Entwicklung des Einzelnen wie der Gruppe eine wichtige Grundbotschaft. Ohne Druck, aber als permanentes Angebot bietet es die Möglichkeit und Aufforderung, erste Schritte zu gehen. Wenden Sie sich Ihren Mitarbeitern innerlich zu und nehmen deren Entwicklung als Ihre Aufgabe an. Nur so strahlen Sie das aus, worauf Ihre Mitarbeiter bauen werden.

Geben Sie Zutrauen: Entwicklung geht nicht ohne Misserfolge oder gar Fehler, das sollte Ihnen klar sein. Das muss dann auch in der Identität des Teams wie des Unternehmens einen festen Platz haben. Ein immer wieder gern zitiertes Beispiel: Babys fallen beim Laufen im Durchschnitt etwa 260 mal hin, bevor sie sicher laufen können – glauben Sie, das wäre in einem Umfeld möglich, das nach dem dritten Sturz dem Kind einreden würde, dass es dies sowieso nicht lernt? Nein, die Gesichter von Eltern, Oma oder Opa, selbst wildfremder Menschen strahlen freudig bei jedem noch so kleinen (Fort-)Schritt. Hier macht es Spaß, einen scheinbar unmöglichen Weg zu gehen und eine hochkomplexe Fähigkeit zu erlernen. Ohne das richtige Umfeld, ohne Ihr Zutrauen in die Entwicklungsfähigkeit des Mitarbeiters wird es nicht funktionieren.

Stärken Sie den eigenen Antrieb: Suchen und entwickeln Sie Alternativen, Konsequenzen und Bewertungen, die den eigenen Antrieb der Mitarbeiter ausmachen. Die Perspektiven aufzuzeigen, ist die Aufgabe der Führungskraft. Wenn die Sicherheit einmal vorhanden und das Zutrauen in sich selbst da ist, kommt der Wunsch nach mehr beim Mitarbeiter von alleine. Und der Entwicklungswunsch des Mitarbeiters ist ein ganz wesentlicher Punkt für wirkliche Veränderung, denn er bildet die Ausgangsbasis für jede Entwicklung auch in der Zukunft. Seien Sie Vorbild als Anreißer und Impulsgeber.

Erfolg zieht Erfolg. | **Machen Sie Erfolge deutlich:** Erste Erfolge sind wichtige Beschleuniger, denn sie verstärken die Schubladen. Indem Sie den Entwicklungsweg in kleine Schritte unterteilen, machen Sie ihn für Ihre Mitarbeiter überschaubar, er erscheint besser beherrschbar und Sie können Erfolge früher herausheben. Loben Sie persönlich, im Team oder im Unternehmen und schaffen Sie so je nach Typ zusätzliche Bewertungsaspekte (Domination, Cooperation). Geben Sie Ihren Mitarbeitern gezielt ein Feld, das sie möglichst schnell beherrschen und in dem sie erste eigene positive Erfahrungen sammeln. Das hilft und stärkt darüber hinaus das Vertrauen in Ihre Person. So werden Sie zum anerkannten Personenentwickler.

Geben Sie Beispiel: Nicht nur, dass Sie nicht Dinge von anderen verlangen sollten, die Sie selbst nicht leisten wollen, in der Imitation liegt viel mehr Potenzial als die meisten wissen. Die Wissenschaft geht davon aus, dass es ähnlich wie Spiegelneuronen spezielle Neuronen gibt, die Bewegungen im Gehirn nachvollziehen. Zumindest zeigen die Erfahrungen in der Therapie von Unfällen oder Schlaganfällen, dass erwachsene Menschen wesentlich schneller komplexe Fähigkeiten wie das Gehen wieder erlernen, wenn sie andere dabei beobachten. Gehen Sie also sichtbar voran und geben Sie Beispiel!

Stellen Sie Nähe her und bieten Sie Zusammenarbeit an: Deshalb ist es so wichtig, dass Sie Nähe herstellen und intensiv mit den Personen zusammenarbeiten. Nur so nutzen Sie Ihre gesamten Einflussmöglichkeiten, nur so schaffen Sie die optimalen Voraussetzungen für den gemeinsamen Erfolg. Deshalb sollten Sie sich auch nicht zu viele Entwicklungskandidaten aufhalsen und die Entwicklungsprojekte zeitlich begrenzen. Verzetteln Sie sich nicht!

Vergleicht man die Bewertungen aus RATE, die die Hirnforschung ermittelt hat, mit psychologischen Modellen, die sich in der Praxis durchgesetzt haben, so lassen sich eine Reihe von Entsprechungen feststellen. In allen diesen Modellen ist die gegenüberliegende Anordnung von Play und Stability sowie von Cooperation und Domination augenscheinlich. Über die Bedeutung kann die Hirnforschung im Moment noch keine Aussagen treffen, da hier eine anatomische Entsprechung nicht zu erkennen ist. Aber die Praxis zeigt, dass starke Domination-Bewertungen nur sehr selten mit hohen Cooperation-Bewertungen einhergehen, genauso wie hohe Play-Bewertungen selten mit hohen Stability-Bewertungen zusammentreffen. Betrachten Sie die aus den Bewertungen bevorzugten Gegebenheiten, so wird auch schnell klar, dass sich solche Situationen meist

Individuelle Bremser und Perspektiven

widersprechen. Entweder ist mir das Team wichtig oder ich genieße es, an der Spitze zu stehen. Entweder ich liebe Wettbewerb und Risiko oder ich will Sicherheit und immer einen Plan B. Das ist hier stark vereinfacht, aber im Wesentlichen drückt es das aus. Wenn Sie also einen Mitarbeiter mit starken Domination-Bewertungen entwickeln wollen, dann gilt es vor allem, Cooperation-Bewertungen im Blick zu haben.

Hohe Domination-Bewertungen: Machen Sie diesem Mitarbeiter deutlich, dass Entwicklungsfähigkeit, Teamführung und Einfühlungsvermögen Kernkompetenzen sind, um ganz nach oben zu kommen. Üben Sie mit ihm gezielt Teamarbeit und fordern Sie ihn auf, bei kleinen Projekten Verantwortung abzugeben und andere zu unterstützen statt zu befehligen. Dabei sollten Sie seinen Status nicht in Frage stellen, aber gezielt sein Team loben. Fordern Sie ihn und machen Sie ihm das als Teil seiner Entwicklung klar. Er braucht den Ansporn, die Herausforderung sich durchzusetzen, und sei es nur, um der »beste« Teamplayer zu werden. Loben Sie ihn, das setzt positive Verstärker in noch größerem Maße frei als bei anderen.

Hohe Stability-Bewertungen: Für die Entwicklung von Mitarbeitern mit starken Stability-Bewertungen geht es vor allem um Play-Erfahrungen. Aber solch ein Mitarbeiter spürt Bedrohungen früher als andere und empfindet sie in stärkerem Maße als solche. Sie können keine Entwicklung erwarten, solange er sich in einer unsicheren Situation befindet. Erfahrungsgemäß bietet sich für diese Bewertungen die Vergangenheit an, um Veränderungen beherrschbar zu machen. Wo haben seine Ideen bereits Impulse gesetzt, wo hat er im Team eine wichtige Rolle übernommen und sich eingebracht, wo hat er schon Siege errungen und dieses Gefühl genossen? So können Sie ihm Zuversicht geben. Verdeutlichen Sie ihm diese Perspektiven und heben Sie hervor, dass neben seinen individuellen Stärken auch Wettbewerb und Entwicklung Elemente sind, die zu einer sicheren Zukunft des Unternehmens gehören.

Hohe Cooperation-Bewertungen: Starke Cooperation-Bewertungen führen dazu, dass sich diese Mitarbeiter schnell ein- und unterordnen. Deshalb ist es wichtig, ihre Handlungsfähigkeit zu stärken. Nur so können sie überhaupt eigene Erfahrungen machen. Deshalb verdeutlichen Sie, dass Teamorientierung ein wichtiger Aspekt ist, aber Teams eben auch von schnellen Entscheidungen und den Stärken des Einzelnen profitieren. Jeder Mensch ist ein Unikat, mit ganz besonderen Stärken. Nur dadurch werden Teams letztlich auch unverwechselbar. Es sind die eigenen Ideen und der Einsatz der eigenen Fähigkeiten, die von Bedeutung sind, auch wenn nicht immer alle folgen können. Machen Sie ihm deutlich und erfahrbar, dass er als anerkanntes Teammitglied Menschen in besonderem Maße Orientierung geben kann. Dazu ist es aber auch wichtig, sich zu zeigen und nach vorn zu gehen. Überlässt man die Verantwortung anderen, führen sie oft in eine Richtung, die nicht die Beste für die Gemeinschaft ist. Kleine Projekte zu leiten und Erfolge stärker zu honorieren sind Möglichkeiten, seine Selbstständigkeit zu fördern und Domination-Bewertungen zu bilden.

Hohe Play-Bewertungen: Hohe Play-Bewertungen können dazu führen, dass Mitarbeiter schnell von einem Projekt zum nächsten springen, ohne das ursprüngliche abzuschließen. Sie haben eher den kurzfristigen Erfolg im Auge, als dass sie ausdauernd und akribisch den Erfolg »erarbeiten«. Zerlegen Sie deshalb längerfristige Projekte gezielt in kurzfristige Etappen und lassen Sie auch bei der Ausarbeitung und Absicherung durch Benchmarks Vergleiche zu. Dadurch ermöglichen Sie diesem Mitarbeiter, Projekte größerer Komplexität abzuschließen. Indem Sie ihm die Zusammenhänge immer wieder deutlich machen, kann er die neuen Situationen mit seinem starken Antrieb verknüpfen und nach und nach den Erfolg und die Sicherheit dabei schätzen lernen. Cooperation-Bewertungen können Sie entwickeln, indem Sie gezielt Situationen schaffen, in denen er in kleinen Teams erfolgreich ist. Aber es wird der Erfolg im Wettbewerb sein, den er braucht, um Teamarbeit als wirkliche Bereicherung zu empfinden.

Hohe Seek-Bewertungen: Einseitige Seek-Bewertungen führen häufig zu einer Realitätsferne und Weltfremdheit. Teamorientierung kann helfen, wenn Sie die Gruppen klein halten und gezielt zusammenstellen. Denn Sie sollten zumindest am Anfang das Tempo in der Gruppe hochhalten, da sich der Mitarbeiter sonst langweilt. Wichtig ist es, gegenseitige Befruchtung zu ermöglich, dazu braucht der Mitarbeiter adäquate Partner auf Augenhöhe. Sind die Teams wahllos zusammengestellt und zu heterogen, wird er schnell die Lust verlieren. Dauerhafte Stability-Bewertungen zu erzielen ist bei stark ausgeprägten Seek-Bewertungen ein großes Problem, erfolgversprechender ist es, gezielt und nach und nach Mitarbeiter mit diesen Bewertungen in die Gruppe einzubauen.

Es ist letztlich eine Frage Ihrer zukünftigen Erfolgsposition, welche Bewertungen auf welchen Positionen für Ihr Projekt, Ihre Abteilung oder Ihr Unternehmen sinnvoll sind. Zum Zwecke einer übergreifenden Identität ist es wichtig, einen Grundgeist mit dem entsprechenden individuellen Bewertungsmix zu entwickeln. Das erleichtert im Alltag die Kommunikation, erhöht den Teamgeist, macht alle zufriedener und langfristig erfolgreich. Seien Sie mutig und trennen Sie sich von Mitarbeitern, mit denen eine Entwicklung der Bewertungen nicht möglich ist. Eine gemeinsam gelebte, starke Identität ist der Erfolgsfaktor für die Zukunft aller Beteiligten.

 Diese Konsequenzen können Sie ziehen:

- Entwicklung von Bewertungen macht für Führung wie Mitarbeiter Sinn.
- Neue Erfahrungen sind oft mit negativen Stability-Bewertungen verbunden. Schaffen Sie eine stabile Basis und vermitteln Sie als Vorbild Zuversicht.
- Unterstützen Sie durch positive Beispiele und schaffen Sie Nähe. Achten Sie in der Kommunikation auf die gezielte Ansprache der Spiegelneuronen.
- Vorherrschende Bewertungen benötigen besondere Rücksicht. Achten Sie darauf und gehen Sie gezielt darauf ein.
- Veränderung ist immer möglich, aber Bewertungen zu verändern, benötigt Zeit und stetige Wiederholung. Haben Sie Geduld!

Kapitel 12
Fazit: Nehmen Sie es in die Hand

Man kann nicht nicht führen.

Eben weil Führung quasi automatisch und immer dann entsteht, wenn Menschen zusammenkommen, ist es so bedeutsam, sich klarzumachen, wie Führung funktioniert. Der Rahmen der Gesellschaft beeinflusst, unsere Entwicklung maßgeblich. Aber das, was veränderbar und entwickelbar an mir selbst und meinem Umfeld ist, liegt nur in meiner Hand. Deshalb machen Sie sich die Gesetzmäßigkeiten bewusst: wie Missverständnisse entstehen, worauf Ausstrahlung und Charisma beruht oder wie Entscheidungen zustande kommen. Mit den 5R-Prinzipien und daraus abgeleiteten Regeln und Methoden sind Sie in der Lage, eine ganz neue Perspektive in Bezug auf Führung einzunehmen und sich und anderen neue Möglichkeiten für effiziente Führung zu erschließen.

Nehmen Sie in Zukunft einfacher und erfolgreicher Einfluss auf sich und andere, indem Sie berücksichtigen, wo Ihr Einfluss entsteht: im Kopf des anderen. So verschieben Sie Ihren Fokus auf Ihre Wirkung. Indem Sie in Zukunft Fakten, Vorteile und Nutzen Ihres Gegenüber identifizieren und ansprechen, zielen Sie nämlich genau darauf ab, worauf es ankommt: die Entscheidungen. Denn es sind die Entscheidungen, in denen sich Ihr Einfluss letztlich manifestieren muss, damit wirkliche Wirksamkeit entsteht. Lassen Sie sich nicht durch die überkommene Diskussion über rationale oder emotionale Entscheidungen verwirren. Sie wissen es jetzt besser. Mit den fünf Bewertungszentren Stability, Seek, Domination, Play und Cooperation sind die Felder identifiziert, in denen individueller Nutzen entsteht. Damit können Sie Nutzenaspekte für Ihre Alternativen und Konsequenzen erarbeiten und deutlicher kommunizieren. Weil Sie dabei die individuellen Erfahrungen berücksichtigen, identifizieren Sie die Schubladen im Kopf Ihres Gegenübers und können Missverständnisse und Irritationen vermeiden. Mitarbeiter oder Kunden

Führen beginnt im Kopf des anderen. Körner
Copyright ©2011 WILEY-VCH GmbH & Co. KGaA, Weinheim
ISBN: 978-3-527-50599-9

erkennen so ihren eigenen Nutzen an Ihren Lösungen. Dazu etablieren Sie durch gezielte und wiederholte Ansprache starke Neuronenverbindungen, die den Erfolg ermöglichen und langfristig absichern. Sie verstärken Ihre eigene Ausstrahlung und Anziehung, indem Sie gezielt Ihren inneren Kern suchen und das, was Sie auszeichnet, ausbauen. So erhöht sich Ihre Wirkung auf die Spiegelneuronen Ihrer Adressaten und Sie transportieren Ihre Bewertungen direkt und unverfälscht.

Erkennen Sie, dass Macht nicht aus Ihrer Position entsteht, bauen Sie Ihre Fähigkeit aus, den Nutzen des anderen zu beachten und diesen anzusprechen. Denn der Mensch will immer mehr. Wenn Sie darauf vertrauen, werden Sie wirkungsvoll führen. Deshalb steht der Nutzen des anderen am Anfang Ihrer Überlegungen. Sie vertrauen nicht auf allgemeine Motivationsfaktoren, die gar nicht existieren, sondern Sie identifizieren aus den persönlichen Erfahrungen Ihres Gegenübers die individuellen Bewertungen. Motivation ist eben weniger eine ererbte Gabe als vielmehr eine konkrete Auseinandersetzung mit dem Nutzen der anderen.

Eben weil Kundenorientierung alle im Unternehmen angeht und Führungskräfte die Leistungen nach oben und unten in der Hierarchie verkaufen müssen, haben Sie sich verdeutlicht, dass letztlich immer der Kundennutzen darüber entscheidet, ob gekauft wird oder nicht. Sie wissen, dass aktives Zuhören nicht aus wenig Reden, sondern vor allem aus genauem Wahrnehmen besteht. So können Sie Gespräche führen, in denen Sie den individuellen Kauf-Knopf auf der Basis der fünf Bewertungszentren besser identifizieren.

Führung in Krisensituationen erfordert durch die hohen Stability-Bewertungen schnelles und konsequentes Handeln. Geben Sie den Menschen das notwendige Maß an Sicherheit und damit ein Klima, das Kreativität möglich macht. So nehmen Sie Druck weg und schaffen den Rahmen für eine erfolgreiche Neuausrichtung. Sie achten Impulse, die auf Intuition beruhen, und erwarten keine sofortige rationale Erklärung.

Dabei wissen Sie, dass der Wandel der Umgebung in Zukunft die Handlungsoptionen für Sie, Ihre Abteilung sowie das Unternehmen als Ganzes noch stärker beeinflussen wird, und verzichten darauf, diesen Wandel alleine zu stemmen. Eben weil Sie die Entwicklung von Mitarbeitern aktiv fördern, machen Sie Wandel auch für diese greifbar. Dazu fördern Sie beidseitiges Vertrauen als Grundvoraussetzung, um neues Terrain zu betreten, und sind verlässlicher Partner und Entwickler. Definieren Sie Ihre Rolle als Katalysator und fördern Sie Höchstleistungen anderer, statt selbst immer im Mittelpunkt stehen zu wollen. So ermöglichen Sie Zukunft. Dazu gehört auch, dass Sie Ihrer Abteilung oder dem Unternehmen eine klare Identität geben. Menschen benötigen Orientierung, wenn sie ihr Leben gestalten, Führungskräfte sollten Übersetzer sein, dann wird Unternehmensidentität auch für Mitarbeiter erfahrbar und wertvoll. Durch positives Beispiel gehen Sie voran und pflegen Nähe zu Ihren Mitarbeitern, so können diese am besten von Ihnen profitieren und entwickeln Bewertungen in neuen Bereichen. Je klarer dieses Bewertungsprofil nach innen und außen wahrnehmbar wird, umso größer wird die Strahlkraft und umso erfolgreicher werden Sie als Führungskraft sein.

Erfolgreiche Führungskräfte hat zu allen Zeiten ausgezeichnet, dass sie Entwicklungen früh adaptiert und die richtigen Schlüsse gezogen haben. Auch heute kommt es darauf an. Der Wandel betrifft uns alle, in immer stärkerem Maße. Informationen stehen immer schneller und umfassender zur Verfügung und werden dadurch für sich immer unbedeutender! Hier gilt es gegenzusteuern, will die Führungskraft ihren Einfluss auf die Gestaltung des eigenen Umfeldes, der Abteilung oder des Unternehmens nicht verlieren. Und eben das macht Führung ja aus. Ohne Einfluss gibt es keine Führung. Nehmen Sie es deshalb in die Hand und erkennen Sie, wo Führung beginnt: im Kopf des anderen. Handeln Sie entsprechend!

Entwicklung:
Warum das Potenzial des Ich
im Wir liegt

Leitplanken sichern Erfolg,
Grenzen verhindern ihn.

Die Erkenntnisse der Hirnforschung machen ein neues Bild von
Führung möglich. Aber diese Erkenntnisse machen an der Unterneh-
mensgrenze nicht halt. Die Frage des freien Willens, unser Selbstverständnis von dem, was Menschen ausmacht, und unser Zusam-
menleben in der Gesellschaft sind davon betroffen. Fragen, die für
Führungskräfte relevant sind, die über den Tellerrand ihres eigenen Unternehmens hinausblicken. Mit diesen Schlussfolgerungen
beschäftigt sich der Ausblick im nun folgenden Kapitel.

Wir brauchen keinen freien Willen,
um selbstbestimmt zu sein

Der Mensch will immer das Beste, in jeder Situation. Das ist die
Schlussfolgerung des Reflect-Prinzips. Mit scheinbar dramatischen
Konsequenzen. Wenn wir immer das Beste wählen, so ist quasi vorbe-
stimmt, wie wir entscheiden. Haben wir dann keinen eigenen, freien
Willen? Entstehen Entscheidungen in Bereichen, die dem bewussten Denken zugeordnet werden, oder werden diese Entscheidungen
an anderer Stelle gebildet und die bewussten Bereiche werden nur
darüber informiert? Die Tendenz in der Diskussion scheint dahin zu
gehen, dass zumindest einfache, kurzfristige Entscheidungen außerhalb unseres Bewusstseins typische Erregungsmuster zeigen, bevor
wir glauben, die eigentliche Entscheidung getroffen zu haben. Das
würde darauf hinweisen, dass die Entscheidung außerhalb unseres
Bewusstseins getroffen wird und »wir« darüber quasi im Nachhinein informiert werden. Aber ist das die richtige Interpretation und
Sichtweise?

Führen beginnt im Kopf des anderen. Körner
Copyright ©2011 WILEY-VCH GmbH & Co. KGaA, Weinheim
ISBN: 978-3-527-50599-9

Aus meiner Sicht liegt ein Grundproblem in der Sichtweise des Menschen und der damit verbundenen Konzentration auf eine Black Box mit der Aufschrift »Bewusstsein«. Zweifelsfrei ist das Bewusstsein ein kraftvolles Instrument des Menschen. Es ist auch ganz wesentlich, da es ihm unter den Lebewesen eine Sonderstellung verschafft hat. Denn durch das Bewusstsein kann er sich gezielt auf bestimmte Reize, Vorstellungen und Gedanken konzentrieren, durch das Bewusstsein blendet er andere Dinge aus und schafft sich so die Möglichkeit, sinnvoll Fähigkeiten und Ressourcen einzusetzen.

Aber benötigen wir dieses Bewusstsein, um unsere Handlungsfähigkeit zu untermauern? Macht es einen Unterschied, wo die Entscheidung gebildet wird, wenn wir uns fragen, inwieweit wir uns mit unseren Entscheidungen identifizieren? Ist es richtig, unser Bewusstsein zu unserem eigentlichen Ich zu machen, oder zeichnet uns nicht viel mehr als das aus? Legen wir bei anderen Fähigkeiten die gleichen Maßstäbe an?

Wählen wir als Beispiel eine komplexe Fähigkeit, beispielsweise Klavierspielen. Wer es einmal versucht hat, weiß, wie schwierig es ist, alle zehn Finger gleichzeitig zu kontrollieren, die Augen auf dem Notenblatt zu haben und blind die richtigen der 88 Tasten zu treffen. Dazu kommt dann Improvisation, Akzentuierung, Anschlag der Tasten und Variation des Tempos. Nehmen wir einmal an, Sie wären ein grandioser Klavierspieler – kein Profi –, aber wenn Sie sich an das Instrument setzen, lauschen die Menschen verzaubert Ihren Interpretationen. Diese Fähigkeit ist mit Sicherheit wesentlicher Bestandteil Ihrer Person, Ihrer Individualität. Sie haben sich diese Fähigkeit in Ihrer Kindheit angeeignet und zwar bewusst. Denn ihr Bewusstsein war nötig, um sich auf Fingerübungen, Etüden und Takte zu konzentrieren und zu lernen – viele, viele Stunden. Heute setzen Sie sich ans Klavier und spielen, was Ihnen in den Sinn kommt. Stücke, die Sie gelernt haben, aber auch Improvisationen, einfach so, fast automatisch. Heute nutzen Sie dazu weitgehend unbewusste Entscheidungen, wie und wann sie durch den Druck Ihrer Finger Töne erzeugen. Ihr Bewusstsein wäre überfordert, alle diese Bewegungen, all diese Entscheidungen zu steuern. Zum Üben mussten Sie es bewusst tun, es waren einmal bewusste Prozesse, heute nicht mehr. Ist Ihr Klavierspiel ein anderes? Waren es früher Sie, der Klavier gespielt hat, und heute sind Sie es nicht mehr?

Was ein Quatsch, werden Sie zu Recht sagen. Sie identifizieren sich mit Ihrem Klavierspiel als Ganzes und nicht nur mit dem bewussten Part, zumal dieser ja heute den kleinsten Anteil ausmacht. Und genau so ist es bei Entscheidungen. Ob und zu welchem Anteil Entscheidungen im bewussten Teil Ihres Gehirns getroffen werden, spielt keine Rolle für die Frage, ob es Ihre Entscheidung ist oder nicht. Sie ist es immer! Haben Sie viel Vorarbeit geleistet, ist es ein vertrautes Problem, dann entscheiden Sie vielleicht schnell und mit einem großen unbewussten Anteil. Ist die Situation neu und ungewohnt, so ist wahrscheinlich Ihr Bewusstsein stärker beteiligt. Aber das sollte nicht der Maßstab dafür sein, ob es Ihre Entscheidung ist oder nicht und ob Sie für die Konsequenzen geradestehen sollten oder nicht.

Bleibt die Frage, ob Sie diese Entscheidung überhaupt beeinflussen, ob Sie es sind, der diese Entscheidung trifft? Die Entscheidung findet in unserem Kopf statt, auf der Basis von Reizen, die durch unsere Filter gegangen sind und die auf der Basis unserer Erwartungen (RESORT) verändert wurden. Wir haben je nach Situation durch Kreativität und Intelligenz Alternativen gesucht und Konsequenzen abgeleitet (RULE) und diese auf der Basis unserer ererbten Präferenzen und den gemachten Erfahrungen bewertet (RATE). Auf der Basis all dessen haben wir schließlich die beste Alternative gewählt. Es ist unsere Entscheidung. Welcher Anteil davon bewusst und welcher unbewusst stattgefunden hat, spielt dafür keine Rolle. Alles findet in unserem Gehirn statt. Gerade in den Entscheidungen manifestieren sich unsere Vorlieben und Werte. So werden sie uns und der Umwelt bewusst. Es sind die Entscheidungen, die die Persönlichkeit bilden und ausmachen.

Zweifelsfrei werden wir durch die Alternativen, die uns die Umwelt zur Verfügung gestellt hat, beeinflusst. Aber obwohl das trivial ist, bietet dies immer wieder Anlass für Missdeutungen. RULE zeigt, dass Alternativen, Konsequenzen und Bewertungen Bestandteil der Entscheidung sind. Sonst nichts. Die Alternative, die durch die Umgebung mitbestimmt wird, ist dabei genauso viel oder wenig bestimmend wie das Ableiten der Konsequenzen oder die Bewertungen an sich. Immer sind es alle drei Facetten, die eine Entscheidung ausmachen. Insofern ist es eben immer auch die Alternative, die die Entscheidung beeinflusst und insofern kann die Entscheidung nicht frei von Umwelteinflüssen sein. Wenn ich Ihnen heute eine Million Euro anböte, dann würden Sie diese nehmen, es sei denn, Sie haben vielleicht Bewertungen wie Starrsinn (Domination): »*Ich lass mir doch nichts schenken, ich verdiene es mir alleine.*« Oder Sie haben Angst um den Verlust Ihres sozialen Umfelds (Cooperation): »*Millionäre sind einsam und unglücklich, das Risiko gehe ich nicht ein.*« Oder es gibt ähnliche Konsequenzen und Bewertungen, die Sie davon abhalten. Vielleicht sind diese Gründe Ihnen nicht bewusst, aber sie sind in Ihrem Kopf. Und zwar schon bevor ich Ihnen die Million anbiete.

Wir können heute noch nicht ausschließen, dass nicht im Kopf eine »Zufälligkeit« existiert. Vielleicht etwas wie ein unkoordiniertes »Rauschen«, das neue Gedanken und neue Entscheidungen ermöglicht. Nicht zuletzt die Erkenntnisse der Quantenphysik lassen ein bestimmtes Maß an »Zufall« in Betracht ziehen. Aber dieser »Zufall«, sofern er denn existiert, wäre nicht das, was eine Entscheidung unabhängig machen würde. Eine Entscheidung würde nicht deshalb mehr zu unserer eigenen, weil es unser Zufall ist. Wir sind hinsichtlich unseres freien Willens Gefangene unserer Erfahrung, unserer ererbten Ausstattung und unserer Intelligenz und Kreativität. Das ist es, was uns ausmacht, das sind wir und das sind die maßgeblichen Faktoren, wenn es um Entscheidungen geht. Deshalb sind es wir, die unsere Entscheidungen treffen, niemand sonst — auf der Basis unseres Lebens und deshalb in diesem Sinne nicht frei, sondern verhaftet in uns selbst, in unseren eigenen Anschauungen und Werten.

Die vermeintliche Reduktion des Menschen auf den Anteil der bewussten Überlegung, die Aufspaltung in einen tierischen, niederen Teil und einen menschlichen höheren Teil des Gehirns, ist deshalb meiner Ansicht nach ein Irrweg. Das Beispiel des Klavierspielens zeigt, wie fließend und beliebig die Übergänge sind. Das Bewusstsein ist einfach nicht schnell genug, um ausreichend Informationen zu verarbeiten. Reduzieren wir uns darauf, hieße das, große Einschränkungen in Kauf zu nehmen, was einen Menschen ausmacht, und eine aus meiner Sicht willkürliche Unterteilung vorzunehmen. Denn was bewusst gedacht wird und was nicht, ist in hohem Maße individuell und Ausdruck des bisherigen Lebens. Jeder Mensch kann andere Dinge schnell verarbeiten und entscheiden, nämlich die, die er oft geübt hat. Ist dann auch der Grad der Freiheit und Selbstbestimmung individuell? Demnach wären ja Menschen auf dem Gebiet umso unfreier, je besser sie dieses Gebiet beherrschen. Nein, diese Unterteilung führt zu nichts! Fragen wir uns doch einmal, warum diese Unterteilung entstanden ist, warum wir gerade diesen Teil unseres Gehirns, diese Art zu denken, so betonen und herausheben. Vielleicht ist es so, dass wir Menschen uns unser eigenes Gotteskästchen eingerichtet haben. Einen Bereich, der uns von allen anderen Lebewesen scheinbar abhebt und uns so in unseren eigenen Augen größer und wertvoller macht. Aber dieses Bild bekommt Risse. Wir sind heute erstaunt und fasziniert, welche Leistungen Tiere vollbringen können, wenn wir genauer hinschauen. Faszinierende Leistungen von Vögeln, die Werkzeuge bauen oder komplexe kombinatorische Aufgaben bewältigen. Keine gelernten, hirnlosen Kunststücke, sondern intelligente Leistungen. Warum erstaunt uns das? Weil wir auf der Basis unserer Sicht, unseres Gehirns eine Sonderstellung einnehmen wollten. Wir haben diese Sonderstellung vielleicht gebraucht, um rücksichtslos Lebensräume zu beschneiden und uns auf der Erde auszubreiten. Wollen wir diesen Weg weiterhin gehen? Haben wir heute eine Sonderstellung noch nötig? Wir erkennen heute, dass das auf Dauer so nicht funktioniert.

Entwicklung ist immer möglich, denn die Natur kennt keine Grenzen

Wohin hat uns die Entwicklung zum Homo sapiens geführt? Die Welt besteht aus Systemen, die kein einzelner Mensch mehr beherrschen kann. Selbst Staaten kommen an ihre Grenzen, wenn globale Wirtschaftskrisen hereinbrechen. Aber die Systeme funktionieren irgendwie und reparieren sich von selbst, mit großen Schäden, aber es geht weiter. Der Mensch scheint sich immer wieder am eigenen Schopfe herauszuziehen. Das ist das, was ihn ausmacht, das, was die Natur ausmacht. Katastrophen hat es in der menschlichen Entwicklung immer gegeben. Zunächst durch klimatische Einschnitte und Umweltkatastrophen, später führten Auseinandersetzungen und Kriege zu Dezimierungen. Dies war Teil der Entwicklung und hat Entwicklung in gewisser Weise überhaupt erst möglich gemacht. Denn so hat der Mensch seine Anpassungsfähigkeit gestärkt und vielleicht gerade deshalb besiedelt er als einziges Säugetier einen so großen Lebensraum.

Aber kann das immer so weitergehen? Muss nicht das Wachstum irgendwann einmal aufhören, gibt es ein natürliches Ende der Entwicklung? Reicht nicht das, was wir jetzt erreicht haben? Man muss sich deutlich machen, dass zu jeder Zeit der Mensch aus seiner Sicht das Optimum aus seinen Möglichkeiten gemacht hat. Genau das ist seine innere Mission, genau das ist die innere Mission der Natur. Denn die Natur kann nicht wissen, wann es genug ist und auch nicht von was. Deshalb verändern sich unsere Maßstäbe mit unserer Umgebung. Glück, Zufriedenheit ebenso Enttäuschung wie Angst sind abhängig von der Umgebung, in der wir leben, und werden durch die Veränderung und nicht den absoluten Wert bestimmt! Es ist das Delta, über das wir uns freuen, das Delta, was das Heute im Vergleich zum Gestern besser oder zumindest anders macht. Deshalb ist Entwicklung immer möglich und deshalb wird es immer weitergehen.

Vielleicht werden wir alle vorstellbaren Ressourcen verbrauchen und uns spätestens dann auf die Suche nach Anderem oder Neuem machen. Vielleicht wird die Luft bis dahin so verpestet oder die Ozonschicht so löchrig sein, dass das, was wir heute als Natur bezeichnen, nicht mehr existiert. Vielleicht leben wir irgendwann einmal unter der Erde und kennen den blauen Himmel nur von Erzählungen. Das ist aus unserer heutigen Sicht nicht lebenswert. Aber wie ist das, wenn wir nichts anderes mehr kennen? Glauben Sie, ein Mensch vor hundert Jahren wollte in der heutigen Zeit leben? Ohne Familien- und Dorfverband, in aus seiner Sicht seelenlosen Städten? Ist das Leben heute besser oder schlechter? Es spielt keine Rolle!

Das heißt nicht, dass wir den hemmungslosen Verbrauch lebenswichtiger Ressourcen bagatellisieren oder schönreden sollten. Überhaupt nicht. Aber wir dürfen von den Menschen keine Einsicht erwarten! Sie werden so lange genauso weitermachen, bis sie entweder die Katastrophen am eigenen Leib spüren oder sie eine bessere Alternative erkennen. Doch wie könnte eine solche Alternative aussehen?

Im Jahr 2010 haben sich vierzig amerikanische Milliardäre verpflichtet, mindestens die Hälfte Ihres Vermögens wohltätigen oder sozialen Einrichtungen zu schenken. Menschen wie Warren Buffet oder Bill Gates, die im Laufe ihres Lebens eine unvorstellbare Summe Geld verdient haben; die einen Weg hinter sich gebracht haben, der sie an die Spitze geführt hat, nein, sie haben sich an die Spitze gebracht. Das Beispiel von Bill Gates und Microsoft kann exemplarisch dafür sein, dass dies immer auch mit Verdrängung von Konkurrenten einhergeht. Domination-Bewertungen sind notwendig und ganz wesentlich, will man es als Mensch oder Unternehmen an die Spitze schaffen. Das ist nicht ungewöhnlich, sind doch Domination-Bewertungen zentraler Bestandteil unserer Gesellschaft und die Geschichte des Tellerwäschers, der zum Millionär wird, ist ein Klassiker. Domination-Bewertungen sind allgegenwärtig und werden gezielt verstärkt. Ob im Sport oder in der Schule – es zählt immer der erste Platz. Schon der Zweitplatzierte empfindet sich meist als der Erste unter den Verlierern. Glauben Sie noch an das olympische Motto »Dabei sein ist alles«? Betrachten Sie einmal die Einschaltquoten bei Fernsehübertragungen im Tennis, Skispringen oder der Formel 1 in den letzten fünfzehn Jahren. Wann immer ein Deutscher als Sieger zu erwarten war, stiegen die Einschaltquoten hierzulande. Erinnern Sie sich noch an Boris Becker, Steffi Graf, die deutschen Adler oder Michael Schumacher? Ihre Erfolge bescherten den Sendern Millionen Zuschauer, die sich aber in erster Linie nicht für den Sport, sondern für den Sieg ihres Landsmannes interessierten. Denn in allen Sportarten war mit dem Rücktritt der Sieggaranten ein dramatischer Einbruch in den Zuschauerzahlen an den Bildschirmen zu verzeichnen.

Es sind Domination-Bewertungen, die uns an die Spitze bringen – im Sport, im Alltag und in der Evolution. Sie haben uns eine Erklärung dafür suchen lassen, warum wir im Vergleich zu anderen etwas Besonderes sind, zu anderen Menschen und zu anderen Lebewesen. Die Theorie der Herrenmenschen im dritten Reich ist hier nur das schrecklichste Beispiel. Viele Nationen hatten zu unterschiedlichen Zeiten ihre eigene Überhöhung der Nationalität. Domination-Bewertungen führen zu bestimmendem, herrschendem Verhalten, sie sind nicht ausgleichend. Sie nehmen keine Rücksicht auf andere. An der Spitze ist eben nur für einen Platz.

Aber so wie wir in der Evolution erkennen müssen, dass dieser Spitzenplatz uns kein lebenswerteres Leben garantiert, erkennen Menschen wie Bill Gates, dass ein Leben mit nahezu ausschließlicher Konzentration auf Domination-Bewertungen einseitig ist und Zufriedenheit immer schwieriger zu erlangen wird. Jeder Mensch gewöhnt sich an die Umgebung, in der er lebt. Um wie viel größer muss für einen Gates oder Buffet der Reichtum im nächsten Jahr werden, damit er wieder den gleichen Kick erhält wie dieses oder letztes Jahr?

Auf der Suche nach Deltas

Es erscheint daher nicht verwunderlich, dass gerade diese Menschen versuchen, ihr Leben mit neuen Inhalten und Bewertungen zu füllen, neue Deltas aufzutun. Manche probieren das durch jüngere Partner (Sex, Domination) oder Drogen und waghalsige Abenteuer (Play). Viele scheitern, indem Sie Geld verlieren oder gar ihr Leben ruinieren, in dem Versuch, immer mehr zu bekommen. Aber einige gehen einen anderen Weg. Gegenüber der Domination-Bewertung liegt im Neuro Code die Cooperation-Bewertung und diese scheint eine gute Möglichkeit zu bieten, das abnehmende Delta der Domination-Bewertungen zu kompensieren. Charity-Projekte oder Stiftungen sind der Ausdruck dieses Strebens, um der Gesellschaft scheinbar etwas zurückzugeben. Tatsächlich empfinden diese Menschen bei solchen Tätigkeiten starke positive Cooperation-Bewertungen in der Lust, etwas für andere zu tun, dem positiven Gefühl, Dankbarkeit zu empfangen oder in freudige Augen zu blicken. Auch hier wirken die Spiegelneuronen. Wenn wir ehrlich sind, tun diese Menschen es nicht für andere, sondern weiterhin für sich, denn das ist der innere Antrieb.

Aber vielleicht können wir als Gesellschaft davon lernen, in doppelter Hinsicht: Zum einen sollten wir reichen Menschen die Möglichkeit geben, Gutes zu tun. Wir sollten begreifen, dass dies kein Zufall ist, sondern wir sollten bewusst an die vernachlässigten Cooperation-Bewertungen appellieren und ihnen entsprechende Erlebnisse ermöglichen. So könnte ein noch größerer Teil des Reichtums an die Gesellschaft zurückfließen und einen Ausgleich schaffen, der alle zufriedener macht. Aber wir können vielleicht auch für uns als Gesellschaft Lehren ziehen. Vielleicht macht es Sinn, innerhalb der Gesellschaft selbst die Betonung der Domination-Bewertung zurückzunehmen und durch stärkere Cooperation-Bewertungen zu ersetzen? Muss ein Gates erst einsam die Spitze erreichen oder ist nicht von Anfang an ein anderer Weg möglich? Die Gesellschaft muss sich fragen, ob nicht die Zeit für ein Umdenken reif ist. Umdenken, um nicht in erster Linie mehr Individualität voranzutreiben, sondern die Gesamtheit zu sehen und mehr zu beachten. Wir würden vielleicht weniger Fortschritt und weniger Reichtum in der Summe erreichen, denn Domination ist ein starker Antrieb. Aber wir würden vermutlich ein harmonischeres Leben ermöglichen, wenn wir auf einem Niveau, das unerreichbar schien, jetzt bewusst nicht weiter um jeden Preis Domination-Bewertungen anstreben. Veränderung und Entwicklung ist immer und von jedem Level aus möglich. Wir sind zu keiner Zeit festgelegt und wir werden immer einen Weg finden, mehr zu bekommen. Vielleicht ist es an der Zeit, Menschen dazu anzuleiten, das gesuchte Mehr durch einen Zugewinn an Cooperation-Bewertungen zu erreichen.

Die Konsequenzen für die Gesellschaft

Die Diskussion des letzten Abschnittes macht noch einmal deutlich, wie wichtig die Ausrichtung der Gesellschaft als Ganzes ist. Die Entscheidungen werden zwar im Kopf des Individuums getroffen, die Gesellschaft leistet aber durch die Erfahrungen, die sie ermöglicht, einen ganz wesentlichen Beitrag. Indem die Gesellschaft den Rahmen liefert, erwirbt der Mensch sein individuelles Set-up, das ihn durch das Leben begleitet und das er durch seine gemachten Erfahrungen permanent anpasst. Es ist müßig zu fragen, wie viel angeboren und wie viel gelernt ist, denn die Einflussmöglichkeiten bleiben auf die des Lernens und des Weitergebens von Erfahrungen beschränkt – gleich ob das 30, 50 oder 70 Prozent ausmacht. Zumal die Erkenntnisse der Hirnforschung zum Thema Schubladendenken und des lebenslangen Lernens vermuten lassen, dass der Rahmen der Gesellschaft einen großen Anteil daran hat, wie sich der Einzelne entwickeln kann und wird.

Deshalb macht es Sinn, dass wir uns als Gesellschaft Gedanken machen, welchen Rahmen wir bieten, um für Herausforderungen besser gewappnet zu sein. Damit wir unser Leben und das anderer Menschen besser führen können. Entwicklung heißt eben ganz wesentlich, Erfahrungen sammeln.

Wenn die Gesellschaft also erkennt, dass sie letztlich aus einer Vielzahl von Individuen besteht, erkennt sie auch, wie wichtig es ist, die Entwicklung des Einzelnen voranzutreiben.

Dazu muss sie Erfahrungen in Kultur, Sport, aber insbesondere der Erziehung ermöglichen, an de-

Entwicklung

nen sich der Einzelne als Kind und Jugendlicher ausrichtet. Doch wie müsste ein solcher Rahmen aussehen? Was kann ich von jemandem erwarten, der sein Leben lang gehört hat, dass ihm sowieso nichts gelingen wird, der gespeist aus der Erfahrung seines Umfelds keine Chancen und keine Möglichkeiten zur Entwicklung innerhalb der Gesellschaft sieht? Manche brechen aus, nicht wenige mit Gewalt, die Mehrheit aber resigniert. Und die wenigen, die dennoch ihren Weg machen, tun dies gegen enorme Widerstände, mit einem enormen Verbrauch an Ressourcen. Können wir uns das als Gesellschaft leisten? Ganz unabhängig von ethischen Fragen, ist dies eine enorme Verschwendung an Möglichkeiten und Chancen, die in der Individualität jedes dieser Menschen stecken.

Betrachten wir die Situation in Deutschland, so ist die Antwort auf diese Frage klar. Deutschland wird sich zur Wissens- und Dienstleistungsgesellschaft wandeln, wir sind bereits auf dem Weg dorthin. Die Frage ist nur, unter welchen Schmerzen dies geschehen wird. Wie viel Zerstörung der bestehenden Strukturen wir brauchen, bevor wir die Fundamente für eine funktionierende Gesellschaft legen können. Denn gerade in Deutschland stehen viele der bisher vermittelten Werte im Gegensatz zu einer serviceorientierten Zukunft. Es sind eben typisch deutsche Eigenschaften der Vergangenheit wie Genauigkeit, Durchsetzungsstärke oder Dominanz sowie Wettbewerbsorientierung, die auf einer Mischung aus Play- und Domination-Bewertungen beruhen. Aber diese Bewertungen stehen uns in Zeiten der Globalisierung im Wege, denn es werden immer stärker Eigenschaften wie Integrationsfähigkeit oder Teamfähigkeit sein, die wir benötigen. Nur wenn wir diese fördern, werden wir zu einer Gesellschaft werden, in der Kundenorientierung und Freundlichkeit selbstverständlich sind. Gepaart mit der vorhandenen Kompetenz, der sprichwörtlichen Zuverlässigkeit und der Durchsetzungsstärke werden wir große Chancen haben, im internationalen Wettbewerb zu bestehen. Deshalb ist es wichtig, dass wir den Menschen die Möglichkeit geben, in diesen Feldern Erfahrungen zu sammeln und dort Bewertungen zu entwickeln. Aber welche Konsequenz sollen wir ziehen, was gilt es zu beachten?

Klare Ansagen: Menschen brauchen für ihre Entwicklung klare Orientierung und dazu gehört auch Autorität. Denn ein Wischiwaschi lenkt ab und macht unsicher. Gerade Kinder wollen wissen, wofür Menschen stehen, und benötigen Verlässlichkeit als stabile Basis für eine individuelle Entwicklung auf eigenen Füßen. Dazu gehört dann auch, dass sie sich damit auseinandersetzen und daran reiben können. Aber diese Orientierung wollen oder können Eltern und Schule heute kaum noch bieten. Im Gegenteil, die Verhätschelung in der Erziehung durch Eltern, die selbst zu viel haben oder gerade aus dem Mangel heraus die Kinder verwöhnen, die Liebe mit Schwäche verwechseln, ist einer der Kardinalfehler. Denn die Kinder wachsen ohne die Erkenntnis auf, dass Dinge beendet werden müssen und dass Handeln Konsequenzen hat, für die es gilt einzustehen. Wie viele erfolgreiche Menschen haben ein Tal durchschritten. Das gehört zu den Erfahrungen des Menschseins dazu. Indem wir Kinder vor negativen Erfahrungen oder unangenehmen Konsequenzen schützen, berauben wir sie einer zentralen Überlebensfähigkeit. Wir drohen zwar, aber wie oft lassen wir sie Konsequenzen tatsächlich spüren? Das rächt sich. Hochschulen oder Ausbildungsbetriebe, aber vor allem Schulen können ein Lied von Kindern singen, die nicht mehr im Zaum gehalten werden können. Dabei sind klare Grenzen unerlässlich, um lebensfähig zu werden. Es kann um die grundlegenden Werte innerhalb der Familie oder des Unternehmens keine ständigen Diskussionen geben. Das lähmt, verschwendet Ressourcen und wird zum Scheitern führen. Deshalb muss es klare Orientierungen und Vorbilder geben!

Die Besten: Je schwächer das Elternhaus ist, umso wichtiger wird die frühkindliche Erziehung im Kindergarten oder in der Schule. Betreute Zeit und Ganztagsschulen sind Konsequenzen, die die Gesellschaft aus der Verschiebung der Lebenskonzepte und den veränderten Familienstrukturen ziehen muss, will sie den Veränderungen endlich begegnen und den Menschen wichtige Erfahrungen nicht vorenthalten. Aber das wird nicht reichen. Die Individualisierung der Gesellschaft und die Diskrepanz in der Bezahlung haben dazu geführt, dass immer weniger talentierte Menschen Lehrberufe ergreifen und in der Ausbildung junger Menschen ihre Aufgabe sehen. Waren vor 100 Jahren noch der Bürgermeister, Pastor und eben der Lehrer die angesehensten Personen in der Gemeinschaft, so ist heute Status und Ansehen in diesen Berufen kaum noch zu erreichen. Mit der Konsequenz, dass nur noch wenige Hochqualifizierte ihr Wissen weitergeben und wir in den Schulen im Mittelmaß ertrinken.

Wenn wir aber nicht den Rahmen schaffen, dass wieder die Besten und Fähigsten zur Erfahrbarkeit von Leben und Entwicklung eingesetzt werden, machen wir an entscheidender Stelle einen großen Fehler. Denn wir vernachlässigen die Multiplikatoren, in einem Feld, das auf Dauer gerade in Deutschland unsere einzige Chance sein wird. Es mag früher die Zahl der Patente gewesen sein, die einem Land Wohlstand und Einfluss sicherte. In Zeiten des weltweiten Kopierens und Nachmachens ist dies heute keine Gewähr für Erfolg. Gewähr aber ist die Fähigkeit, exzellente Menschen auszubilden. Exzellent in der Frage, Leben zu gestalten und zu entwickeln, Menschen anzuleiten und zu führen – Fähigkeiten, die als Talent in jedem von uns angelegt sind. Beauftragen wir wieder die Besten mit der Entwicklung der Talente – alles andere wird uns teuer zu stehen kommen!

Andere Inhalte: Wie kann es sein, dass wir in den Unternehmen Einfühlungsvermögen, Teamgeist, Zuhören, Präsentationsfähigkeit benötigen und dies in der Schule immer noch nur nebenbei gelehrt wird? Stattdessen wird der Stundenplan vollgestopft mit dem Lernen von abfragbarem Wissen, das zum größten Teil bis zum Berufseinstieg überholt oder vergessen ist. Wir verschwenden die beste, weil lernfähigste Zeit, indem wir unnötige Dinge in die Köpfe unserer Kinder hineinpressen und den Freiraum für eigene Erfahrung und das Leben in der Gemeinschaft weiter beschneiden. Wir nehmen Schülern die Freude am Lernen, weil wir nicht Lernen und Entwicklung benoten, sondern Wissen. Wissen in Biologie, Chemie, Physik, Geschichte oder Gemeinschaftkunde. Nice to have, aber in den meisten Fällen für die Lebensführung unwichtig. Lernen macht Spaß, als Kind hat jeder von uns die Erfahrung gemacht. In einer Atmosphäre der Zuneigung und der Unterstützung wird das so bleiben. Wie sollen Menschen ihr Leben in einer immer komplexeren und unüberschaubareren Welt führen, wenn die grundsätzlichen Fähigkeiten nicht gelehrt werden? Nicht mehr von der Familie und noch nicht in der Schule. Wir dürfen uns über die Ergebnisse nicht wundern!

Erfahrung statt Theorie: Mehr Vermischung von Praxis und Lernen ist dringend notwendig, denn die Praxis kann die Impulse setzen, um mit einem anderen Bewusstsein und einem anderen Blickwinkel zu lernen. Wenn Schubladen einmal aktiviert werden, fließen Informationen mit einer anderen Bedeutung und einer anderen Wirksamkeit. Es ist deshalb schädlich für den Lernenden, für die Untemehmen und letztlich für die Gesellschaft, wenn Menschen bis zum 28. Lebensjahr noch nicht gearbeitet und keinen Bezug zur Praxis hergestellt haben. Es geht nicht darum, früher zu arbeiten, sondern es geht darum, rechtzeitig die richtigen Impulse zu erhalten. Zu erkennen, worauf es eben auch ankommt, und mit seinem individuellen Set-up seine individuelle Richtung zu bestimmen. Warum gehen Schüler nicht vier oder sechs Wochen in Unternehmen, um Erfahrungen zu sammeln? Früher war es üblich, in den Ferien zu jobben. Neben dem Geld gab es da immer auch wertvolle Erfahrungen und Einblicke, wie etwas funktioniert oder wie nicht. Selbst wenn Schüler vier Wochen an einem Fließband eine auf den ersten Blick monotone Arbeit erledigen, sie erhalten wertvolle Erfahrungen darüber, wie Menschen zusammenarbeiten oder nicht, wie Kommunikation in so einem Umfeld funktioniert oder wo es hakt. Alles Elemente, die man begreifen sollte, wenn man führen will.

Arbeit macht Spaß: Wir verbringen etwa ein Drittel unseres wachen Lebens zwischen 20 und 65 an unserem Arbeitsplatz im Unternehmen. Damit nimmt die Arbeit für viele den größten Anteil in diesem Lebensabschnitt ein. Wir sind mit unseren Kollegen in der Abteilung oft mehr zusammen als mit unserem Partner und unserer Familie. Und was machen wir daraus? Wie beurteilen wir diese Zeit, wenn wir uns am Ende des Lebens fragen, wie es war? Wäre es nicht erstrebenswert, wenn wir auch diesen Zeitraum sinnvoll und mit Freude gestalten und uns unsere Arbeit zufrieden macht? Ist das Illusion?

Nein, denn für den Menschen geht es auch hier um das Delta, um seine Entwicklung. Deshalb ist es wichtig, dass wir zu einem Rahmen kommen, in dem der Einzelne seine individuellen Ziele auch im Unternehmen besser einbringen kann. Das kann, das muss der Anspruch an Unternehmen und Führung sein. Aber es gehört eben auch dazu, dass der Rahmen dazu passt und dafür ist die Gesellschaft verantwortlich. Wie kann es sein, dass im Radio jeden Mittwoch um 12.00 Uhr Bergfest gefeiert wird, weil die Hälfte der Woche »schon« geschafft ist? Warum wird bereits am Freitagvormittag das Wochenende eingeläutet? Sind wir uns darüber klar, welche Schubladen durch die permanente Wiederholung solcher Bewertungen erzeugt werden. Wir sollten uns nicht wundern, wenn tatsächlich viele ihre Arbeit als Belastung empfinden. Das, was wir erwarten, tritt ein, unsere Wahrnehmung ist selektiv und zur Not passt unser Gehirn die Reize einfach an. Wir können das nicht länger ignorieren und den Menschen ihre Arbeit systematisch madig machen. Stattdessen sollten die Medien über die berichten, die sich an ihrer Arbeit freuen. Das muss der Anspruch sein. Wenn Sie sich erfolgreiche Menschen ansehen, dann haben diese Spaß am Beruf. Ich bin sicher, die meisten hatten schon Spaß, bevor sie erfolgreich wurden. Denn Ausstrahlung und innere Überzeugung sind Erfolgsfaktoren im Beruf, aber auch für ein zufriedenes, glückliches Leben. Wenn wir als Gesellschaft nicht zu einer Haltung kommen, in der Spaß an der Arbeit zur Selbstverständlichkeit wird, geben wir eine Win-win-Situation ohne Not auf.

Medienverantwortung: Warum verbieten wir nicht das Fernsehen für Kinder unter 18 Jahren und werfen die ganzen Computerspiele einschließlich Spielekonsolen auf den Schrott? Wahnsinn? Ja genau. Es ist Wahnsinn, dass wir wertvolle Zeit unserer Kinder verschwenden, anstatt sie in Menschenkenntnis, Konfliktlösung, Teamfähigkeit zu schulen. Wir lassen sie in überzeichneten Welten alleine, in denen inszenierte Wirklichkeit scheinbar zur Realität wird. Das Argument »Kinder müssen Medienkompetenz erwerben« zieht für mich nicht. Die Nachteile sind einfach zu groß, gerade angesichts der kommenden Herausforderungen. Wir legen die falschen Schubladen an und wir verschwenden die wichtigste Zeit, um Talent zu entwickeln. Wir sollten unsere und die Zeit unserer Kinder sinnvoller nutzen. Ersparen wir uns die Flucht in eine vermeintliche Traumwelt, aus der wir jeden Morgen aufwachen müssen. Unser Bewertungssystem kommt durcheinander und die abgespeicherten Reize fließen in jedem Fall in unser Unterbewusstsein und beeinflussen uns.

Rahmen: Dazu müssen die Rahmenbedingungen stimmen. Es ist eine Krux, die uns auf die Füße fallen wird, wenn wir auf der einen Seite mehr Arbeitskräfte benötigen, um die älter werdende Gesellschaft zu betreuen, auf der anderen Seite aber sich eine solche Arbeit weder für Unternehmen noch für Arbeitnehmer durch die fiskalische Belastung lohnt. Wir können die Motivation durch höhere Cooperation-Bewertungen steigern, wenn wir aber arbeitende Menschen schlechter stellen, als wenn sie nichts tun, erwarten wir zu viel.

Wir haben es in der Hand, durch die Gestaltung unserer Gesellschaft dem Einzelnen einen Rahmen zu bieten, der ein erfülltes Leben im Sinne der Gemeinschaft ermöglicht. Wir sollten begreifen, dass dazu die wesentlichsten Fähigkeiten von Natur aus angelegt sind. Aber wir sollten auch begreifen, dass wir als Individuum, als Unternehmen und als Gesellschaft etwas daraus machen müssen. Fangen wir damit an!

Danksagung

Nichts von dem was Sie gelesen haben, wäre entstanden, wenn nicht viele Menschen ihren ganz persönlichen Beitrag zu diesem Buch geleistet hätten. Dafür ist es mir ein tiefes Anliegen Danke zu sagen. Allen Kunden, mit denen ich in über zwanzig Jahren Kommunikationskonzepte entworfen und umgesetzt habe. Danke für das Vertrauen und die konstruktive Auseinandersetzung. Sie haben mich auf die Fährte der Neuro-Kommunikation geführt und die Möglichkeit gegeben, die Theorie mit der Praxis in Einklang zu bringen.

Den Mitarbeitern meiner u-motions GmbH, die mir in den heißen Phasen den Rücken freigehalten haben und die sich nicht nur jeden Tag mit den Erkenntnissen der Neuro-Kommunikation auseinandersetzen, sondern diese als Erstes am eigenen Leib spüren. Ihr seid ein tolles Team.

Besondere Verdienste um dieses Buch und die Gedanken dahinter gebühren Markus Goss, Geschäftsführer der Checkmark GmbH und langjähriger Mentor, Berater und vor allem Sparringspartner. Danke für inspirierende Anregungen und wertvolle Impulse.

Meiner Familie, die mich in den Findungs- wie Formulierungsphasen immer unterstützt hat und mir trotz großer zeitlicher Beanspruchung den Raum fürs Denken und Schreiben gegeben hat. Danke, Annette, Carolin und Sebastian.

Danke an meinen Verlagsagenten Oliver Gorus und sein Team. Mit Geduld hat er mich in vielen Diskussionen dazu gebracht, aus einem spannenden Thema auch ein spannendes Buch zu machen.

Und last but not least dem Wiley Verlag in Weinheim mit meiner Lektorin Jutta Hörnlein, die mit Umsicht, Engagement und Feingefühl das Manuskript veredelt hat.

Danke!

Dr. Nikolaus Körner

Führen beginnt im Kopf des anderen. Körner
Copyright ©2011 WILEY-VCH GmbH & Co. KGaA, Weinheim
ISBN: 978-3-527-50599-9

Quellen- und Literaturverzeichnis

Employee Engagement in Europe: Benchmark Research and Analysis. Hewitt Associates GmbH, 2007/2008

Wachstumsstrategien für Vertriebsleiter in komplexen Verkaufsumgebungen, Executive Summary der Miller Heiman Verkaufsstudie 2009

Akademie-Studie 2009: *Führungsrollen – Beruf und Berufung deutscher Manager.* Akademie für Führungskräfte der Wirtschaft GmbH

Allman, W. F.: *Mammutjäger in der Metro.* Spektrum, Akad. Verlag 1999

Alter, R., Kalkbrenner, C.: *Die Wachstums-Champions – Made in Germany Besser als die Konkurrenz.* 1. Auflage, Göttingen: BusinessVillage, 2010

Ariely, D.: *Denken hilft zwar, nützt aber nichts.* Droemersche Verlagsanstalt 2008

Baecker, D.: *Form und Formen der Kommunikation.* Suhrkamp Verlag 2007

Bargh, J. A.; Chen, M.; Burrows, L.: »Automaticity of Social Behavior: Direct Effects of Trait Construct and Stereotype Activation on Action«. *Journal of Personality and Social Psychology,* 1996

Baumann, C.: *Die Bedeutung des Eventmarketing als Live-Kommunikationsinstrument der Zukunft.* GRIN Verlag 2007

Berghaus, M.: *Luhmann leicht gemacht.* Böhlau Verlage 2004

Birkenbihl, F. V.: *Kommunikationstraining.* mvg-Verlag 1999

Böhlke, R., Walleyo, S.: *Handeln wider besseres Wissen – warum viele Transaktionen scheitern, ohne es zu müssen.* Ernst und Young, 2007

Bredemeier, K.: *Schwarze Rhetorik- Macht und Magie der Sprache.* Wilhelm Goldmann Verlag 2002

Bueb, B.: *Von der Pflicht zu führen.* Ullstein Buchverlage 2008

Bunz, A.: *Das Führungsverständnis der deutschen Spitzenmanager. Eine empirische Studie zur Soziologie der Führung.* Frankfurt 2005

Carter, R.: *Mapping the Mind.* Phoenix 2000

Changeux, J.-P., Damasio A. R., Singer W., Christen Y.: *Neurobiology of Human Values.* Springer Verlag 2005

Covey, S. R.: *Der Weg zum Wesentlichen.* Campus Verlag 2007

Covey, S. R.: *Die 7 Wege zur Effektivität.* Gabal Verlag 2005

Crisand, E., Raab, G.: *Psychologie der Gesprächsführung.* Verlag Recht und Wirtschaft 2007

Damasio, A. R.: *Der Spinoza–Effekt.* List Taschenbuch Verlag 2006

Damasio, A. R.: *Ich fühle, also bin ich.* List Taschenbuch Verlag 2003

Dams, V., Dams, C. M.: *Code Rouge.,* F. A. Z.- Institut für Management-, Markt-, Medieninformationen

Dietrich, F.: *Das Zebra-Prinzip.* Books on Demand 2006

Dimberg, U. »Perceived unpleasantness and facial reactions to auditory stimuli". *Scandinavian Journal of Psy-*

Führen beginnt im Kopf des anderen. Körner
Copyright ©2011 WILEY-VCH GmbH & Co. KGaA, Weinheim
ISBN: 978-3-527-50599-9

chology Volume 31, Issue 1, pages 70–75, March 1990

Eccles, J. C.: *Die Evolution des Gehirns – Die Erschaffung des Selbst.* Piper Verlag 2002

Elger, C. E.: *Neuro Leadership.* Rudolf Haufe Verlag 2009

Etrillard, S., Marx-Ruhland, D.: *Erfolgreich Führen durch gelungene Kommunikation.* Business Village 2005

Ewald, C.: *Direktmarketing – so geht's!.* WRS Verlag 2009

Fallosch, A.: *Erfolgsfaktor – Interne Kommunikation.* VDM Verlag Dr. Müller 2007

Faßler, M.: *Was ist Kommunikation.* Wilhelm Fink Verlag 1997

Fisher, R., Ury W., Patton B.: *Das Harvard-Konzept.* Campus Verlag 2004

Förster, J.: *Kleine Einführung in das Schubladen Denken.* Wilhelm Goldmann Verlag 2008

Fourier, S.: *Drei Oscars für den Chef.* ECON Verlag; 2006

Frank, H. R.: *Passions within reason.* The New Yorker Magazine 1988

Frank, H. R.: *What Price the Moral High Ground?.* Princeton University Press 2004

Friedman, H. S., DiMatteo M. R. & Taranta A.: »A study of the relationship between individual differences in nonverbal expressiveness and factors of personality and social interaction«. *Journal of Research in Personality*, 14, 351–364. (1980)

Fuchs, W. T.: *Warum das Gehirn Geschichten liebt.* Rudolf Haufe Verlag 2009

Gallup: *Engagement Index 2009*, Pressemitteilung, http://eu.gallup.com/Berlin/141167/PMEEI2009.aspx

Geffroy, K. E.: *Schneller als der Kunde.* Ullstein Buchverlag 2007

Gegenfurtner, K. R.: *Gehirn & Wahrnehmung.* Fischer Taschenbuch Verlag 2003

Geißlinger, H., Raab, S.: *Strategische Inszenierung.* Carl-Auer-Systeme Verlag 2007

Gigerenzer, G.: *Bauch-Entscheidungen.* Wilhelm Goldmann Verlag 2008

Gladwell, M.: *Blink!.* Piper Verlag 2007

Glimcher, P. W.: *Decisions, Uncertainly, and the Brain.* The MIT Press 2004

Goldin-Meadow, S.: *Hearing Gesture – How our hands help us think.* Harvard College 2003

Goldmann, H.: *Erfolg durch Kommunikation.* Econ & List Taschenbuchverlag 1999

Goldmann, H.: *Überzeugende Kommunikation.* Redline Wirtschaft 2004

Goldmann, H.: *Wie man Kunden gewinnt.* Cornelsen Verlag Scriptor 2006

Goleman, D., Boyatzis, R., McKee, A.: *Primal Leadership.* Harvard Business School 2002

Goleman, D.: *Emotionale Intelligenz.* Deutscher Taschenbuch Verlag 1997

Haberleitner, E., Deistler, E., Ungvari, R.: *Führen, Fördern, Coachen.* Piper Verlag 2009

Hargrave, R. and M. N. Haan, M. N.: »Psychopathology and Functional Impairment in Alzheimer's and Related Dementias.« *J Mental Health and Aging 10* (46-50). (1999)

Häusel, H-G.: *Limbic Succes!.* Rudolf Haufe Verlag 2004

Häusel, H-G.: *Neuromarketing.* Rudolf Haufe Verlag 2008

Hawkins, J.: *Die Zukunft der Intelligenz.* Rowohlt Taschenbuch 2006

Herbst, D.: *Coropate Identy.* Cornelsen Verlag Scriptor 2009

Herbst, D.: *Storytelling.* UVK Verlagsgesellschaft 2008

Hermann-Ruess, A.: *SPEAK Limbic – Wirkungsvoll präsentieren.* Business Village 2006

Herndl, K.: *Auf dem Weg zum Profi im Verkauf.* Verlag Dr. Th. Gabler 2004

Howard, J. P., Howard, M. J.: *Führen mit dem Big-Five Persönlichkeitsmodell.* Campus Verlag 2001

Hutchison, W. D.; Davis, K. D.; Lozano, A. M.; Tasker, R. R.; Dostrovsky, J. O.: »Pain-related neurons in the human cingulate cortex.« *Nature Neuroscience* 2, 403 - 405 (1999)

IBM Global Business Services: Making Change Work, http://www.o5.ibm.com/de/pressroom/downloads/mcw2007.pdf, 2007

Kast, B.: *Wie der Bauch dem Kopf beim Denken hilft.* Fischer Verlage 2007

Käthe, C.: *Führungskräftekommunikation.* VDM Verlag 2006

Kiessling, W.: *Corporate Identity.* Zentrum für interdisziplinäres Lernen 2007

Klein, H.-M., Kresse, A.: *Psychologie – Vorsprung im Job.*, Cornelsen Verlag Scriptor 2008

Könnerker, C.: *Wer erklärt den Menschen.* Fischer Taschenbuch Verlag 2007

Lasko, W. W., Seim, I.: *Die WOW Präsentation.* Dr. Th. Gabler Verlag 2002

Laufer, H.: *99 Tipps für den erfolgreichen Führungsalltag.* Cornelsen Verlag 2006

Leendertse, J.: *Die Krisenstrategie der Wachstumschampions.* Onlineportal www.wiwo.de, 2009

Ledoux, J.: *Das Netz der Gefühle.* Deutscher Taschenbuch Verlag 2004

Ledoux, J.: *Das Netz der Persönlichkeit.* Deutscher Taschenbuch Verlag 2006

Lehrer, J.: *Wie wir entscheiden.* Piper Verlag 2009

Libet, B.: *Mind Time.* Suhrkamp Taschenbuch 2007

Lindstrom, M.: *Buyology.* Doubleday 2008

Loebbert, M.: *The Art of Change.* Rosenberger Fachverlag 2008

Ludowig, E.: *Eine EKP-Studie von realen und illusorischen Wörtern,* Diplomarbeit Universität Düsseldorf, 2009

Mac Donald, M.: *Dein Gehirn.* O'Reilly Verlag 2009

Macher, F. S.: *Payback.* Karl Blessing Verlag 2009

Malik, F.: *Führen, Leisten, Leben.* Wilhelm Heyne Verlag 2001

Maro, F.: *Mitreißende Meetings und gelungene Events.* Fit for Bussiness, 2003

Märtin, D.: *Smart Talk.* Campus Verlag; 2006

Martin, M. D.: *Erfolgreiche Verhandlungstaktiken.* Falken Verlag 1997

Maslow, A. H.: *Motivation und Persönlichkeit.* Rowohlt Verlag 2005

Mikunda, C.: *Der verbotene Ort.* ECON Verlag 1998

Morris, D.: *Der nackte Affe.* Droemersche Verlagsanstalt 1973

Neges, G., Neges, R.: *Führungskraft und Persönlichkeit.* Linde Verlag 2007

Nye, J. S. Jr.: »The Mystery of Political Charisma.« *Wall Street Journal,* May 6, 2008.

O'Conner, J., Seymour, J.: *Neurolinguistisches Programmieren: Gelungene Kommunikation und Entfaltung.* VAK Verlag 2008

Panksepp, J.: *Affective Neuroscience.* Oxford University Press 1998

Peters, T.: *Führung.* Gabal Verlag 2005

Peters, T.: *Re-imagine!.* Gabal Verlag 2003

Pinnow, D. F.: *Führen.* Verlag Dr. Th. Gabler 2006

Politser, P.: *Neuroeconomics.* Oxford University Press 2008

Pöppel, E.: *Zum Entscheiden geboren.* Carl Hanser Verlag 2008

Popper, K. R., Eccles, J. C.: *Das Ich und sein Gehirn.* Piper Verlag 2005

»Preferences and Decisions«. *Journal of Personality and Social Psychology* 1991

Psychonomics AG: *Engagement am Arbeitsplatz – Viel Luft nach oben*. Pressemitteilung 16.10.2008

Ratey, J. J.: *Das menschliche Gehirn*. Piper Verlag 2003

Reiter, M.: *Klardeutsch*. Carl Hanser Verlag 2008

Rizzolatti, G., Sinigaglia, C.: *Empathie und Spiegelneurone. Die biologische Basis des Mitgefühls*. Edition Unseld II 2008

Roth, G.: *Aus Sicht des Gehirns*. Suhrkamp Taschenbuch 2003

Roth, G.: *Das Gehirn und seine Wirklichkeit*. Suhrkamp Taschenbuch 1997

Roth, G.: *Fühlen, Denken, Handeln*. Suhrkamp Taschenbuch 2001

Roth, G.: *Persönlichkeit, Entscheidung und Verhalten*. Klett- Cotta 2008

Sattler, J., Förster, L., Saller, T., Studer, T.: *Führen – Die erfolgreichsten Instrumente und Techniken*. Haufe-Lexware GmbH& Co. KG 2010

Scheier, C., Held, D.: *Wie Werbung wirkt*. Rudolf Haufe Verlag 2006

Schmäh, M.: *Value Based Selling© oder Was kann man von Spitzenverkäufern lernen?* European School of Business, 2007

Schuler, H.: *30 Minuten für erfolgreiche Business-Telefonate*. Gabal Verlag 2006

Schulz von Thun, F., Ruppel, J., Stratmann, R.: *Miteinander reden: Kommunikationspsychologie für Führrungskräfte*. Rowohlt Taschenbuchverlag 2006

Schuster, H. G.: *Bewusst oder unbewusst*. Wiley VCH 2007

Schwarz, F.: *Der Griff nach dem Gehirn*. Rowohlt Taschenbuch 2007

Script, B.: *Warum Kunden kaufen*. Rudolf Haufe Verlag 2005

Sheldrake, R.: *Der siebte Sinn des Menschen*. Fischer Taschenbuch Verlag 2008

Simon, H., Von der Gathen A.: *Das große Handbuch der Strategie-Instrumente*. Campus Verlag 2002

Simon, H.: *Hidden Champions des 21. Jahrhunderts*. Campus Verlag 2007

Simon, H.: *Think – Strategische Unternehmensführung statt Kurzfrist-Denke*. Handelsblatt GmbH 2009

Simon, W.: *GABALs großer Methodenkoffer – Grundlagen der Kommunikation*. Gabal Verlag 2004

Singer, W.: *Der Beobachter im Gehirn*. Suhrkamp Taschenbuch 2002

Singh, D.: *Emotional Intelligence at Work*. Response Books 2006

Solms, M., Turnbull, O.: *Das Gehirn und die innere Welt*. Patmos Verlag 2004

Spitzer, M.,: *Nervenkitzel*. Suhrkamp Taschenbuch 2006

Sprenger, R. K.: *Mythos Motivation*. Campus Verlag 2002

Stach, T.; Held, J.: *Vom Leitbild zum Zielbild*, Stach's Kommunikation & Management GmbH, 2009

Traufetter, G.: *Intuition*. Rowohlt Verlag 2007

Wilson, T. D.; Schooler, J. W.: »Thinking Too Much: Introspection Can Reduce the Quality of Preferences and Decisions«. *Journal of Personality and Social Psychology* 1991

Winston, R.: *human instinct*. Bantam Books 2002

Wirth, B. P.: *Alles über Menschenkenntnis Charakterkunde und Körpersprache*. mvg Verlag 2000

Wirtz, G.: *Die Regenmacher*. Deutscher Fachverlag 2008

Zweifel, T. D.: *Communicate or Die*. Verlag Dr. Th. Gabler 2004

Zweig, J.: *Gier*. Carl Hanser Verlag 2007

Stichwortverzeichnis

Führen beginnt im Kopf des anderen. Körner
Copyright ©2011 WILEY-VCH GmbH & Co. KGaA, Weinheim
ISBN: 978-3-527-50599-9

Christian Zipfels Business-Fabeln

CHRISTIAN ZIPFEL

Jour fixe um 6
Mitarbeiterführung mal anders

2008. 211 Seiten. Broschur.
ISBN: 978-3-527-50357-5
€ 16,80

CHRISTIAN ZIPFEL

Die tägliche Mutprobe
Rückgrat zeigen, Entscheidungen treffen und gemeinsam bestehen

2009. 228 Seiten. Broschur.
ISBN: 978-3-527-50483-1
€ 16,80

Viele Menschen leiden unter dem Verhalten ihrer Vorgesetzten. Aber die wenigsten äußern offen ihren Frust. Christian Zipfel erzählt die Geschichte eines Chefs, der während einer Betriebsversammlung zufällig mitbekommt, wie sich drei Mitarbeiter aus anderen Abteilungen über das Verhalten ihrer Vorgesetzten aufregen. Er gerät ins Grübeln: Sprechen seine Mitarbeiter auch so über ihn? Es entspinnt sich eine spannende Business-Fabel, die 20 Lektionen für gute Mitarbeiterführung einmal ganz anders präsentiert.

„Die tägliche Mutprobe" verfolgt die Abenteuer von Thomas weiter:

Dieses Mal muss er erleben, wie das Unternehmen, in dem er arbeitet, in Schieflage gerät. Chefs werden am laufenden Band ausgetauscht, Strukturen verändert. Entscheidungen werden kaum kommuniziert, oder gar nicht erst getroffen – stattdessen brodelt die Gerüchteküche und Sorgen um die Zukunft machen sich breit. In diesem Buch zeigt Christian Zipfel auf, warum couragiertes Handeln in Unternehmen häufig verloren geht und wie es sich wieder beleben lässt – ohne die eigene Karriere zu riskieren.

Wiley-VCH
Postfach 10 11 61 • D-69451 Weinheim
Fax: +49 (0)6201 606 184
e-Mail: service@wiley-vch.de • www.wiley-vch.de